住房城乡建设部土建类学科专业"十三五"规划教材
高等学校建筑电气与智能化学科专业指导委员会规划
推荐教材

建筑设备工程（第二版）

李界家　主　编

常　玲　付英会　副主编

徐晓宁　主　审

中国建筑工业出版社

图书在版编目(CIP)数据

建筑设备工程/李界家主编. —2版. —北京：中国建筑
工业出版社，2020.7（2024.9重印）
住房城乡建设部土建类学科专业"十三五"规划教材
高等学校建筑电气与智能化学科专业指导委员会规划推荐
教材
ISBN 978-7-112-25142-1

Ⅰ.①建… Ⅱ.①李… Ⅲ.①房屋建筑设备-高等学校-
教材 Ⅳ.①TU8

中国版本图书馆 CIP 数据核字(2020)第 079505 号

本书主要介绍了与建筑电气与智能化专业及相关专业紧密联系的建筑设备工程的工作
原理、系统组成及设计方法。内容包括：建筑给水及排水系统、建筑供热采暖系统、建筑
通风系统、空调系统、热水供应系统、建筑电气基础。本书编写注重理论与工程应用结
合，并加入了大量图例，形象生动、突出特色、强化应用、易于理解。

本书是普通高等教育土建学科专业"十三五"规划教材，是高校建筑电气与智能化专
业指导委员会规划推荐教材，也可作为建筑环境与设备工程、土木工程、道桥工程等专业
的教学参考书，还可供相关专业工程技术人员参考。

授课教师可实名添加 qq 群：102245252。

为了更好地支持相应课程的教学，我们向采用本书作为教材的教师提供课件，有需要
者可与出版社联系。

建工书院：http://edu.cabplink.com

邮箱：jckj@cabp.com.cn 电话：(010) 58337285

责任编辑：张 健 王 跃 齐庆梅
文字编辑：胡欣蕊
责任校对：刘梦然

住房城乡建设部土建类学科专业"十三五"规划教材
高等学校建筑电气与智能化学科专业指导委员会规划推荐教材

建筑设备工程（第二版）

李界家 主 编
常 玲 付英会 副主编
徐晓宁 主 审

*

中国建筑工业出版社出版、发行(北京海淀三里河路9号)
各地新华书店、建筑书店经销
北京红光制版公司制版
建工社（河北）印刷有限公司印刷

*

开本：787×1092毫米 1/16 印张：15¼ 字数：379千字
2020年8月第二版 2024年9月第十次印刷
定价：**42.00**元（赠教师课件）
ISBN 978-7-112-25142-1
(35815)

教材编审委员会

主　任：方潜生

副主任：寿大云　任庆昌

委　员：（按姓氏笔画排序）

于军琪　王　娜　王晓丽　付保川　杜明芳

李界家　杨亚龙　肖　辉　张九根　张振亚

陈志新　范同顺　周　原　周玉国　郑晓芳

项新建　胡国文　段春丽　段培永　郭福雁

黄民德　韩　宁　魏　东

序

自 20 世纪 80 年代智能建筑出现以来,智能建筑技术迅猛发展,其内涵不断创新丰富,外延不断扩展渗透,已引起世界范围内教育界和工业界的高度关注,并成为研究热点。进入 21 世纪,随着我国国民经济的快速发展,现代化、信息化、城镇化的迅速普及,智能建筑产业不但完成了"量"的积累,更是实现了"质"的飞跃,已成为现代建筑业的"龙头",为绿色、节能、可持续发展做出了重大的贡献。智能建筑技术已延伸到建筑结构、建筑材料、建筑能源以及建筑全生命周期的运营服务等方面,促进了"绿色建筑"、"智慧城市"日新月异的发展。

坚持"节能降耗、生态环保"的可持续发展之路,是国家推进生态文明建设的重要举措。建筑电气与智能化专业承载着智能建筑人才培养的重任,肩负着现代建筑业的未来,且直接关系到国家"节能环保"目标的实现,其重要性愈加凸显。

全国高等学校建筑电气与智能化学科专业指导委员会十分重视教材在人才培养中的基础性作用,多年来下大力气加强教材建设,已取得了可喜的成绩。为进一步促进建筑电气与智能化专业建设和发展,根据住房和城乡建设部《关于申报高等教育、职业教育土建类学科专业"十三五"规划教材的通知》(建人专函〔2016〕3 号)精神,建筑电气与智能化学科专业指导委员会依据专业标准和规范,组织编写建筑电气与智能化专业"十三五"规划教材,以适应和满足建筑电气与智能化专业教学和人才培养需求。

该系列教材的出版目的是为培养专业基础扎实、实践能力强、具有创新精神的高素质人才。真诚希望使用本规划教材的广大读者多提宝贵意见,以便不断完善与优化教材内容。

全国高等学校建筑电气与智能化学科专业指导委员会

主任委员

方潜生

第二版前言

本书是住房城乡建设部土建类学科专业"十三五"规划教材。本教材出版以来，受到了国内土建类学科专业学校和读者的欢迎，很多高校已采用了这本教材。随着我国高等教育改革的不断发展，高等学校培养应用型人才已经成为高等学校改革的重点。"十三五"期间，国家发展改革委、教育部在全国范围内支持100所应用型高校建设，未来90%的高校都将转向应用型。高等学校的教学内容需要适应社会发展，教学内容需要向应用型转变。因此，教材内容更新，势在必行，以适应高等教育地发展。本次再版在保持第1版框架体系、主要内容及特色的基础上，主要进行了如下修改和补充：

（1）在第1章增加了给水系统在实际中的应用。包括：给水系统节能与优化；无负压给水设备及其应用；稳压给水设备以及变频给水设备的应用。

（2）在第2章增加了排水系统在实际中的应用。包括：高层建筑新型单立管排水系统及实例分析；结合某商业步行街、体育中心、奥体中心等工程实例，阐述了雨水排水系统设计中常遇到的诸如雨水倒灌室内、屋面雨水泛水、屋面虹吸雨水排水系统大雨时出口井泛水等问题，并浅谈解决方案。

（3）在第4章增加了通风及排烟系统在地铁中的应用。

（4）在第6章增加了热水供应系统在实际中的应用。包括：太阳能热水供应系统在住宅中的应用；双热源热泵热水系统在学生公寓中的应用。

（5）在第7章增加了供配电技术在建筑中的应用。包括：高层建筑供配电技术中的负荷等级；供配电电源电压及主接线；有关电负荷的计算问题；变压器的选择；变配电所位置的选择五个方面。

第2版由沈阳建筑大学、长春工程学院、沈阳城市建设学院（原沈阳建筑大学城市建设学院）联合编写，第1章王迪，郭莉莉编写；第2章魏惠芳编写；第3章付英会编写；第4章常玲编写；第5章李界家、纪昕洋编写；第6章马丽娜编写；第7章郭莉莉编写。全书由李界家主编，长春工程学院付英会、沈阳城市建设学院常玲副主编。王一美负责统稿并进行部分文字和图片的修改。

由于编著水平有限，本书中不当或错误之处在所难免，希望读者批评指正，我们将不胜感激！

第一版前言

建筑设备是为建筑物使用者提供生活和工作服务的各种设施和设备系统的总称。随着社会的发展，人们对建筑的使用功能提出了越来越高的要求，建筑设备投资在建筑总投资的比重日益增大，建筑设备在建筑工程中的地位尤为重要。为此，要求从事建筑设计、施工和管理工作的人员必须掌握有关建筑设备的基本技术知识和技能。本着高等学校的教学必须顺应时代发展需求这一理念，我们编写了建筑设备工程这本反映当前建筑领域设备内容的教材。

《建筑设备工程》是建筑环境与设备、建筑电气信息类专业的重要专业基础课程。随着智能建筑技术不断发展，新的设备、新的技术不断涌现，要求建筑设备工程内容应适应现代建筑业发展和相关专业人才培养需求。本教材编写注重理论与工程应用结合，内容新颖、知识面广、适应面宽；在教材结构上力求新颖，每章增加知识结构；理论联系实际，突出工程的实用性；尽量淡化繁冗的理论推导，注重基本理论、基本方法的讲解；配有多媒体课件电子教案、习题等；深入浅出，通俗易懂。从理论到实践，由浅入深，便于自学，易于掌握。

本书由沈阳建筑大学、长春工程学院、沈阳城市建设学院（原沈阳建筑大学城市建设学院）联合编写，第1章王迪、郭莉莉编写；第2章魏惠芳编写；第3章付英会编写；第4章常玲编写；第5章李界家编写；第6章马丽娜编写；第7章郭莉莉编写。全书由李界家主编，长春理工学院付英会副主编。

由于编著水平有限，本书中不当或错误之处在所难免，希望读者批评指正。

目　　录

第1章 建筑给水系统

【知识结构】

建筑给水系统
- 给水系统
  - 给水系统的分类
  - 给水系统的组成
  - 给水系统应用
  - 高层建筑给水系统优化
- 给水方式
  - 给水系统的压力
  - 基本给水方式
  - 给水管网的布置方式
- 给水设备
  - 水泵
  - 贮水池、水箱
  - 气压给水设备
  - 稳压给水设备
  - 变频调速给水设备
  - 无负压给水设备
- 高层建筑给水系统
  - 技术要求
  - 给水方式
- 建筑消防给水系统
  - 消火栓给水系统
  - 自动喷水灭火系统
  - 火灾自动报警及消防联动系统

1.1 给 水 系 统

随着我国国民经济的飞速发展以及人们生活水平的普遍提高，更加智能化、舒适化、便捷化是人们对居住环境提出的更高要求。目前，给水系统是各大智能建筑中必备的系统，它对建筑内部用水的水压、水质和水温进行调节。给水系统是将室外给水管网中的水引进建筑物内部，并输送到各种配水龙头、生产机组及消防设备等各用水点，供应建筑小区、工业区或不同类型建筑物的用水，满足建筑内部生活、生产和消防用水的要求，保证用水安全可靠。给水系统已成为现代建筑中不可或缺的重要部分。

1.1.1 给水系统的分类

建筑给水系统按室内给水对象、供水用途、给水系统的不同，大体可以分为生活给水系统、生产给水系统和消防给水系统。

（1）生活给水系统

生活给水系统是日常生活中供给人们使用的给水系统，包括生活饮用水系统和杂用水系统。生活饮用水系统主要用于供应民用建筑、公用建筑及工业建筑中人们的饮用、烹饪、冲洗及洗涤等方面的生活用水（要求达到饮用水标准）。杂用水系统用于冲洗便器、冲洗汽车、浇洗地面等（非饮用水标准）。生活给水系统所需水量、水压必须满足用水需要，并且水质也应严格遵守国家颁布的生活饮用水水质标准。

（2）生产给水系统

根据工业生产种类和生产工艺的不同，可以分为直流给水系统、循环给水系统、纯水系统等多种形式。生产给水系统的特点是用水量均匀、水质要求差异大。其主要用于生产设备的冷却、原料和产品的洗涤、锅炉用水以及某些工业的原料用水等几个方面。由于工业生产中用水量一般比较大，因此，在技术经济条件比较合理时应设置节水系统，比如设置循环或重复利用给水系统，以节省大量生产用水。目前，生产给水的定义范围有所扩大，城市自来水公司将带有经营性质的商业用水也称作生产用水，实际上将水资源作为水工业的原料，相应提高生产用水的费用，对保护水资源，限制对资源的浪费有益，也有利于合理利用水资源和可持续发展。

（3）消防给水系统

消防给水系统是供给消防设施的给水系统。该系统的作用是扑灭火灾和控制火灾蔓延。消防给水系统包括消火栓给水系统、自动喷水灭火系统、水幕系统、水喷雾灭火系统等。消防用水对水质没有特殊要求，但必须按照建筑防火规范的要求保证有足够的水量和水压。

上述三种给水系统，在实际建筑中可以根据水质、水压和水量、室外给水系统的情况以及经济、技术、安全等方面的实际条件单独设置，也可以相互组成不同的共用给水系统。例如，生活、生产共用给水系统；生活、消防共用给水系统；生产、消防共用给水系统；生活、生产、消防共用给水系统。在小型或不重要的建筑中生活、消防给水系统可以合并成共用给水系统，但是在公共建筑、高层建筑、重要建筑中必须将生活和消防给水系统分开设置。

1.1.2 给水系统的组成

建筑内部给水系统的任务是选择适用、经济、安全、合理、先进、最佳的给水系统，将水自室外给水管引入室内，并在保证满足人们对水质、水量、水压等要求的情况下，把水送到各个配水点（如给水配件、生产工艺的用水设备、消防给水系统的灭火设施等），以保证足够的生活、生产和消防用水。

建筑内部给水系统一般由引入管、计量仪表、配水管道系统、配水设施、给水附件、升压与储水设备、室内消防设备等组成。如图 1-1 所示。

（1）引入管

引入管是将室外给水管网（小区本身管网或城市市政管网）中的水引入室内管网的管段，亦称进户管。若建筑物的水量为独立计量时，在引入管段应装设水表和阀门。

对引入管的敷设要求如下：

1）对室外部分的要求

对于引入管的敷设，室外部分埋深由土壤的冷冻深度及地面荷载情况决定。管顶最小埋土深度不得小于土壤冰冻线以下 0.2m，车行道下的管线埋土深度不宜小于 0.7m。

2）对室内部分的要求

建筑内埋地管在无活负载和冰冻影响的条件下，其管顶高出地面不宜小于 0.3m。

引入管进入建筑内部的情况有两种，如图 1-2 所示，一种从浅基础下面通过，另一种是穿过建筑物基础或地下室墙壁。在地下水位高的地区，引入管穿过地下室外墙或基础时，应设防水套管等对其进行防水保护。

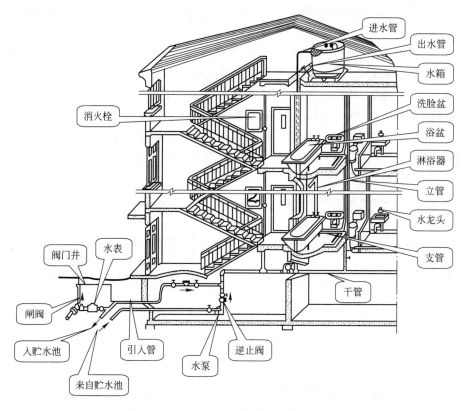

图 1-1　建筑内部给水系统

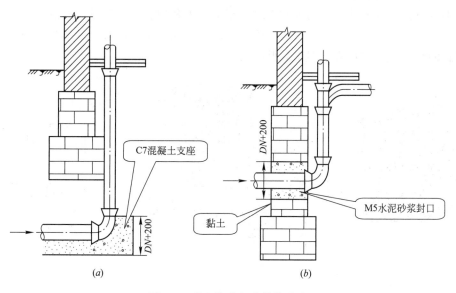

图 1-2　引入管进入建筑的形式

（a）从浅基础下通过；（b）穿基础

（2）计量仪表

计量仪表是指测量水流量、温度和水压的仪表。如水表、流量计、压力表、真空表、温度计、水位计等，以便计量用户用水的相关信息。但在日常生活中，常用的计量仪表为水表。

水表是用于计量用水量，节制用水和核算成本的仪器。通常设置在建筑物的引入管上、住宅和公寓建筑的分户配水支管上、综合性建筑的不同功能分区（如商场、餐饮、娱乐等）的给水分支管上、锅炉和水加热器的冷水进水管上等。水表节点如图 1-3 所示。水表分为流速式和容积式两种。目前建筑给水系统中广泛采用流速式水表。流速式水表是根据管径一定时，通过水表的水流速度与流量成正比的原理研制成的。水流通过水表时推动翼轮旋转，翼轮轴传动一系列联动齿轮（减速装置），再传递到记录装置，在刻度盘指针指示下便可读到流量的累积值。

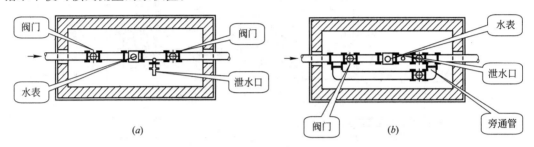

图 1-3　水表节点

（a）水表节点；（b）带有旁通管的水表节点

流速式水表分为旋翼式、螺翼式和复式三种类型。旋翼式水表的翼轮轴与水流方向垂直，水流阻力较大，多为小口径水表，适用于小流量的测量；螺翼式水表的翼轮轴与水流方向平行，水流阻力较小，多为大口径水表，适用大流量的测量；复式水表由主表及副表组成，用水量仅由副表计量，用水量大时，则由主表和副表同时计量，总流量为两个水表流量之和，适用于用水量变化幅度大的用户。流水式水表按其计数机件所处状态又分为干式和湿式两种。流速式水表如图 1-4 所示。

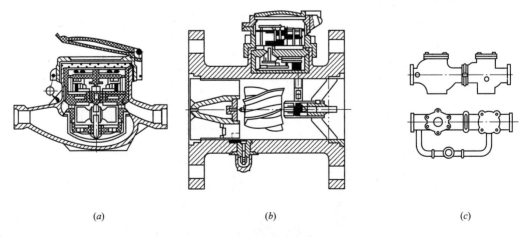

图 1-4　流速式水表

（a）旋翼式水表；（b）螺翼式水表；（c）复式水表

1）水表的性能参数

① 流通能力（Q_L）：水流通过水表产生 10kPa 水头损失时的流量值，m^3/h。

② 特性流量（Q_t）：指水表中产生 100kPa 水头损失时的流量值。此值大体相当于水表机械强度极限时的流量（m^3/h），为水表的特性指标，如以 K_B 表示其特性系数（K_B 与水表的类型有关），根据水力学原理则有下式：

$$H_B = \frac{Q_B^2}{K_B} \tag{1-1}$$

式中　H_B——水流通过水表产生的水头损失，kPa；

Q_B——通过水表的设计流量，m^3/h。

旋翼式水表 $$K_B = \frac{Q_t^2}{100} \tag{1-2}$$

螺翼式水表 $$K_B = \frac{Q_L^2}{10} \tag{1-3}$$

式中　100——旋翼式水表通过最大流量时的水头损失，kPa；

10——螺翼式水表通过最大流量时的水头损失，kPa。

③ 最大流量（Q_{max}）：指允许水表在短时间内（每昼夜不超过 1h）超负荷运转的流量上限值，m^3/h。

旋翼式水表 $$Q_{max} = 0.5Q_t \tag{1-4}$$
螺翼式水表 $$Q_{max} = (1.9 \sim 1.54)Q_t \tag{1-5}$$

④ 额定流量（Q_e）：指水表长期正常运转的工作流量，m^3/h。

$$Q_e \leqslant 0.34Q_t \tag{1-6}$$

⑤ 最小流量（Q_{min}）：指水表能准确计数的流量下限值，m^3/h。

$$Q_{min} = (0.012 \sim 0.015)Q_t \tag{1-7}$$

⑥ 灵敏度（q_L）：是指水流通过水表时，水表指针由静止开始转动的最小启动流量，m^3/h。

$$q_L = (0.00275 \sim 0.00566)Q_t \tag{1-8}$$

2）水表的工作原理

常用的流速式水表的工作原理是：水流通过水表时推动水表盒内的叶轮转动，其转速与水的流速成正比，叶轮轴传动一组联动齿轮，然后传递到记录装置，指示针即在标度盘上指出流量的累积值。

3）水表的选择

首先选择水表类型，然后再根据流量确定水表的管径，最后计算水表的水头损失。

选择水表时应参考以下因素：通过的正常流量，最大、最小流量及其时间；通过的水质、温度、浊度及压力；管道直径；室外压力及允许的水头损失等。一般情况下，直径小于 50mm 时，采用旋翼式水表；大于 50mm 时，选用螺翼式水表；当通过的水量变化很大时采用复式水表。

水表直径的确定原则：

① 当用水均匀时，应按照设计最大秒流量（不包括消防流量）不超过水表的额定流

量（不包括消防流量）来决定水表的直径，并以平均流量的 6%～8%校核水表的灵敏度。如果是生活（生产）—消防共用系统，还需加上消防流量复核，使其总流量不超过水表的最大流量。

② 当生活（生产）用水不均匀时且连续高峰负荷每昼夜不超过 2～3h 时，设计中可按每小时最大流量不大于额定流量确定水表的直径，同时，复核水表的水头损失按表 1-1 选择。

水表水头损失规定值（kPa）　　　　　　　　　　表 1-1

系统工况 表型	旋翼式	螺翼式
正常用水时	24.5	12.8
消防时	49.0	29.4

（3）给水管道系统

给水管道系统也称为建筑给水管网，由室内给水水平或垂直干管、立管、配水支管以及配件连接等组成，用于水的输送和分配。给水管道的管材、管件及附件种类和规格多样，有固定的标准尺寸。应根据输送介质要求的水压、水质及建筑物使用要求等因素确定。

建筑给水管材的选择应遵循经济合理和技术可靠两方面的原则。通常应具有足够的物理强度、稳定的理化性能、耐腐蚀、安全可靠、坚固耐用、安装施工方便等特点。常用的给水管材有金属管材、非金属管材和复合管材三大类。建筑给水系统最常用的管材有钢管、铸铁管、塑料管等。

管材与管件：

1）金属管材与管件

金属管包括钢管、铸铁管和铜管等。

① 钢管管材与管件

常用钢管分为焊接钢管和无缝钢管两种。焊接钢管有普通钢管和加厚钢管两种，又分为镀锌钢管（白铁管）和不镀锌钢管（黑铁管）两种。普通钢管的工作压力不超过 1.0MPa，加厚钢管工作压力可达 1.5MPa。镀锌钢管采用热浸镀锌加工工艺，目的是防锈、防腐、保证水质、延长管材的使用寿命。生活用水水管或某些水质要求较高的工业用水水管均采用镀锌钢管，只有水流经常流动的管道及对水质没有要求的生产用水或独立的消防系统用水才允许采用不镀锌钢管。

钢管具有管壁光滑、易成型、可弯曲、强度高（可承受高水压、抗震性能好）、韧性大、质量较铸铁管轻、长度大、接头少、加工安装方便等优点，多用于室内管网，但其存在抗腐蚀性能差、造价较高的缺点，在使用时必须对其内、外壁做防腐处理。

镀锌钢管采用螺纹连接（又称为丝扣连接），普通钢管可采用螺纹连接、法兰连接或焊接。焊接连接的方法分为电弧焊和气焊两种。管径大于 32mm 时采用电弧焊连接，管径小于或等于 32mm 时采用气焊连接。当钢管采用丝扣连接时，管段的延长、分叉、转弯及变径等处均需用各种管件。

在给水排水工程中，常用的无缝钢管按使用可分为一般无缝钢管和专用无缝钢管两种类型。无缝钢管实际应用比较少，只有在焊接钢管不能满足压力要求或特殊情况下时才采用。无缝钢管按制造方法分为热轧和冷轧两种，其精度分为普通级和高级两类。它由普通碳素钢、优质碳素钢、普通低合金钢和合金结构钢制成。无缝钢管承受高压能力强，因此主要用于内外压力比较大，其工作压力在 1.6MPa 以上的高压管网，如输送燃气、蒸汽等。

钢管件一般有两种，一种是优质碳素钢或不锈耐酸钢经特制模具压制成形；另一种是用可锻铸铁又称玛钢或软钢（熟铁）铸造成形。常用的钢管连接配件如图 1-5 所示。

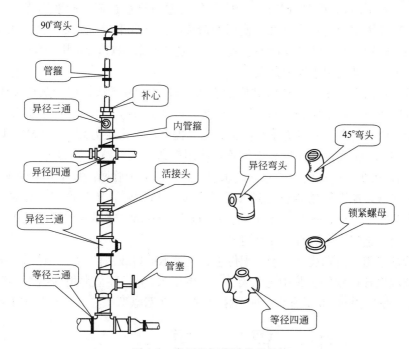

图 1-5　常用的钢管连接配件

② 铸铁管管材与管件

根据铸铁管制造过程中采用的材料和工艺的不同，铸铁管可分为灰口铸铁管和球墨铸铁管。后者的质量和价格比前者高得多，但产品规格基本相同。铸铁管分类如表 1-2 所示，试验水压性能如表 1-3 所示。

铸 铁 管 分 类　　　　表 1-2

分类方法		分类名称				
按制造材料		普通灰口铸铁管		球墨铸铁管		
按接口形式		承插式铸铁管		法兰铸铁管		
按浇铸形式	分类	砂型离心铸铁直管		连续铸铁直管		
	按壁厚	P 级	G 级	LA 级	A 级	B 级
	型号表示	砂型管 P-500～6000	砂型管 G-500～6000	连续管 LA-500～5000	连续管 A-500～5000	连续管 B-500～5000
	代表意义	P、G 为壁厚分级，500 为公称直径（mm），6000 为管长（mm）		LA、A、B 为壁厚分级，500 为公称直径（mm），5000 为管长（mm）		

铸铁管试验水压 表 1-3

类别	级别	公称直径 DN（mm）	试验水压力(MPa)	类别	级别	公称直径 DN（mm）	试验水压力(MPa)
砂型离心铸铁直管	P	≤450	2.0	连续铸铁管	A	≤450	2.5
	G	≤450	2.5		B	≤450	3.0
连续铸铁管	LA	≤450	2.5	球墨铸铁管			≥3.0

　　灰口铸铁管由灰口铁浇铸而成，有低压、普压（亦称中压）、高压三种。工作压力分别为不大于 0.441MPa、0.736MPa、0.981MPa。室内给水管道一般采用普压有衬里的给水铸铁管。灰口铸铁管具有耐腐蚀、使用寿命长、价格低廉等优点，但其管壁厚、质脆、长度小、强度较钢管差，而且韧性差、质量大、施工比较困难，多用于管径不小于 75mm 的给水管道中，尤其适用于埋地敷设。

　　球墨铸铁管的主要成分是球状结构的石墨，较石墨为片状结构的灰口铸铁管的强度高，故其管壁较薄，质量较轻，同样管径比灰口铸铁管省材 30%～40%。球墨铸铁管具有灰口铸铁管的许多优点，而且力学性能又有很大提高，其耐压力高达 3.0MPa 以上，是灰口铸铁管的多倍，抗腐蚀性能远高于钢管，使用寿命是灰口铸铁管的 1.5～2.0 倍，是钢管的 3～4 倍。很少发生爆管、渗水和漏水现象，可以减少管网漏损率和管网维修费用。

　　目前在我国，球墨铸铁管已经逐步取代了灰口铸铁管，年生产能力已经达到 $1.5 \times 10^6 t$，产品规格为 $DN200 \sim DN1400$，有效长度为 4～6m。球墨铸铁管已被国内建设主管部门和供水企业选定为今后首选的管道材料。

　　铸铁管常采用承插和法兰连接，配件也相应带承插口或法兰盘。无论采用哪种连接方式，均需要应用各种管件。其中弯头有 90°、45°、22.5°三种。常用的给水铸铁管管件如图 1-6 所示，依次为 90°双承弯头、90°承插弯头、90°双盘弯头、90°和 22.5°承插弯头、三

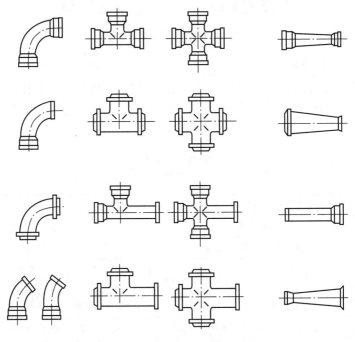

图 1-6　常用的给水铸铁管管件

承三通、三盘三通、双承三通、双盘三通、四承四通、四盘四通、三承四通、三盘四通、双承异径管、双盘异径管、承插异径管、承插异径管。

③ 铜管管材与管件

铜管按制造工艺分为拉制铜管和挤制铜管。选用的铜材配方不同，加工后的铜管的硬度也不同，通常分为软态、半硬态和硬态三种。除硬度外，铜管的壁厚与工作压力直接相关，硬度越大、壁厚越大，铜管承受的压力就越大。

铜管具有极强的耐腐蚀性、传热性、韧性好、经久耐用、管壁光滑、质量轻、水质卫生、水力条件好、安装方便等优点，但铜管的造价较高。

铜管通常采用焊接和卡套连接两种连接方式。焊接分为硬钎焊接和软钎焊接。卡套连接是挤压连接的一种，通过拧紧螺母，使配件内套入铜管的鼓形铜圈变形紧固，封堵管道连接处缝隙的连接方式。

2）非金属管材与管件

由于钢管具有易锈蚀、腐化水质的缺点，因此非金属管材的出现逐渐弥补了给水钢管的缺陷。给水系统使用的非金属管材主要是塑料管。塑料管有多种，如聚丙烯腈-丁二烯-苯乙烯塑料管（ABS）、聚乙烯管（PE）、聚丙烯塑料管（PP）、硬聚氯乙烯塑料管（UPVC）、高密度聚乙烯管（HDPE）、聚丁烯管（PB）等，目前最常用的是硬聚氯乙烯塑料管（UPVC管，简称为塑料管），而且近年来，HDPE管在给水和排水管材的选用上也日渐广泛。

塑料管具有优良的化学稳定性、耐腐蚀、不受酸、碱、盐、油类等介质的侵蚀；而且具有良好的物理机械性能，不燃烧、无不良气味、质轻而坚，其密度仅为钢的 1/5；管壁光滑，容易切割；水力性能好；可以粘连、焊接；并可制成各种颜色，尤其是代替金属管材可节省金属；加工安装方便。但其强度较低、耐久性差、耐热性差（使用温度为−5～45℃）、受紫外线照射易老化，因此在使用上受到了一定的限制。

塑料管的连接方式有螺纹连接（管件为注塑制品）、焊接（热空气焊）、法兰连接和粘接四种。

3）复合管材与管件

近年来，随着我国工业的不断发展和先进技术的迅速引进，在给水排水工程中采用了大量的新材料和新工艺，研制出了复合型管材。复合管材是金属和塑料混合型管材。由于它结合了金属管材和塑料管材的优点，因此在建筑给水工程中得到了广泛的应用，并且适用范围逐渐扩大。目前常用的复合管材有钢塑复合管、铝塑复合管、铜塑复合管、超薄壁不锈钢塑料复合管 4 种。

① 钢塑复合管与管件

钢塑复合管是在钢管内壁涂一定厚度塑料复合成的管子。一般分为衬塑钢管和涂塑钢管两种，其接口形式同一般钢管的接口形式相同。

钢塑复合管可采用法兰连接、螺纹连接或压盖连接的连接方式。一般当管子直径在 50mm 以下时采用螺纹或压盖连接，当管子直径在 50～150mm 之间时采用法兰连接。上述三种连接方式均采用相同的管件。

② 铝塑复合管与管件

铝塑复合管外层和内层采用中密度或高密度聚乙烯塑料或交联高密度聚乙烯，中间层采用焊接铝管，经热熔胶粘合复合而成。其具有金属管的耐压性能，又具有塑料管的抗腐

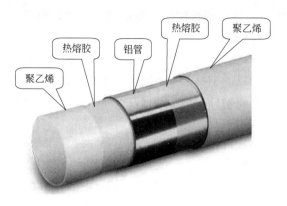

图1-7　铝塑复合管结构图

蚀性能，是一种较理想的建筑给水管材。

铝塑复合管工作压力小于或等于0.6MPa，工作温度小于或等于75℃，一般设计使用年限为50年，适用于新建、改建和扩建的工业与民用建筑中冷、热水供应管道。但其不得用于消防供水系统或生活与消防合用的供水系统。铝塑复合管的连接方式与铜塑复合管的连接方式相同。铝塑复合管的结构如图1-7所示。

③ 铜塑复合管与管件

铜塑复合管是近年来新出现的一种给水管材，目前多用于室内热水供应管道。其内层为铜管，外层为硬质塑料，它综合了铜材和塑料管的优点，具有良好的耐腐蚀性和保温性，接口采用铜质管件，连接方便、快速，但价格较高。铜塑复合管常用管件示意图如图1-8所示。

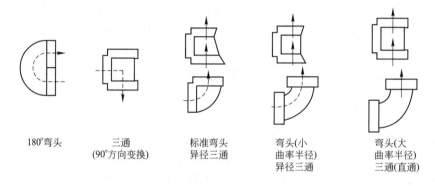

| 180°弯头 | 三通
(90°方向变换) | 标准弯头
异径三通 | 弯头(小
曲率半径)
异径三通 | 弯头(大
曲率半径)
三通(直通) |

图1-8　铜塑复合管常用管件示意图

④ 超薄壁不锈钢塑料复合管与管件

其内层为符合卫生要求的塑料，外层为不锈钢材料，塑料与不锈钢间采用热熔胶或特种胶粘剂粘合而构成的三层组合管材。一般分为冷水管和热水管，其工作温度分别小于或等于400℃和小于或等于900℃。超薄壁不锈钢塑料复合管采用卡套式或法兰式连接。

管材的选用原则：

① 生产和消防室内的给水管道，一般采用非镀锌钢管、给水铸铁管或塑料管。当管径小于或等于150mm时，应采用镀锌钢管；管径大于150mm时，可采用非镀锌钢管或给水铸铁管。生活给水管道管径小于或等于150mm时，应采用给水塑料管；管径大于150mm时，可采用给水铸铁管。

② 生活给水管埋地敷设且管径大于75mm时，宜采用有内衬的给水铸铁管。

③ 室内给水管道明敷或嵌墙设管一般可采用薄壁不锈钢管、薄壁铜管、经过可靠防腐处理的钢管、热镀锌钢管等金属管，也可以采用非金属塑料给水管和复合管。敷设在地面找平层内的管道宜采用PEX管、PP-R管、PVC-C管、耐腐蚀金属管、铝塑复合管等。

④ 热水管管径小于或等于150mm时，应采用镀锌钢管。宾馆、高级住宅、别墅等建筑宜采用铜管、聚丁烯管或铝塑复合管。

（4）配水设施

配水设施是指生活、生产和消防给水系统的终端用水设施。生活给水系统中配水设施主要指配水附件，如各式水龙头；生产给水系统中的用水设备，电炉的冷却水设备；消防给水系统中的室内消火栓、喷头等。

（5）给水附件

给水设施及附件是指用以控制调节系统内水的流量、流向和压力，而在给水管路上设置的便于取用、调节和检修的配水附件和控制附件。

1）配水附件

配水附件是指为各类卫生洁具、受水器分配或调节水流的各式水龙头，其使用最为频繁，对产品的要求是节水、耐用、开关灵便、外形美观。如图 1-9 所示。

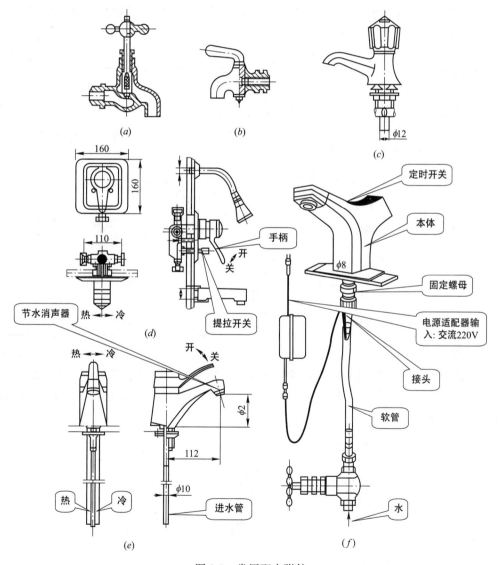

图 1-9　常用配水附件

（a）球形阀配水龙头；（b）旋塞式配水龙头；（c）普通洗脸盆配水龙头；

（d）单手柄浴盆水龙头；（e）单手柄洗脸盆水龙头；（f）自助水龙头

① 配水龙头

球形阀式配水龙头是指装在洗涤盆、污水盆、盥洗槽上的配水龙头。这种龙头水流在经过时改变流向，因此阻力较大。

旋塞式配水龙头是指设在压力为一个大气压左右的给水系统上的配水龙头。这种龙头在旋转90°时完全开启，可短时获得较大流量，水流经过龙头时呈直线状，故阻力较小。缺点是启闭迅速，容易产生水击，适于用在浴池、洗衣房、开水间等处。

② 普通洗脸盆配水龙头

设在洗脸盆上专供冷水或热水用，水嘴上有特制的接头。有莲蓬头式、鸭嘴式、角式、长颈式等多种形式。

③ 混合式龙头

用于调节冷、热水的龙头，供洗涤、淋浴等用，有很多种类。各种混合龙头的性能比较如表1-4所示。

各种混合龙头的性能比较　　　　　　　　　　　表 1-4

性能 ＼ 类别	双把手	单把手		
		轴筒式	球阀式	瓷片式
开关方式	螺杆方式可旋转开关，左热右冷，各有独立把手控制	单一把手即可控制开关、水温及出水量大小：上开，下关，左热，右冷	上开，下关（或下开，上关），左热，右冷	
操作	两只把手反复调整，才能获得合适出水量及水温	单手操作即可同时控制水温、水量，轻巧方便	单把手操作即可同时控制温水、水量，定位不明确	
温度调整	困难	调整范围大，容易操作	温度调节范围较瓷片略小，不易调整	温度调节范围较小，约90～100℃
适用水压范围(MPa)	0.05～0.5	0.05～0.5	0.1～0.5	0.1～0.5
调节温度时损失水量	平均每次浪费5L	1L	1.5L	1.5L
耐火性	可	佳	可	可
改善配管安装	必须重新配管	芯轴的中心铜柱旋转180°即可	必须重新配管	必须重新配管

2）控制附件

控制附件是指用于控制和调节水量、水压、关断水流、控制水流方向、水位的各式阀门、水锤消除器、过滤器、减压装置等管路附件。常用的阀门有截止阀、闸阀、止回阀、浮球阀及安全阀。如图1-10所示。

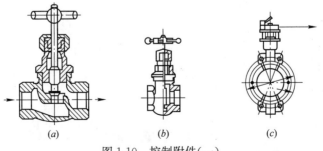

图 1-10　控制附件(一)
(a) 截止阀；(b) 闸阀；(c) 蝶阀

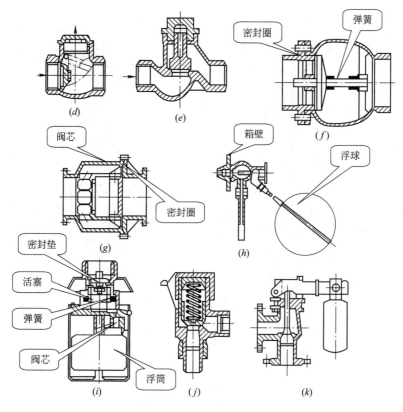

图 1-10　控制附件(二)

(d) 旋启式止回阀；(e) 升降式止回阀；(f) 消声止回阀；(g) 梭式止回阀；
(h) 浮球阀；(i) 液式水位控制阀；(j) 弹簧式安全阀；(k) 杠杆式安全阀

① 截止阀

只能用来关闭水流，但不能调节流量。截止阀关闭严密，但水流阻力较大，适用安装在管径小于或等于 50mm 的管道上。

② 闸阀

用来开启和关闭管道中的水流，也可以用来调节水流量。闸阀由铸铁或铜制成，有螺纹和法兰盘两种接口。闸阀的阀体内有一与水流方向垂直的板，当阀杆向上提升起平板时阀即开启。按阀杆分有明杆式、暗杆式两种形式；按启闭闸阀方式分有手动传动、齿轮传动、电动和液压传动；按阀芯结构分有楔式和平行式。楔式和平行式闸阀的示意图，如图 1-11 所示。

③ 安全阀

它是一种保安器材，为了避免管网和其他设备中压力超过规定的范围而使管网、用具或密闭水箱受到破坏，需装此阀。安全阀按构造分为杠杆式、弹簧式和脉冲式；按开启高度分为微启式和全启式；按介质排放方式分为全封闭式、半封闭式和敞开式。

④ 止回阀

又称逆止阀，用来阻止水流的反向流动，装设在需要防止水倒流的管段上。按构造不同可以分为升降式、旋启式、蝶式、梭式和球形等几种类型；按振动和消声等级不同可以分为消声式、普通式；按阀瓣的动作不同可以分为螺纹式、法兰口式。升降式止回阀水头

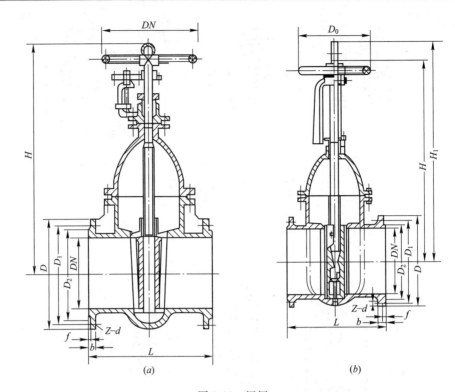

图 1-11 闸阀

(*a*) 楔式闸阀；(*b*) 平行式闸阀

损失较大，只适用于小管径，而且只能安装在水平管道上；旋启式止回阀一般直径较大，阻力较小，水平、垂直管道上均可装设；梭式止回阀的阀芯是做梭式运动的圆柱体，可水平、垂直或倾斜安装，具有阻力小、安装方便、密封性能好等特点；球形止回阀的阀芯是外包橡胶的铁胎球体，球芯在阀腔内自动转动，具有与梭式止回阀相同的特点；消声式止回阀的特点是将阀体内腔设计成流线型，因而降低了流体的阻力，且密封性能好。

⑤ 浮球阀

它是一种能自动打开自动关闭的阀门，一般安装在水箱或水池的进水管上，以控制水位。当水位达到设计水位时，浮球随着水位浮起，关闭进水口；当水位下降时，浮球下落，进水口开启，自动向水箱充水。浮球阀口径为 15～100mm，与各种管径规格相同。

⑥ 水锤消除器

如图 1-12 所示。有一密闭的容气腔，下端为一活塞，当冲击波传入水锤消除器时，水击波作用于活塞上，活塞将往容气腔方向运动。活塞运动的行程与容气腔内的气体压力、水击波大小有关，活塞在一定压力的气体和不规则水击双重作用下，做上下运动，形成动态平衡，这样就有效地消除了不规则的水击波震荡。

⑦ 过滤器

过滤器是输送介质管道上不可缺少的一种装置，通常安装在减压阀、泄压阀、定水位阀或其他设备的进口端，用来消除介质中的杂质，以保护阀门及设备的正常使用。当流体进入置有一定规格滤网的滤筒后，其杂质被阻挡，而清洁的滤液则由过滤器出口排出。过

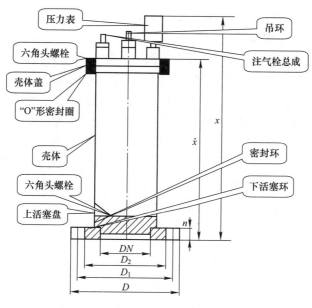

图 1-12　水锤消除器

滤器待处理的水由入水口进入机体，水中的杂质沉积在不锈钢滤网上，由此产生压差。通过压差开关监测进水口、出水口压差变化，当压差达到设定值时，电控水力控制阀、驱动电机信号，引发下列动作：电动机带动刷子旋转，对滤芯进行清洗，同时控制阀打开进行排污，当清洗结束时，关闭控制阀，电机停止转动，系统恢复到初始状态，开始进入下一个过滤工序。

（6）给水设备

它是指室外给水管网的水量、水压不能满足建筑用水要求或要求建筑用水供水压力稳定、确保供水安全时，根据实际需要，在系统中设置的水泵、水箱、水池、气压给水设备等升压或储水设备。具体内容将在 1.3 部分中介绍。

1.1.3　给水系统应用

（1）无负压给水系统应用

传统的城市供水系统把从给水厂送水到用户水龙头的全过程分为一次供水和二次供水两个相对独立的系统，而无负压供水系统是将两者结合成为一个整体的系统，变二次供水为一次直接供水到户。无负压给水设备则是该系统可以使用的设备。无负压自动供水设备是指直接连接到供水管网上的增压设备或可称为管网增压供水设备、管网直接加压供水设备等。这种无负压给水系统在日本被称为"直接给水系统"。

无负压自动供水系统的主要优势有：①与自来水管道直接串联，充分利用室外市政给水管网的水压，可以减少水泵的扬程，自来水压力能满足供水要求时，通过设备的旁通管，直接由自来水供水，设备停止工作。节能效果明显，设备运行费用低，经济效果明显。②省去水箱、水池等设施，节省建筑物内用的空间，简化给水系统设计。③取消水箱等储水容积，减少生产二次污染的环节。④传统的二次加压供水方式，存在建筑内停电即停水，无负压管网增压稳流给水设备停电时可通过旁通管，直接利用自来水压力部分供水。⑤节能，日常维护、运行费用低。

1）无负压给水系统的组成和运行工况

① 无负压给水系统的组成

无负压管网增压设备主要由稳流补偿器，真空抑制器、压力传感器、变频供水泵和中央控制器组成。稳流补偿器为一承压水罐，直接与市政供水管网相连接，起到蓄水和稳压作用；变频泵根据压力传感器传出的压力信号，由稳流补偿器进水进行二次加压，为用户供水；真空抑制器根据稳流补偿器内的压力自动控制启闭，平衡稳流补偿器内压力使之不产生负压，从而避免水泵与管网直接连接运行时对管网内其他用户供水压力产生影响；中央控制器可对系统内各部分压力、流量信号进行分析计算，对真空抑制器和供水泵发出控制信号。

② 无负压给水系统的运行工况

设系统所接供水管网入口压力为 P_1，用户侧需要的供水压力为 P_2，稳流补偿器内的压力为 P_0（忽略稳流补偿器内液位不同所造成的压差），设备的进水量为 Q_1，向用户的供水量为 Q_2，则：

$$P_1 - P_0 = SQ_1^2 \tag{1-9}$$

$$P_0 = P_1 - SQ_1^2 \tag{1-10}$$

$$P_2 = P_0 + \Delta h \tag{1-11}$$

式中　S——设备入口管段的管道阻力特性系数；

　　　Δh——供水泵的扬程（水泵连接段管阻力忽略不计）。

对于二次加压系统，在大多数情况下供水管网的进水压力低于用户侧需要的供水压力即 $P_1 < P_2$，此时供水泵变频调速运行，维持设备供水出口压力始终为 P_2。

2）无负压给水系统的综合性能

由于稳流补偿器为不锈钢钢板制作且体积较小，供水停留时间短，因此设备对供水水质影响很小，大大降低了供水的二次污染。另外，无负压管网增压系统的应用也有利于对现有城市管网进行水量平衡，特别是某些自然地势高差较大的城市，采用该系统后，可以适当减小自来水厂供水的起始水压，减少水厂泵站的能耗，避免管网爆管事故的发生。因此，无负压管网增压系统与传统水池供水系统相比，不论在供水水质、设备投资还是在运行能耗上都具有较大优势，与传统供水系统各项比较见表1-5。

无负压管网增压设备与传统水池供水设备性能比较　　　　　　表1-5

项目	传统水池供水设备	无负压管网增压设备
供水方式	自来水先进入水箱或水池再由水泵二次加压	通过稳流补偿器串联于自来水管道加压供水
供水质量	自来水进入水池后在水池中有一定的滞留时间、水池中易滋生藻类等微生物。造成水质的二次污染，供水水质差	自来水进入设备后被直接加压，水源不会有任何污染，供水水质好
安装运行	修建水池或水箱、安装设备等工程量大，维护费用高	成套设备，连接进出水管后便可运行，运行维护简单
节水情况	水池或水箱跑、冒、滴、漏、渗普遍存在，水池清洗消毒也消耗大量水资源	全密封结构，杜绝了渗漏、清洗等浪费水资源现象
设备投资	需建水池或水箱，占地面积大，因水质二次污染，还得增设净化消毒设备，故综合投资大	不需建水池或水箱，机房占地面积很小，不必设净化消毒设备，综合投资小
运行费用	由于自来水进入水池后，供水压力为零，水泵重新加压，扬程高，耗电多，且一旦停电，系统就停止工作	由于与自来水管网直接连接，可充分利用管网压力。水泵耗电少。停电时仍可利用自来水管网压力对低区供水

3) 无负压给水系统的适用范围和设计方法

无负压给水系统的流量范围为：$1\sim10000\mathrm{m^3/h}$，压力范围 $0\sim2.5\mathrm{MPa}$，压力调节精度 $\leqslant0.01\mathrm{MPa}$，环境温度 $0\sim40℃$，相对湿度 90% 以下（电控部分），电源 380V（$1\pm10\%$）、$50\mathrm{Hz}\pm2\mathrm{Hz}$。控制方式：单台或多台并联，出口变压或恒压。工频启动方式：电机功率 $\leqslant15\mathrm{kW}$ 直接启动，电机功率 $>15\mathrm{kW}$ 降压启动。操作方式：变频自动、工频手动。无负压自动供水系统设计适用于市政自来水管网压力不足地区的二次加压供水，包括：新建的住宅小区、办公楼、宾馆、学校等民用建筑的生活用水，工矿企业的生活、生产用水，各种循环用水系统，自来水厂的大型供水中间加压泵站，原有气压式水池、水箱式供水设备的改造工程，低层自来水压力不能满足要求的消防用水等。

在设计中，变频调速水泵的出水量应按给水系统的设计秒流量确定；水泵扬程计算时应考虑利用室外给水管网的最小水压，由于室外给水管网的水压昼夜、四季的变化，为了防止超压情况的发生，应按室外给水管网的最大水压叠加水泵的扬程值，核定水泵出口处的最大压力，考虑是否对管道的配件和附件造成损害。

为了节能和安全地供水，设计时应绕过水泵设旁通管，当室外给水管网的水压能直接供水时，停泵供水，水泵检修时，能通过旁通管向建筑物提供部分用水。

稳流补偿器的调节容积（V_t）应按其进水量和出水量的变化曲线经计算确定，资料不足时，应按下式计算：

$$V_t = (Q_2 - Q_1)\Delta t \tag{1-12}$$

式中　V_t——稳流补偿器调节容积，$\mathrm{m^3}$；

Q_1——最高用水高峰期自来水供水量，$\mathrm{m^3/h}$；

Q_2——设计流量，$\mathrm{m^3/h}$；

Δt——最高用水高峰期持续时间，h。

4) 无负压给水设备管网准用的技术条件

管网之所以要有限制性地准用无负压设备，是因为该类设备的使用，会涉及管网供应能力、管网运行安全和水质安全三个方面。所谓准用技术条件，也就是管网对设备接入的技术要求或技术规范，在设备性能和使用环境可以满足以下三项要求时允许其接入管网使用。

① 应在管网限定的流量下运转，不得超量取水、直接加压供水，取消了水池、水箱，失去了储水调峰的中间环节，用水高峰流量直接由管网供给，使管网高时流量和时变化系数增大。势必要求水厂提高送水压力以达到管网末端服务压力。但水厂供水压力的提高会引起电耗增高、供水成本加大、漏水率上升、管网布局不合理以及管网运行调度不及时等一系列连锁反应。在这些课题尚无定论的时候，只能是在基本上不改变供水现状和格局的限定条件下扩大直接供水范围，即可先利用当前管网的富裕水头、冗余的供水能力来扩展直接供水范围，根据管网能力有选择、有限制地使用该类设备。

② 应具有防止负压、压力振荡及回流的有效功能

管道中出现负压和随之而来的气囊、气阻、压力振荡、倒流及水锤等是危及管网安全或产生隐患的重要因素。因此，对直接抽水设备的首要功能要求就是为了保证管网安全而没有负压。

③ 应符合相关规定

在管网上使用的无负压给水设备必须符合国家和地方生活饮用水卫生监督管理办法

（条例）及涉水产品安全卫生的有关规定。

5）工程应用实例

某高层建筑是一栋二类高层综合楼。其中：-1～4层为车库、设备、商业、办公、会议等用房，5～16层均为住宅。

① 水源

本工程由两水厂、一路市政给水管道供水，接管处水压力范围0.30～0.45MPa，在非高峰供水时供水压力较高，可达到0.50MPa左右，市政给水干管管径为DN500。设计从市政管道上各引一条DN100的给水管道供本建筑用水。水压不能完全满足本工程生活用水要求。

② 供水分区及水量计算

为充分利用市政给水管的水压以及管理上的方便，本工程竖向分为2个供水区域。-1～4层为低区，5～16层为高区。低区最大时用水量为3.23m³/h，高区最大时用水量为6.63m³/h，高区主要用水项目及其用水量，详见表1-6。

该工程的最高日生活用水量为93.40m³/d；最高日最高时用水量为9.86m³/h。

高区生活用水量 表1-6

项目	用水定额（最高日）	单位	数量	使用时间（h/d）	时变化系数	平均时用水量（m³/h）	最大时用量（m³/h）	最高日用水量（m³/d）
住宅	200	L/(人·日)	300	24	2.5	2.50	6.25	60.00
未预见水量	上述各项之和的15%			24	1.0	0.38	0.38	9.00
合计	Q_g					2.88	6.63	69.00

③ 供水方案

低区（-1～4层）采用市政给水管直接供水；高区（5～16层）可采用两种供水方案。

方案一：高区采用水泵-高位水箱供水方式。

高区由市政给水管-生活水池-生活水泵-屋顶生活水箱供水。负一层设备间设置生活水池贮存调节用水量。贮水池的容积取所服务用户的最大日用水量的25%，即2个9m³生活贮水池。屋顶水箱容积取不小于高区最大小时流量的50%，即6m³。高区供水选用水泵50DL×6；流量$Q_b=10$m³/h，扬程$H_b=61$mH₂O，功率$N=7.5$kW。一用一备，互为备用。

方案二：高区采用无负压管网增压供水系统。

由于高区均为住宅，共有72户，每户设有浴盆1个，坐便器1个，洗脸盆1个，厨房洗涤盆1个，洗衣机龙头1个，每户当量数为4.45，采用概率法计算设计秒流量为4.67L/s=16.8m³/h。设计选用无负压管网增压供水设备WWG21-62-2，流量$Q=21$m³/h，扬程$H=62$mH₂O，配备水泵的型号为CR10-8共2台，单台水泵的功率为$N=3.0$kW。稳流补偿器$\Phi×L$：CYQ60×130。

④ 高区供水方案经济比较

高区采用传统的水泵-高位水箱供水方式和无负压管网增压供水系统的经济和节能方面的比较见下表1-7。

高区给水方案的经济比较　　　　　　　　　　　　表 1-7

项目	水泵—水箱供水系统	无负压供水系统
初期设备投资	1. 生活储水池 2 个 9m³，价格 3 万元； 2. 屋顶水箱 1 个 6m³，价格 12 万元； 3. 生活水泵 2 台 50DL×6，价格 2 万元； 4. 紫外线消毒器 2 台，价格 0.8 万元； 5. 水位控制门及紫外线消毒安装阀门等，约 0.6 万元； 6. 初投资：7.6 万，折旧年限：15 年，年折旧费：0.51 万元	1. 无负压管网增压供水设备 WWG21-62-2，进口设备价格：22.5 万元。 2. 初投资：22.5 万，折旧年限 15 年，年折旧费：1.5 万元
运行费用	水泵每天工作时间：69/10=6.9h 每天能耗：6.9×7.5=51.75kWh 年运行费用：51.75×0.5×365=0.94 万元	根据公式 $W=N_0T((H_2-h_3)/H_2)^{3/2}$ 计算各时段的用水电量之和。 $W=[(62-30)/62]^{1.5}\times6\times4+[(62-40)/62]^{1.5}\times6\times9+[(62-50)/62]^{1.5}\times6\times11$ $=25.93$kWh 年运行费用：25.93×0.5×365=0.47 万元
维护费用	按城市供水条例规定，每半年清洗一次水箱，每年清洗费用 1 万元，更换紫外线消毒器灯管等费用 0.2 万元	无清洗维护费
年费用	$A=0.51+0.94+1+0.2=2.65$ 万元	$A=1.5+0.47=1.97$ 万元

从表 1-7 看出，采用无负压管网增压设备供水系统，虽然一次性投资较普通二次供水设备要大，但其节能优势明显，日常运行费用低，年费用可比水泵—高位水箱供水方式节约 2.65−1.97=0.68 万元。

（2）高层建筑消防给水系统应用

1）高层建筑消防系统分类

随着不断完善与提高的高层建筑内部设施，以及迅速发展的消防技术，高层建筑对消防系统设备正在实施扩充，根据灭火系统应用的类型，大体上能够划分为两种类型。

① 消防给水系统

在高层建筑消防系统中的重要部分就是消防给水系统，主要特点是较高的耗水量与水压，其安全可靠性对高层建筑消防灭火安全造成了直接影响。经常使用的消防栓给水系统与自动喷水灭火系统两种类型。高层建筑的基本灭火设备便是消火栓给水系统，不管是哪一种类型的高层民用建筑都需要设置室内消火栓给水系统。自动喷水灭火系统对火灾的控制与扑救效果良好，可以迅速扑灭火灾。当前高层建筑使用最广泛的灭火装置便是这两种消防给水系统。

② 气体灭火装置

在高层建筑中，由于存在着可燃易燃气体或者是与水接触会爆炸引燃的物质，火灾发生时不能用水进行扑救。灭火选择用水甚至会产生严重的水渍损失。高层建筑内部除了具备消防给水系统以外，还需要根据不同的房间功能与要求，放置合适的灭火设备，用以对火灾实行控制。

2）高层建筑室内消火栓给水系统

高层建筑室内消火栓给水系统的构成：

建筑室内消火栓给水系统一般有水枪、水带、消火栓、消防竖管、消防水池、高位水箱、水泵接合器及增压水泵等组成。

消火栓的分布：

室内消火栓布置的原则：

① 室内消火栓应设在易于发现，易于取用的地点，严禁伪装消火栓，消防电梯前室应设消火栓。

② 消火栓的间距应能保证同层相邻的两个消火栓的水枪充实水柱同时到达室内任何一点。当室内消火栓为单排布置且室内任何部位要求有两股水柱同时到达时（见图1-13），可以根据下式计算消火栓的间距：

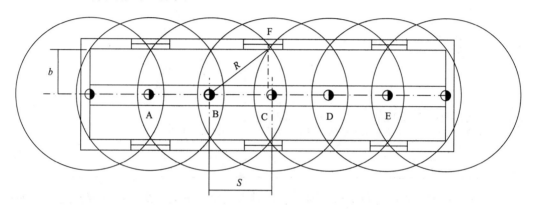

图1-13　单排布置消火栓间距示意图

$$S \leqslant \sqrt{r^2 - b^2} \tag{1-13}$$

$$r = c \cdot l_d + h \tag{1-14}$$

两股水柱时，S为消火栓间距；r为消火栓保护半径；b为消火栓最大保护宽度，即走道宽度；展开水带时形成的弯曲折减系数是c，通常决定数值$0.8 \sim 0.9$；水带长度为dl；水枪充实水柱倾斜45°时水平投影距离为h，$h = S_1 \cos 45°$。单排布置消火栓间距示意图如图1-14所示。

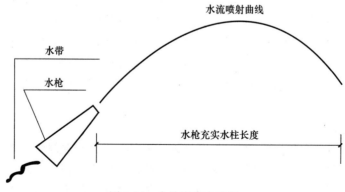

图1-14　水枪充实水柱图

S_1为水枪充实水柱长度，根据计算公式：

$$S_1 = \frac{H_1 - H_2}{\sin \alpha} \tag{1-15}$$

α 为水枪上倾角，一般是 45°，假如存在特殊困难，可以进行增加，但是必须考虑消防人员的人身安全与火灾扑救效果，水枪上倾角不能大于 60°。H_1 是室内最高着火点离地面高度。H_2 是水枪喷嘴离地面高度。

③ 消火栓水枪的充实水柱地确定

当室内消火栓栓口直径、水龙带长度和水枪喷嘴口径已经确定后，水枪充实水柱应根据建筑物层高再通过计算确定。以保证水枪充实水柱能达到室内任何部位，包括顶棚。只有在计算得出的充实水柱小于现行《建筑设计防火规范》GB 50016—2014（2018 年版）规定的 10m 时，才采用规范规定的充实水柱值。

3）高层建筑消火栓给水系统的水力计算

消火栓给水系统的水力计算包括以下内容：建筑消防给水系统最不利配水点消火栓栓口所需水压及实际流量；确定消防给水管网的管径；消防水箱和消防贮水池的计算；选择消防水泵。

按现行《建筑设计防火规范》GB 50016—2014（2018 年版）选择高层建筑所需消火栓和水枪的型号规格（口径、水龙带材质及长度等），以及建筑物所规定的最小充实水柱长度。

消火栓口所需水压和实际流量：

① 消火栓栓口水压计算：室内消火栓口的最低水压按下式计算：

$$h_{xh} = h_q + h_d + h_k \tag{1-16}$$

$$h_q = \frac{q_{xh}}{b} \tag{1-17}$$

$$h_d = a_x \cdot l_d q_{xh}^2 \tag{1-18}$$

式中　h_{xh}——消火栓口的水压，mH_2O；

　　　h_q——水枪喷嘴造成一定长度的充实水柱所需的水压，mH_2O；

　　　h_d——水带损失的水头，mH_2O；

　　　h_k——消火栓栓口损失的水头，mH_2O；

　　　q_{xh}——水枪的射流量，L/s。

上述变量均应按水枪所需的充实水柱计算确定，一般可通过设计手册查出；水枪水流特性系数 b，取值范围见表 1-8；水带阻力系数 a_x，取值范围见表 1-9。

水枪水流特性系数　　　　　　　　　　　　　　　　　表 1-8

喷口直径（mm）	12	15	18	21
b	0.326	0.773	1.547	2.336

水带阻力系数　　　　　　　　　　　　　　　　　表 1-9

水带材料		水带直径（mm）		
		40	55	70
阻力系数	麻织	0.01401	0.00330	0.00140
	衬胶	0.00577	0.00162	0.00065

② 消火栓管道水力计算

首先要选定建筑物的最高、最远的两个或多个消火栓作为计算最不利点，并按照消防规范规定的室内消防用水量确定通过各个管段的流量，即进行流量分配。在全面分析研究并确定消防管网各段需要通过的流量后，选定流速，由流量公式 $Q=1/4d^2v(\text{L/s})$，可计算出各管段管径，或查水力计算表确定管径。

消火栓管道系统的沿程水头损失计算方法与给水管网计算相同，其局部损失按沿程水头损失的 10％计算，消火栓管道内的流速不应大于 2.5m/s。消火栓给水系统为环状管网，在进行水力计算时，假设环状管网某段断开，并确定最不利消火栓和计算管路，按枝状管路进行水力计算。

③ 消防贮水池和消防水箱的计算

消防贮水池：

由于城市用地十分紧张，很多高层建筑的储水池都是地下箱式存储，如此不仅节约了占地面积，还最大程度上对地下室面积有效应用。在地下室安装水池与水泵房需要符合消防水泵自灌需求，可以尽快对其实施启动。

在缺乏室外消防水源的情况下采用消防水池，为继续扩大火灾之前，向室内消防提供充足的水量。在日常设计过程中，为了避免由于长期不用消防用水导致其变质问题，可以有效合并生活和消防用水池；一些高层建筑由于结构复杂，生活与消防储水情况存在着较大差距，没有办法保证水质。总而言之，需要对分配建筑物用水量的各种因素积极考虑，从中确定最理想的方案。

可以根据式（1-19）计算消防贮存水量：

$$v_f = 3.6(q_f - q_1)t_x \tag{1-19}$$

式中　v_f——消防水池储水量，m/h^3；

　　　q_f——室内外消防用水量总和，L/s；

　　　q_1——可持续补充的水量，L/s；

　　　t_x——延续火灾时间，h。

消防水箱：

在初期火灾扑救过程中消防水箱发挥了关键作用，为了保证自动供水的可靠性，应当将重力自留的消防水箱设置在建筑物的最高位置；消防用水合并其他用水的水箱，应当具有相应的水不用于其他的技术。

消防水箱所储存的数量应当足够使用 10min。当室内消防用水量少于 25L/s，通过计算可知此时消防水箱储水量必须大于 12m³；当室内消防用水量大于 25L/s，通过计算可知消防水箱储水量必须大于 18m³。

可以根据下式计算消防水箱的贮水量：

$$v_x = 0.6q_x \tag{1-20}$$

式中　v_x——消防水箱贮水量为，m³/h；

　　　q_x——室内消防用水总量为，L/s。

④ 消防水泵扬程的计算

消防水泵的扬程可按式（1-21）计算：

$$h_b = h_{xh} + h_g + h_s \tag{1-21}$$

式中　h_b——消防水泵的压力，mH_2O；

　　　h_{xh}——消火栓栓口的最低水压，mH_2O；

　　　h_g——管路的总水头损失，mH_2O；

h_s——消防水池最不利水位与最不利消火栓的压力差，mH_2O。

消防水箱立管的流量分配，水枪喷嘴压力，水龙带压力损失的计算，均与水箱高度的计算方法相同。消防水泵应设工作能力不小于主要消防水泵的备用水泵，消防水泵应采用自闭式吸水；每台消防水泵应设独立的吸水管，水泵的出水管上应装设试验和检查用的放水阀门，消防水泵房应设不少于两条出水管与环状管网连接。

4）高层建筑自动喷水灭火系统

高层建筑自动喷水灭火系统分类及组成：

自动喷水灭火系统按照喷头的形式可以分为闭式和开式自动喷水灭火系统两种，其中闭式系统又可以分为湿式、干式、预作用式、干湿式和重复启闭预作用式喷水灭火系统，开式自动喷水灭火系统分为水幕系统、雨淋系统、水喷雾系统和自动喷水-泡沫联动系统等。自动喷水灭火系统主要由以下几部分组成：消防水池、加压设备、报警阀组、输配水管网、喷头和消防水箱。

高层建筑自动喷水灭火系统水力计算：

① 喷头的出流量

$$Q = k\sqrt{10p} \tag{1-22}$$

式中　Q——为喷头出流量，L/min；

p——为喷头工作压力，MPa；

k——为喷头流量系数。

② 系统的设计流量

$$q_x = \frac{1}{60}\sum_{i=1}^{n}Q_i \tag{1-23}$$

式中　q_x——其中系统设计流量，L/s；

Q_i——各个喷头在最不利点作用面积中形成的节点流量，L/min；

n——喷头在最不利点作用面积中的数量。

③ 系统的理论计算流量

$$q_l = \frac{Q_p f}{60} \tag{1-24}$$

式中　q_l——系统理论计算流量，L/s；

Q_p——设计喷水强度，$L/(min \cdot m^2)$；

f——作用面积，m^2。

④ 沿程水头损失和局部水头损失

每米管道的水头损失为：

$$I = 0.0000107\frac{v^2}{D_j^{1.3}} \tag{1-25}$$

式中　I——每米管道的水头损失，MPa/m；

v——水在管道中的平均流速，m/s；

D_j——管道内径计算，取值应按管道的内径减 1mm 确定。

沿程水头损失：

$$h = I \cdot l \tag{1-26}$$

式中　h——沿程水头损失，MPa；

　　　l——管道长度，m。

⑤ 系统供水水压

自动喷水灭火系统所需的水压：

$$h=\sum H+P_0+Z \qquad (1-27)$$

式中　h——水泵扬程或系统需要的水压，MPa；

　　$\sum H$——管道沿程和水头局部损失的累计数值，MPa；

　　P_0——喷头在最不利点位置工作压力，MPa；

　　Z——最不利点处喷头与消防水池的最低水位或系统入口管水平中心线之间的高程差，MPa。

1.1.4　高层建筑给水系统优化

工程实例：

（1）某高层办公楼工程概况

以安徽省合肥市某区拟建一幢高层办公楼，建筑高度 76.4m，地上 22 层，地下一层（车库兼人防），总建筑面积约 22900m²（其中地上 21000m²，地下 1900m²），1～22 层为办公用房室内外地坪高差为 0.45m，冻土深度 0.3m，室外城市给水管网管径为 DN200，管顶覆土厚度为 0.9m，可提供的最低压力为 0.30MPa；位于建筑物北侧的室外排水管管径为 DN300，管顶覆土厚度为 0.7m。

（2）高层办公楼设计思路

本设计是某二十二层综合楼的建筑给水排水设计，在综合对比分析的基础上，市政饮水设置两条进水管，既保障了供水安全性和可靠性，又节约了能耗。按层次分析法选择给水系统采用变频泵减压供水。一层至四层为第 1 区，由市政给水管网直接供水；五层至十层为第 2 区，十一层至十六层为第 3 区，十七层至二十二层为第 4 区。设计时按照国家规范，按照合肥市当地的规范规定对各种设备的型号、各管材的材质、各种预方案设计进行了针对性筛选。

（3）室内给水系统

1）给水系统方案选择

高层建筑给水设计方式主要有高位水箱给水方式、气压罐给水方式、变频泵无水箱给水方式、变频减压给水方式等。在能耗低、投资少、占地面积少、供水可靠性高、管理方便等方面考虑这几种供水方式的优点和不足，在控制变量的原则上，采用成对判断矩阵判断串联、并联、减压阀、减压水箱这四种方案层所对应的高位水箱给水方案；并联、减压阀这两种方案层所对应的气压罐给水供水方式方案；串联、减压阀这两种方案层所对应的变频泵给水供水方式方案。采用给水系统变频泵减压分区给水方式，如图 1-15 所示。

分区分为低、中、高一、高二区四个区。低区：地下一层至四层，由市政管网直接供水。中区：五层至十层，

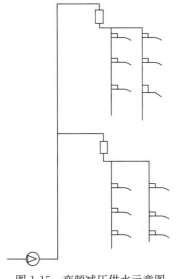

图 1-15　变频减压供水示意图

由变频泵减压供水。高一区：十一层至十六层，由变频泵减压供水。高二区：十七层至二十二层，由变频泵供水。根据《建筑给水排水设计标准》GB 50015—2019 中规定各分区最低卫生器具配水点处的静水压不宜大于 0.45MPa，静水压大于 0.35MPa 的入户进水管（或配水横管），宜设减压或调压设施。

2）给水系统的设计要求

生活水池（箱）的有效容积当资料不足时，宜按建筑物最高日用水量的 20%～25% 确定；水池、水箱等构筑物应该设置进水管、出水管、溢流管、泄水管和信号装置。水池进水管不宜少于两个，进水管宜在水池（箱）的溢流水位以上接入，出水管应高于池底 0.1～0.15m 接出；溢流管宜采用水平喇叭口集水；喇叭口下的垂直管段不宜小于 4 倍溢流管管径。池（箱）外壁与建筑本体结构墙面或其他池壁之间的净距，应满足施工或装配的要求，无管道的侧面，净距不宜小于 0.7m；安装有管道的侧面，净距不宜小于 1.0m，且管道外壁与建筑本体墙面之间的通道宽度不宜小于 0.6m；设有人孔的池顶，顶板面与上面建筑本身的板底净空不应小于 0.8m；生活用水高位水箱当有管道敷设时，水箱架高不宜小于 0.8m。生活给水管、水泵吸水管等一般采用 1.2m/s 的流速较为合适。

（4）室内给水系统的计算

1）室内给水用水量和生活水池的计算

本办公楼经过测量后得到有效面积为 $A=14582m^2$，根据《办公建筑设计规范》JGJ 67—2006 的要求，普通办公室每人使用面积不应小于 $4m^2$；这里一般取人均工作面积 $=8m^2$，每人生活用水量为 30～50L/d，这里取 $q=40L/d$，时变化系数 Kh 应取 1.3，每天用水时间 T 为 8h：

办公人数：

$$N = \frac{A}{\alpha} = \frac{14582}{6} = 2430 \ 人 \qquad (1-28)$$

每日用水量 Q_d：

$$Q_d = N \cdot q = 2430 \times 40 = 97200L/d \qquad (1-29)$$

生活水池有效容积应按进水量与用水量变化曲线经计算确定；当资料不足时，宜按建筑物最高日用水量的 20%～25% 确定。这里取每日用水量的 20%。

$$97200 \times 20\% = 19.4m^3 \qquad (1-30)$$

生活水池体积取 $24m^3$，长×宽×高＝4000mm×3000mm×2000mm。生活水池进水管管径，设计秒流量为 4.02L/s，进水流速取 1.2m/s，查钢塑复合管水力计算表得管径选 65mm。进水管超过 50mm，选用螺翼式的水表，选用公称直径为 65mm 的水表。

2）给水分区

本设计办公楼建筑给水方案采用变频减压给水方式，给水用减压阀分区，共分四个区：

低区：地下一层至四层，由市政管网直接供水。最不利配水点出流水头设为 10m，水表阀门节点水损假设 5m，则 4 层所需要的水压 $H=11.6+10+5=26.6m<30m$。

中区：五层至十层，由变频泵减压供水。

高一区：十一层至十六层，由变频泵减压供水。

高二区：十七层至二十二层，由变频泵供水。

中区、高一区、高二区每区为 6 层，标准层高 3.4m，每区最不利点和最低点的压力差 $\Delta H = 10 + 0.5 + 17 = 27.5m < 35m$，每层支管无需再设减压设施。

同时在给水方案的能耗及设备费用计算中只考虑高区和中区供水系统，在方案的运行费用和设备的投资费用中，选择年总费用最低的方案作为较优方案。方案 1 采用恒速泵、高位水箱的供水方式；方案 2 采用变频泵、减压阀的供水方式。高层建筑给水方案的选择需要考虑设备投资费用和系统运行费用。在同等条件下，不考虑泵房、管网等的投资费用，只考虑管网的年运行费用和设备费用。从稳定性、安全性、经济性三个方面综合考虑，得出变频泵、减压阀的供水方式适合本高层建筑给水系统，所以才按照上面分四个区进行分区给水从而达到满意的效果。

3）室内给水管网水利计算

本设计建筑为办公楼，设计秒流量的计算公式如下：

$$q_g = 0.2\alpha\sqrt{N_g} \tag{1-31}$$

式中　q_g——设计中给水管段的设计的秒流量，L/s；

　　　N_g——设计中给水管段的卫生用具总当量；

　　　α——根据建筑系数用在住宅楼、办公楼、写字楼等而设定的值，这里为办公大楼，查表得其值为 1.5。

生活给水管道的水流速度应满足下列要求：

公称直径在 15～20mm 的管子，水流速度 ≤1.0m/s；公称直径在 25～40mm 的管子，水流速度 ≤1.2m/s；公称直径在 50～70mm 的管子，水流速度 ≤1.5m/s；公称直径 ≥80mm 的管子，水流速度 ≤1.8m/s。给水管道的沿程水头损失：

$$h_y = il \tag{1-32}$$

式中　l——管段的长度，m；

　　　i——每米管长沿程水头损失，查钢塑复合管水力计算表，kPa/m。

给水管最不利点的卫生器具是小便器，最小工作压力为 0.05MPa。

4）水泵的计算与选型

由流体力学的知识可得，沿程阻力损失很小可以忽略不计，只要考虑局部水头损失占整个供水区间的大小，查《建筑给水排水设计标准》GB 50015—2019 大约为 30%，即：

$$\sum h_j = 30\%, \quad \sum h_y = 0.00084MPa \tag{1-33}$$

最不利点几何高度 $Z = 80.3m = 0.803MPa$，最不利点流出水头 $h_0 = 0.02MPa$（小便器），则生活水泵扬程 H：

$$H = h_0 + \sum h + Z = 0.859 = 0.86MPa \tag{1-34}$$

由设计秒流量查设计规范得，$q_g = 4.02L/s = 14.5m^3/h$，变频泵组选两用一备，单泵流量为 7.25m³/h。通过查找相关厂家变频泵组，选择泵组 BHGL，规格 3-6-0.84，泵型号 40DFL6-1×7，流量 7.3m³/h，扬程 0.86MPa，单泵功率 $N = 3kW$。

5）减压阀压力计算

变频泵扬程 0.86MPa，①减压阀后最不利点净高 53.7m，泵与阀之间水损 2.1m，阀前供水压力：

$$H_1 = 0.86 - 0.537 - 0.021 = 0.302 = 0.3MPa \tag{1-35}$$

采用比例式减压阀，减压比为 3∶1，阀后到最不利点水损 0.01MPa，最不利点最小出流水头0.05MPa阀后压力：

$$H_{1'} = 0.3 \times \frac{1}{3} = 0.1\text{MPa} > 0.06\text{MPa} \qquad (1-36)$$

满足最不利压力要求，该区最低点压力为 $10+5\times3.4=27\text{mH}_2\text{O}<35\text{mH}_2\text{O}$，符合要求。②减压阀后最不利点净高33.3m，泵与阀之间水损1.7m，阀前压力：

$$H_2 = 0.86 - 0.333 - 0.017 = 0.51\text{MPa} \qquad (1-37)$$

阀后到最不利点水损0.01MPa，最不利点最小出流水头0.05MPa，采用比例式减压阀，减压比为3：1，阀后压力：

$$H_2' = 0.51 \times \frac{1}{3} = 0.17\text{MPa} > 0.6\text{MPa} \qquad (1-38)$$

按照满足最不利压力要求，该区最低点压力为 $17+0.5+5\times3.4=34.5\text{mH}_2\text{O}<35\text{mH}_2\text{O}$，符合规范要求。

针对高层建筑办公楼在节水节能方面取得可观的效果，离不开对于系统中各个供水环节的把握。除了节水器具这类比较能够引起重视的节水节能措施，给水管网和构筑物设施这些平时看不到的环节更应该受到重视。一个不够合理的供水方案或是一些劣质的管材管件等就可以造成巨大的水资源浪费，且这些浪费是无形中的。可见在进行给水方案选择时，可在满足建筑的需要和用水安全可靠性的基础上选择可行方案。

对于本建筑，高区选用变频泵供水、中区及中高区选用变频泵减压供水、低区采用市政管网直接供水为相对较优给水方案。当然，优化的给水系统只是提供了一个可供选择的设计方案，但是不同的地区都存在着差异，经济状况、气候条件都各有不同。所以，在实际应用时，应该结合高层建筑办公楼所在地区的状况，因地制宜，这样才能设计出更加合理的建筑给水系统，使得建筑节水节能工作真正有效率的进行。

1.2 给 水 方 式

1.2.1 给水系统的压力

建筑给水系统应具有一定的工作压力，以保证所需的水量输送到建筑物的最不利配水点（通常是位于系统引入管起端的最高、最远点），并保证有足够的流出水头。

根据图1-16室内给水系统所需压力示意图分析，建筑给水系统所需压力可由下列公式计算：

$$H = H_1 + H_2 + H_3 + H_4 \qquad (1-39)$$

式中 H——建筑给水系统所需水压力，它必须使各种卫生器具能供应充足的水量，kPa；

H_1——最不利配水点（是指室内管网上水压力最低的配水点）与引入管起端之间的静压差，kPa；

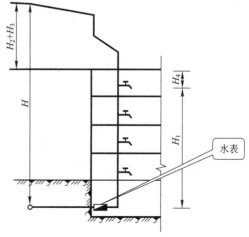

图1-16 室内给水系统所需压力示意图

H_2——计算管路的水头损失，kPa；

H_3——水流流经水表的水头损失，kPa；

H_4——最不利配水点的流出水头，kPa。

配水点的流出水头，是指各种卫生器具配水龙头或用水设备，为获得规定的出水量（额定流量）所需的最小压力。

在进行给水系统方案的初步设计时，对层高不超过 3.5m 的民用建筑，给水系统所需水压可根据建筑物层数估算（自室外地面算起）其最小水压值：一般 1 层建筑物为 100kPa；2 层建筑物为 120kPa；3 层及 3 层以上的建筑物每增加一层，增加 40kPa。对于引入管或室内管道较长或层高超过 3.5m 时，上述数值应适当增加。

1.2.2 基本给水方式

建筑给水方式就是建筑给水系统的供水方案。给水方式的选择，必须根据用户对水质、水压和水量的要求，室外管网所能提供的水质、水压和水量情况，卫生器具及消防设备等用水点在建筑物内的分布，以及用户对供水安全、可靠性的要求等条件来确定。

（1）给水方式的选择原则

1）在满足用户要求的前提下，应力求给水系统简单、管道输送距离短，以降低工程费用及运行管理费用。

2）应充分利用城市管网水压直接供水。如果室外给水管网水压不能满足整个建筑物的用水要求时，可以考虑建筑物下部数层利用室外管网水压直接供水，建筑物上面剩余层采用加压供水（设置升压设备）。

3）供水应安全可靠，管理、维修方便。

4）当两种或两种以上用水的水质接近时，应尽量采用共用给水系统。

5）生产给水系统在经济技术比较合理时，应尽量采用循环给水系统或复用给水系统，以节约用水。

6）生活给水系统其卫生器具给水配件处的静水压力不得大于 0.6MPa。如果超过该值，宜采用竖向分区供水，以防使用不便和卫生器具及配件破裂漏水。生产给水系统的最大静水压力，应根据工艺要求及各种设备的工作压力和管道、阀门、仪表等的工作压力来确定。

（2）基本给水方式及其特点

1）直接给水方式

当市政给水管网的水质、水量、水压在一天内任何时间均能满足建筑物室内给水管网要求时，宜采用直接给水方式。即室内给水管网与室外给水管网直接相连，室内给水系统是在室外给水管网的压力下工作，这是最简单的给水方式。当外管网的水压不能满足整个建筑物用水要求时，室内管网可采用分区给水方式，低区管网采用直接给水方式，高区管网采用其他给水方式。直接给水方式如图 1-17 所示。

这种给水方式的优点是系统简单、安装维修方便，可以充分利用室外管网水压，节约能源；不设室内动力设备，节省了投资；当外网的水压、水量能够保证时，供水安全可靠。其缺点是水量、水压受室外给水管网的影响较大，系统内无水量调贮设备，因此当市政管网发生事故断水时，建筑物内部管网会立即停水；室内各用水点的压力受室外水压波动的影响。

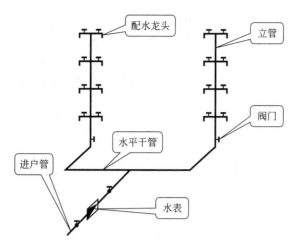

图 1-17 直接给水方式

2) 水箱给水方式

当室外给水管网的水量能满足室内要求,但每天的水压周期性不足时,可仅设高位水箱使室外管道直接进入建筑物内部,水箱设在建筑物的顶层之上。这种给水系统可布置成两种方式,一种是室外给水管网供水到室内管网和水箱,如图 1-18 (a) 所示;另一种是室内所需水量全部经室外给水管网送至水箱,然后由水箱向系统供水,如图 1-18 (b) 所示。

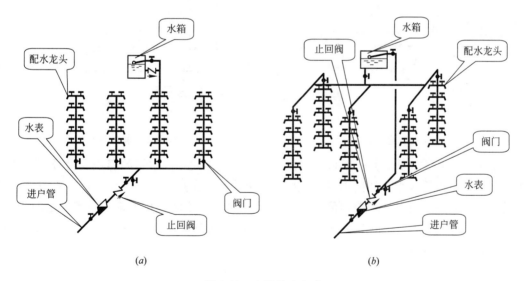

(a)   (b)

图 1-18 水箱给水方式

这种给水方式的优点是系统比较简单,投资较省;可充分利用室外管网的水压,节约能源;系统具有一定的储备水量,减轻了市政管网高峰负荷,供水的安全可靠性较好。缺点是设置了高位水箱,增加了结构荷载,并给建筑物的立面处理带来一定的困难,而且水箱水质易污染。一般建筑物内水箱容积不大于 $20m^3$,因此该种方式适合在室外管网水压周期性不足及室内用水要求水压稳定、日用水量不大且允许设置水箱的建筑物中采用。

3）水泵给水方式

当室外管网水压经常满足不了建筑物内部用水需求时，可利用水泵加压后向室内给水系统供水。当建筑物室内用水量大而且均匀时，可采用恒速水泵供水；而当室内用水不均匀时，仅设水泵的供水方式一般采用一台或多台水泵的变速运行方式，使水泵供水曲线和用水曲线相接近，并保证水泵在较高的效率下工作，以节约能源。供水系统越大，节能效果就越显著。为了达到充分利用室外管网压力，节约能源的目的，当水泵与室外管网直接连接时，应设旁通管。仅设水泵的给水方式如图1-19所示。

这种给水方式的优点是系统简单、供水安全可靠。缺点是无调节水量，对动力保证要求较高，消耗能源；当采用变频调速时，费用较高，维护也相对复杂。

4）水泵和水箱联合给水方式

当室外管网中的水压经常或周期性地低于建筑物内部给水系统所需压力，但供水量充足，且室内用水量又很不均匀时，宜采用设置水泵和水箱的联合给水方式。该方式是采用水泵从室外管网或贮水池中抽水加压，利用高位水箱调节水量。如图1-20所示。

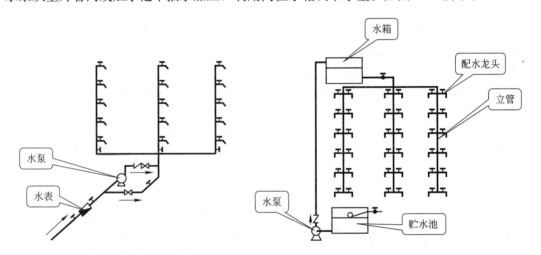

图1-19 水泵给水方式　　　　图1-20 设置水泵和水箱的联合给水方式

这种给水方式的优点是水泵可及时向水箱充水，因此可使水箱的容积大为减小；又因为水箱的调节作用，水泵的出水量比较稳定，可使水泵在高效率下工作；在水箱中采用水位继电器等装置，可以使水泵启闭自动化；系统内设有贮水池和水箱，储备一定的水量，因此供水可靠，供水压力比较稳定。缺点是一次性投资较大，设备费用及运行费用较高，安装维护管理比较麻烦。

5）变频调速给水方式

由于水泵的扬程随流量减少而增大，管路水头损失随流量减少而减少，当用水量下降时，水泵扬程在恒速条件下得不到充分利用，为了达到节能的目的，可采用变频调速给水方式。如图1-21所示。

这种给水方式的扬程随给水系统中流量的变化而变化。其工作原理是：压力传感器不断向微机控制器输入水泵出水管压力信号，当测得的压力值大于设计给定值时，则微机控制器向变频调速器发出降低电流频率的信号，从而使水泵转速降低，水泵出水量减少，水泵出水管压力降低，反之亦然。

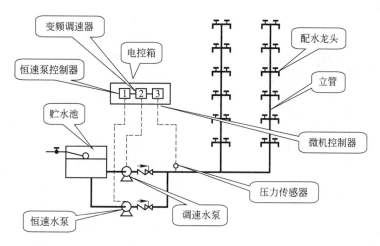

图 1-21　变频调速给水方式

6）气压给水方式

当室外给水管网水压经常性不足，并且建筑物内又不宜设置高位水箱或设置水箱确实有困难时，宜采用气压给水方式。气压给水装置是利用密闭压力水罐内气体的可压缩性贮存、调节和压送水的给水装置。其作用相当于高位水箱或水塔。其工作原理是：水泵从贮水池或室外给水管网吸水，经加压后送至给水系统和气压罐内，停泵时，再由气压罐向室内给水系统供水，并由气压水罐调节、贮存水量及控制水泵运行。如图 1-22 所示。

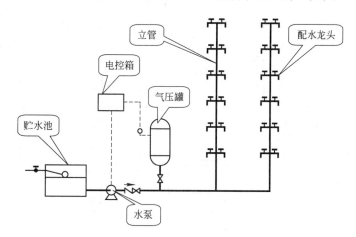

图 1-22　单罐变压式气压给水方式

这种给水方式的优点是设备可设在建筑物的任何位置上，便于安装，水质不易污染，投资经济，建设周期短，便于实现自动控制等。缺点是给水压力波动较大，管理及运行费用较高，可调节性较小，供水安全性较差。

7）分区给水方式

在层数较多的建筑物中，当室外给水管网的压力只能满足建筑物下部几层的供水要求时，为了充分利用室外管网水压，可将建筑物供水系统划分为上下两个或两个以上的供水区，如图 1-23 所示。下区由室外管网直接供水，上区由水泵联合供水。两区之间由一根或几根立管相连通，在分区处设置闸阀，以备下区进水管发生故障或室外管网水压不足

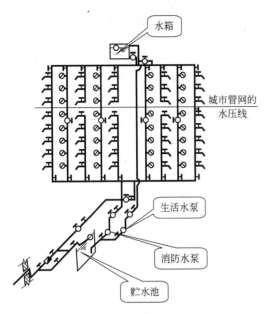

图 1-23　分区给水方式

时，由高区水箱向低区供水。

在高层建筑中，常见的分区给水方式有水泵串联分区给水方式、水泵并列分区给水方式和减压阀分区给水方式。

① 水泵串联分区给水方式

各分区分别设置水泵或调速水泵，各分区水泵采用串联方式供水，如图 1-24（a）所示。其优点是供水可靠、能量消耗较少；缺点是水泵数量较多、设备布置分散、维护管理不便。使用时，水泵的启动顺序为自下而上，要求各区水泵的能力应匹配。

② 水泵并列分区给水方式

该种给水方式是各给水分区分别设置水泵或调速水泵，各分区水泵采用并列方式供水，如图 1-24（b）所示。其优点是供水可靠、设备布置集中、便于维护管理、省去水箱占用的空间、能量消耗减少；缺点是水泵数量多、扬程各不相同。

③ 水泵减压阀分区给水方式

水泵减压阀分区给水方式，如图 1-24（c）所示。其优点是供水可靠、设备与管材少、投资省、设备布置集中、省去水箱占用面积；缺点是下区水压损失大，能量消耗多。

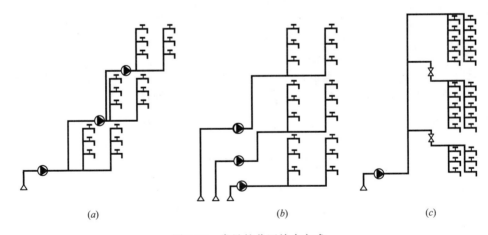

(a)　　　　　　　　　　(b)　　　　　　　　　　(c)

图 1-24　常见的分区给水方式

(a) 水泵串联分区给水方式；(b) 水泵并列分区给水方式；(c) 水泵减压阀分区给水方式

8）环状给水方式

按用水安全程度不同，管网分为枝状管网和环状管网。枝状管网用于一般建筑中的给水管路。环状管网用于不允许断水的高层建筑、大型公共建筑或某些生产车间。

1.2.3　给水管网的布置方式

（1）给水管网的布置方式

室内给水管网的布置方式与建筑性质、外形、结构状况、用水要求、卫生器具布置及采用的给水方式有关。布置方式分为 4 种：

1）上行下给式

水平干管一般沿最高的顶棚布置，一般敷设在顶层顶棚下或吊顶下。在非冰冻地区也有敷设在屋顶上的。对于高层建筑也可敷设在技术层内。该种布置方式多用于设有水箱的居住建筑、公共建筑、机械设备或地下管线较多的工业厂房中。

该种方式安装在吊顶内的配水干管可能会因露水或结露损坏墙面或吊顶，并且与下行上给式方式相比，要求城市给水管网的水压较高，管材消耗多。

2）下行上给式

水平干管敷设在底层走廊或地下室的顶棚下、管沟内，或直接埋地。该种布置方式多用于居住建筑、公共建筑和工业建筑中利用城市管网的水压直接给水时的情况。

采用该种布置方式，管道明装时便于安装维修，但在埋地敷设时检修不方便。与上行下给式相比，最高层配水点的出流水压较低。

3）环状式

水平干管或立管互相连接成环，组成水平干管或立管环。在有两个引入管时，也可将两个引入管通过立管和水平干管相连通，形成贯穿环状。该种方式用于高层建筑、大型公共建筑和工艺要求不间断供水的工业建筑中。消防管网均采用环状管网布置。

该种方式可以保证水流畅通、水头损失小，水质不会因滞留而变质，供水安全可靠，在管网中的任何管段发生事故时，可用阀门关闭事故管段而不中断供水。但这种方式管网的造价较高。

4）中分式

水平干管布置在中间某层的吊顶或中间技术层内，向上下两个方向供水。该种布置方式多用于屋顶设有露天茶座、舞厅，不便布置水平干管，或高层建筑有中间技术层可以利用时的情况中。

管道安装在技术层内时，有利于管道排气，不影响屋顶的多功能使用，并且便于安装维修。但这种方式需要设置技术层或增加中间某一层的层高。

（2）管网的布置原则

给水管网布置要求是能够供给用户所需水量，保证不间断供水，同时要保证配水管网足够的水压。具体布置原则如下：

1）按照城市总体规划，确定给水系统服务范围和建设规模。结合当地实际情况布置给水管网，要进行多方案技术经济比较。

2）先进行输水管渠与主干管布置，再进行一般管线与设施的布置。

3）力求长度最短，尽可能呈直线走向布置，平行于墙梁柱，考虑施工检修方便，整体美观协调。

4）干管尽量靠近大用户或不允许间断供水用户，保证供水安全可靠，减少管道传输流量，使大口径管道最短。

5）协调好与其他管道、电缆等工程的关系。不得敷设在排水间、风道和烟道内，不允许穿过大小便槽、壁柜、橱窗、木装修等处。

6）应避开沉降缝，如果必须穿越时，应采取相应的技术措施。

7）车间内的给水管道可架空或埋地设置，架空时，不得妨碍生产操作及交通，管道不得在设备上通过。不允许在遇水会引起爆炸、燃烧或损坏的原料、产品和设备的上面布管。埋地应避开设备基础，避免压坏或振坏。

1.3 给 水 设 备

给水设备由贮水箱、水泵、配水管路、各类阀门、计量设备以及优质水处理装置组成。本节将对水泵、贮水池、水箱、气压给水设备的内容进行介绍。

1.3.1 水泵

水泵是提升、输送和加压水或其他液体的机械设备，它是给水系统中重要的升压设备。其种类繁多，有叶轮泵、容积泵、射流泵和气升泵，其中叶轮泵又分为离心泵、轴流泵和混流泵。

在建筑给水系统中水泵是主要的升压设备。目前，建筑给水系统中常用的是离心式水泵。离心式水泵的类型较多，从外形上可分为卧式泵和立式泵；从加压段上可分为单级泵和多级泵；从水泵吸入口看可分为单吸入口泵和多吸入口泵。此外还有潜水泵等。离心式水泵具有结构简单、体积小、效率高、流量和扬程选择范围大、安装方便、工作稳定等优点。

离心式水泵主要由泵壳、泵轴、叶轮、吸水管和压水管等部分组成。离心式水泵装置图如图 1-25 所示。

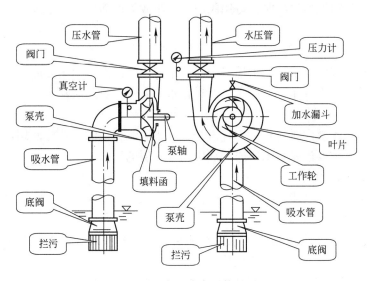

图 1-25　离心式水泵装置图

（1）水泵的工作原理及性能

1）工作原理

水泵启动前要排除泵内空气，使泵壳和吸水管充满水。当叶轮高速转动时，在离心力的作用下，水从叶轮中心被甩入泵壳获得动能和压能。由于泵壳的流道是逐渐扩大的，所以水流进入泵壳后流速逐渐减小，水的部分动能转化为压能，因而流入压水管的泵出口处的水具有较高的压力。在水被甩出的同时，叶轮进口处形成真空，在大气压的作用下，将吸水池中的水通过吸水管压向水泵进口，流进水泵叶轮及泵体。电动机带动叶轮连续旋转，离心泵便均匀地连续供水。

2）工作性能

① 流量（Q_b）：指单位时间内通过水泵的水的体积，L/s 或 m^3/h。

② 扬程（H_b）：单位质量的水通过水泵时所获得的能量，又称为总扬程或全扬程，kPa。

③ 轴功率（N）：水泵从电动机处所得到的全部功率，kW。

④ 效率（η）：因为水泵工作时，本身也有能量的损失，因此水泵真正得到的能量即为有效功率 N_u。有效功率 N_u 是指单位时间内流过水泵的液体从水泵那里得到的能量。N_u 必小于 N，效率 η 为两者之比，即：

$$\eta = \frac{N_u}{N} \times 100\% \tag{1-40}$$

⑤ 转数（n）：泵轴、叶轮每分钟的转速，r/min。

⑥ 允许吸上真空高度（H_s）：当叶轮进口处的压力低于水的饱和气压时，水就会发生汽化形成大量气泡，使水泵产生噪声和振动，严重时甚至产生气蚀现象，会导致水泵性能下降，并损伤叶轮。为了防止此类现象的发生，应对水泵进口的真空高度加以限制，而水泵允许吸上真空高度就是这个限制值，单位为 mH_2O 或 kPa。

水泵的工作参数是相互联系和影响的，工作参数之间的关系可用水泵的性能曲线来表示，离心式水泵的性能曲线如图 1-26 所示。水泵铭牌上标明的各工作参数是水泵的设计参数，也称为额定参数，在水泵样本的性能表中均全部列出。当通过水泵的流量等于泵的额定流量时效率最高。

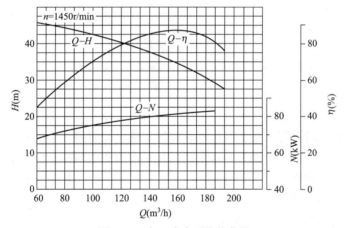

图 1-26　离心式水泵性能曲线

（2）水泵的选择

选择水泵要以节能为原则，使水泵在给水系统中保持高效运行。首先根据给水系统所需的流量、压力计算水泵的流量、扬程，由流量、扬程查水泵性能表即可确定其型号。

1）流量

在生活（生产）给水系统中，无水箱调节时，水泵的出水量要满足系统高峰时的用水要求，因此无论是恒速还是调速水泵，其流量均应以系统最大瞬时流量即设计秒流量确定。有水箱调节时，水泵流量可按最大时流量确定。若水箱容积较大，且用水量较均匀，则水泵流量可按水泵平均时流量确定。对于消防水泵，应根据室内消防设计水量确定流量。生活、生产、消防共用调速水泵应在消防时保证生活、生产、消防的总用水量。

2）扬程

根据水泵的用途与室外给水管网连接方式的不同，其扬程可按不同公式计算。

当水泵与室外给水管网直接相连时：

$$H_b \geqslant H_1 + H_2 + H_3 + H_4 - H_0 \tag{1-41}$$

式中 H_b——水泵扬程，kPa；

　　　H_1——引入管起点与最不利配水点垂直高度的水压力，kPa；

　　　H_2——水泵吸水管和出水管的沿程和局部水头损失之和，kPa；

　　　H_3——水流经水表时的水头损失，kPa；

　　　H_4——最不利配水点所需的流出水头或最不利消火栓、自动喷水灭火喷头所需水压，kPa；

　　　H_0——室外给水管网所能提供的最小压力，kPa。

当水泵与室外管网间接连接，自贮水池抽水时：

$$H_b \geqslant H_1 + H_2 + H_3 \tag{1-42}$$

式中符号含义与式（1-41）中相同。

（3）水泵的布置要求

水泵的平面布置应按表 1-10 的规定

水泵的平面布置规定　　　　　　　　　　　　　　　　表 1-10

电动机额定功率(kW)	水泵机组外轮廓与墙面之间的最小间距(m)	相邻水泵机组外轮廓面之间最小距离(m)
≤22	0.8	0.4
>22～55	1.0	0.8
55～160	1.2	1.2

水泵机组一般设置在水泵房内，泵房应通风、采光良好，具有排水和防冻措施。在要求防振、安静的房间（如精密仪器房、病房、播音室、录音室、教学楼、科研楼等）周围不要设置水泵，必须设置时应在水泵吸水管和压水管上设置隔振装置，水泵下面设置减振装置，使水泵与建筑结构部分断开。水泵隔振包括水泵机组隔振、管道隔振和支架隔振。

水泵基础应高出地面大于等于 0.1m，以便于水泵安装。泵房内管道管外底距地面或管沟底面的距离，当管径≤150mm 时，应大于等于 0.2m；当管径≥200mm 时，应大于等于 0.25m。基础不得与建筑结构相连。泵房净高不应小于 3.2m，门的宽度和高度应根据设备运入的方便确定。

考虑到水泵可能出现故障或检修问题，泵房内宜设有检修水泵的场地，检修场地尺寸宜按水泵或电机外形尺寸四周有不小于 0.7m 的通道确定。供生活用水的水泵一般并列设置两台水泵，交换使用，一台工作，一台备用。对于允许短时间断水的小型民用建筑，也可不设置备用水泵机组。生产和消防所需水泵的备用数量，应按照生产工艺的要求以及消防的有关规定确定。

1.3.2　贮水池、水箱

（1）贮水池

在建筑给水系统中，贮水池是用来储存和调节水量的构筑物。在室外给水管网不能满足流量要求时，应在室内地下室或室外泵房附近设置储水池，以补充供水量不足。贮水池一般采用钢筋混凝土、钢板或砖石等材料制作，形状多为矩形和圆形，也可以根据现场实际情况设计成任意形状。贮水池应设置进水管、出水管、溢流管、泄水管和水位信号管。溢流管管径应比进水管大一号，溢流口底标高应高出室外地坪 100mm。

1) 有效容积计算

贮水池的有效容积应根据生活（生产）调节水量、消防储备水量和生产事故备用水量确定，若水池（箱）仅起调节水量的作用，其有效容积不计储备水量。贮水池的有效容积可按下式计算：

$$V \geqslant (Q_b - Q_L) T_b + V_f + V_s$$
$$Q_L T_t \geqslant T_b (Q_b - Q_L)$$

(1-43)

式中　V——贮水池有效容积，m^3；

　　　Q_b——水泵出水量，m^3/h；

　　　Q_L——贮水池进水量，m^3/h；

　　　T_b——水泵最长连续运行时间，h；

　　　V_f——消防储备水量，m^3；

　　　V_s——生产事故用水量，m^3；

　　　T_t——水泵运行时间间隔，h。

当资料不足时，贮水池的生活（生产）调节水量可按建筑中最高日用水量的 10%～20% 估算。消防储备水量可根据具体消防要求，以火灾延续时间内所需的消防用水总量确定；生产事故备用水量，应根据用户安全供水要求，中断供水的后果和城市供水管网可能出现停水等因素确定。若贮水池仅储备生活（生产）调节水量，则贮水池有效容积不计 V_f 和 V_s。

2) 贮水池的设置条件

① 对于生活饮用水的贮水池（箱），则不应考虑其他用水的储备水量，并应与其他用水的水池（箱）分开设置。对于埋地式生活饮用水的贮水池有严格要求，在其周围 10m 以内，不得有化粪池、渗水井、污水处理构筑物、垃圾堆放点等污染源；周围 2m 内不得有污水管和污染物，否则必须采取相应措施。

② 建筑物内的生活饮用水水池（箱）体，应采用独立结构形式，不得利用建筑物的本体结构作为水池（箱）的壁板、底板及顶盖。当生活饮用水水池（箱）与其他用水水池（箱）并列设置时，不得共用一幅分隔墙，应设置独立的分隔墙，隔墙之间要有排水措施。

③ 容积大于 $500m^3$ 的贮水池一般分为两格，应能独立工作或分别排空，以便清洗、检修。

④ 贮水池的进水管和出水管布置在相对位置，以便池内储水经常流动，防止滞留和死角。

⑤ 消防用水与生活或生产用水合用一个贮水池时，应采取措施，如设溢流墙或在生活（生产）水泵吸水管上设一个 $\phi 5～\phi 10mm$ 小孔，以保证消防储备水量不被动用。

⑥ 贮水池应设通气管，通气管口应用网罩盖住，其设置高度距覆盖层上不小于 0.5m，通气管直径为 200mm。

⑦ 贮水池应设置水位计，将水位信号反映到水泵房和控制室。

（2）水箱

水箱除具有贮存和调节水量的作用外，高位水箱还可以起到稳压和减压的作用。因此在建筑给水系统中当系统有增压、稳压、减压以及需要储存一定水量时，均可采用设置水箱的方式。根据用途不同，水箱可分为高位水箱、冲洗水箱、减压水箱和断流水箱等种类。水箱常制成圆形或矩形，在特殊条件下也可设计成其他的形状。水箱制作材质的选择应满足不影响水质的要求，一般常采用钢板、铝板、玻璃钢或钢筋混凝土。普通钢板水箱内壁应刷无毒无害涂料，当用玻璃钢作为生活用水水箱时，应采用食品级树脂作为原料。

1）水箱的配管附件及设置要求

为了保证水箱能正常运行，水箱上一般应设有以下配管。水箱配管、附件示意图如图 1-27 所示。

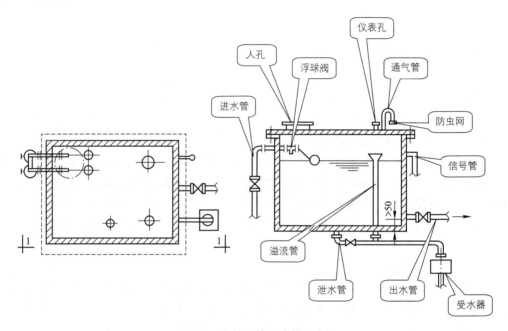

图 1-27　水箱配管、附件示意图

① 进水管

进水管可从水箱侧壁、顶部或底部接入。当水箱直接由室外给水管网压力进水时，进水管上应安装浮球阀或液压水位控制器，并在其进水端设置检修阀。若安装浮球阀，应不少于两个，进水管管顶上缘至水箱上缘的距离，应满足浮球阀的安装要求，一般为 150～200mm。当水箱由水泵供水，并且采用控制水泵启闭的自动装置时，不需设置水位控制阀。进水管管径可按水泵流量或室内设计秒流量确定。

② 出水管

水箱出水管一般由水箱侧壁或底部接出。其管口下缘应高出水箱内底 50mm，以防止沉淀物流入配水管网。进水管和出水管可分别与水箱连接，也可以合用一条管道，合用时水箱出水管上应设置止回阀。出水管管径按设计秒流量确定。

③ 溢流管

溢流管是用来防止水位控制装置发生故障后发生溢流而设置的。管口设置应高于水箱最高设计水位 50mm，不允许设置阀门。管径应按水箱最大流入量确定，一般应比进水管径大 1 号。出口不能直接接入排水系统，且应设网罩，而且必须经过断流水箱，并且要设置水封装置，以防止水质被污染。水箱设置在平屋顶上时，溢水可直接流在屋面上。

④ 水位信号装置

水位信号装置是反映水位控制阀失灵信号的装置，主要由玻璃液位计、自动液位信号计和信号管等组成。玻璃液位计安装在水箱侧壁，可随时观察水箱水位。信号管设置在溢流管下方 10mm 处，管径一般采用 DN15～DN20，可接至值班室的洗脸盆、洗涤盆等处。也可在水箱内设置自动液位信号计，根据设定的水箱水位启闭水泵。若水箱液位和水泵进行连锁控制，则可在水箱顶盖或侧壁处安装液位继电器或信号器，采用自动水位报警。

⑤ 泄水管

泄水管自水箱底部最低处接出，用以检修或清洗时泄水。管上应设置阀门，管径一般为 DN40～DN50。泄水管可以直接与溢水管连接，但是不允许与排水系统直接相连。

⑥ 通气管

通气管设置在饮用水水箱的密封箱盖上，以使水箱内空气流通。管口应设置滤网，以防止灰尘、蚊蝇进入，并将管口朝下。通气管不设置阀门，管径不应小于 50mm。对设有托盘的水箱，还应设置一根 DN32～DN40 的泄水管，以排泄箱壁的凝结水。

水箱的设置要求：

水箱一般应设置专门的设置室，房间净高不得低于 2.2m，室内温度不得低于 5℃，要求房间的采光、通风条件好，设置水箱的承重结构应为非燃烧体。水箱的安装高度应满足建筑物内最不利配水点所需要的流出水头，经管道水力计算确定。减压水箱的安装高度一般要求高出其供水分区 3 层以上。在一般的居住和公共建筑内，可只设置一个水箱，在高层建筑和重要的生产建筑、公共建筑内，根据不同的技术要求以及保证水质和供水安全的要求，常设置两个或两个以上水箱。水箱间的布置间距按表 1-11 选用。水箱应加盖，应有防止污染的防护措施。为了便于管道安装和进行检修，水箱箱底距地面宜有不小于 800mm 的净空。水箱底可置于工字钢或混凝土支墩上，为了防止腐蚀，金属箱底与支墩接触面之间应衬塑料垫片或橡胶板等绝缘材料。如果水箱有冻结、结露的可能时，应采取保温措施。

水箱形式	水箱至墙面距离		水箱之间净距	水箱顶至建筑结构最低点间距离
	有阀侧	无阀侧		
圆形	0.8	0.5	0.7	0.6
矩形	1.0	0.7	0.7	0.6

水箱之间以及水箱与建筑结构之间的最小距离（m）　　　　表 1-11

2）水箱的有效容积及设置高度

水箱的设计计算内容主要有水箱的容积计算和确定水箱的安装高度。

水箱的有效容积：

水箱的容积包括有效容积和无效容积。有效容积由生活调节容积、消防储备水量、事故储备水量组成。无效容积是指超高部分及出水管至箱底部分组成的容积。

水箱的有效容积主要根据调节水量、生活和消防储备水量以及生产事故储备水量来确定。若仅作为水量调节之用，其有效容积即为调节容积。水箱的调节水量应按用水量和流入量的变化曲线确定，但因以上曲线不易获得，在实际工程中可根据水箱进水的不同情况通过经验公式计算或根据生活用水量估算确定。

① 公式计算

由室外给水管网直接供水：

$$V = Q_L T_L \tag{1-44}$$

式中　V——水箱的有效容积，m^3；

　　　Q_L——由水箱供水的最大连续平均小时用水量，m^3/h；

　　　T_L——由水箱供水的最大连续小时数，h。

由人工操作水泵进水：

$$V = \frac{Q_d}{n_b} - Q_P T_b \tag{1-45}$$

式中　V——水箱的有效容积，m^3；

　　　Q_d——最高日用水量，m^3/d；

　　　n_b——水泵每天启动次数；

　　　T_b——水泵启动一次的最短运行时间，h，由设计确定；

　　　Q_P——水泵运行时间 T_b 内的建筑平均小时用水量，m^3/h。

水泵自动启动供水：

$$V = \frac{Cq_b}{4K_b} \tag{1-46}$$

式中　V——水箱的有效容积，m^3；

　　　C——安全系数，可在 $1.5 \sim 2.0$ 内采用；

　　　q_b——水泵出水量，m^3/h；

　　　K_b——水泵 1h 内最大启动次数，一般选用 $4 \sim 8$ 次/h。

用上述公式计算得到的水箱调节容积比较小，只有在确保水泵自动启动装置安全可靠的条件下采用。

② 利用经验数据估算

如果水泵为自动控制时，不得小于日用水量的 5%；如果水泵为人工控制时，不得小于日用水量的 12%。单设水箱的情况下，可根据水箱进水时间、用水定额和用水人数估算。当水箱同时储备消防水量时，其容积以生活（生产）调节水量和消防储备水量之和计算，一般消防储备水量应取 10min 消防用水量，为了避免水箱容积过大给建筑设计带来困难，当室内消防用水量小于等于 25L/s 时，其水箱消防储备水量应不小于 $12m^3$；当室内消防水量大于 25L/s 时，其水箱消防储备水量应不小于 $18m^3$。但当水箱同时储备生活（生产）调节水量、消防储备水量和生产事故备用水量时，其有效容积为三者之和。生产事故备用水量可根据工艺要求确定。

水箱的设置高度：

水箱的设置高度必须满足下列条件：

$$h = H_2 + H_3 \tag{1-47}$$

式中　h——水箱最低水位至最不利配水点的静水压，kPa；

　　　H_2——水箱出水口至最不利配水点的总水头损失，kPa；

H_3——最不利配水点的流出水头或消防所需压力，kPa。

储备消防水量的水箱的安装高度如果满足消防设备所需压力有困难时，应采取设增压泵等措施。

1.3.3　气压给水设备

气压给水设备是给水系统中的一种调节和局部升压设备，它利用密闭压力罐内的压缩空气，将灌中的水送至管网中各配水点，作用相当于水塔或高位水箱，可以储存和调节水量，并保持所需的压力。

（1）气压给水设备的组成

1）气压水罐：内部充满空气和水。

2）水泵：将水送到罐内及管网。

3）加压装置：用以加压水及补充空气漏损，如空气压缩机。

4）电控系统：启动水泵或空气压缩机。

（2）气压给水设备分类

1）按给水压力分类

给水装置按给水压力可分为低压（0.6MPa）、中压（0.6～1.0MPa）和高压（1.0～1.6MPa）。根据有关规定，以选用低压为宜。

2）按压力稳定性分类

给水装置按压力稳定性可分为定压式和变压式两种。

① 定压式

定压式气压给水设备在向给水系统送水过程中，水压保持恒定。气、水同罐的单罐恒压式给水设备如图 1-28（a）所示，在其供水管上安装调压阀，或在气、水分罐的双罐变压式气压给水设备的压缩空气连通管上安装调节阀。分别控制调压阀出口端的水压或气压，使供水压力稳定。气压给水系统中的空气与水直接接触，在经过一段时间后，罐内空气由于漏损和溶解于水而逐渐减少，因而使调节容积逐渐减小，水泵启动逐渐频繁，因此需要定期补充气体。最常用的是用空气压缩机补气，在小型系统中也可采用定期泄空补气和水射器补水等方式。

② 变压式

当用户对水压没有恒定要求时，常使用变压式气压给水设备。变压式气压给水设备在向给水系统送水过程中，水压处于变化状态，单罐变压式给水设备如图 1-28（b）所示，其罐内的水在最大工作压力 P_{max}，即压缩空气的起始压力作用下，被压送到给水管网，随着罐内水量的减少，压缩空气体积膨胀，压力减小，当压力降至最小工作压力 P_{min} 时，压力继电器动作，使水泵启动。水泵的出水除供用户外，多余部分进入气压水罐，罐内水位上升，空气又被压缩。当压力达到 P_{max} 时，压力继电器动作，使水泵停止工作，由气压水罐再次向管网输水。

3）按气水接触方式分类

给水装置按气水接触方式可分为气水接触式和隔膜式。气水接触方式是常用的形式。隔膜式气压给水设备使用了隔膜将气水分开，从而减少了空气的漏损。隔膜可用橡胶或塑料制成，图 1-29 为一隔膜式气压给水设备结构图，该设备可一次充气，长期使用，不需要设置空气压缩机，使系统得到简化，节省了投资，并且扩大了气压给水设备的使用范围。

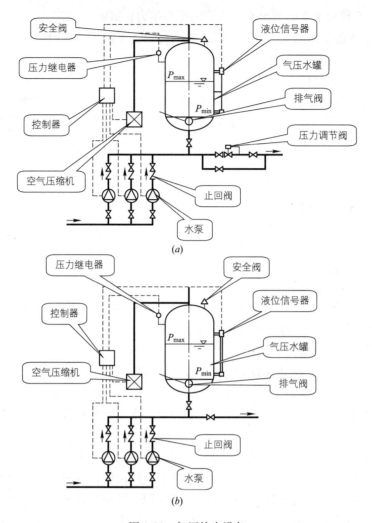

图 1-28　气压给水设备

（a）单罐恒压式给水设备；（b）单罐变压式给水设备

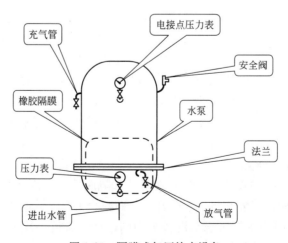

图 1-29　隔膜式气压给水设备

4）按水罐形式分类

按水罐形式可分为卧式、立式和球式。卧式气压水罐中的空气和水接触面积较大，空气的损失较多，对气压水罐的补气不利。立式水罐使空气和水接触的面积减小，有利于水罐补气。球形水罐技术先进、经济合理、外形美观但加工相对复杂。

（3）适用范围

1）当城市水压不足时，在建筑物（如民用建筑、公共建筑）的自备给水系统中或小区（如学校、医院、施工现场等）的给水设备上比较适宜采用气压给水设备。

2）气压给水设备适用于有升压要求，但是要求不可能设置水箱或水塔的建筑（如高地震级地区、地下商店、立面有特殊要求而不能设置高位水箱的建筑、临时性和小型简易给水系统、消防给水系统、国防工程、人防工程等）中。

（4）气压给水设备的优缺点

1）优点

① 灵活性大。

气压给水设备是利用密闭压力罐内的压缩空气，产生供水压力将罐中的水送到管网中各配水点，因此，罐体的安装高度可不受限制。便于隐蔽和拆迁，便于工程改扩。

② 投资少，建设速度快，占地面积小。

目前在施工安装工程中，多采用成套产品，接上水源、电源即可使用，方便简单，建设费用也低于高位水箱。

③ 水质不易受污染。

由于气压水罐为密闭罐，水在密闭系统中流动，因此受污染的可能性极小，还能消除给水系统中停泵水锤的影响。

④ 运行可靠，维修管理方便。

由于气压水罐和水泵组合在一起，而且可以采用可靠的仪表实现自动化操作，可不设专人管理。

2）缺点

① 调节容积小，一般调节水量仅占总容积的 $20\%\sim30\%$，不具有水箱、水塔那样的能满足停电时长时间的供水能力。

② 运行费用高，耗钢量大。

③ 水泵在 P_{max} 和 P_{min} 之间工作，平均效率低，耗电量大，若采用几台水泵并联运行，可提高水泵的工作效率，有利于节能。

④ 变压力供水。变压式的供水压力变化幅度较大，对给水附件的寿命有一定的影响，不适合用水量大和要求水压稳定的用水对象，因而其使用受一定限制。

（5）气压给水设备的选择

选择气压给水设备，主要是确定气压水罐的总容积和确定配套水泵的流量、扬程。根据总容积、所需水泵流量和扬程查有关气压给水设备样本即可选定其型号。

1）气压水罐的总容积可按下式计算

$$V_z=\frac{\beta V_x}{1-\alpha_b}\tag{1-48}$$

$$V_x=c\frac{q_b}{4n}\tag{1-49}$$

式中 V_z——气压水罐的总容积，m^3；

    V_x——罐内的调节容积，m^3；

    α_b——气压水罐最小工作压力与最大工作压力比（以绝对压力比计），宜采用0.65～0.85，气压水罐最小工作压力应以给水系统所需压力确定；

    q_b——水泵出水量，当罐内为平均压力时，水泵出水量不应小于管网最大小时流量的1.2倍，m^3/h；

    n——水泵在1h内最多启动的次数，宜采用6～8次/h；

    c——安全系数，宜采用1.0～1.3；

    β——容积附加系数，对于补气式卧式、立式气压罐和隔膜式气压罐分别为1.25、1.10、1.05。

2）水泵的流量及扬程

气压给水设备的水泵出水量应不小于管网最大小时流量的1.2倍，扬程应满足气压罐最大工作压力 P_{max} 的要求。

1.3.4 稳压给水设备

（1）稳压给水设备的组成

稳压设备与一般的隔膜式气压给水设备一样也是由水泵、隔膜式气压水罐，电控柜及管道、管件和仪表所组成。

稳压设备中的水泵是小流量泵．其作用是补充消防给水系统渗漏水，维持系统压力，故称之为稳压补水泵；隔膜式气压水罐（简称气压水罐）的作用与一般的隔膜式气压给水设备中的气压水罐有所不同。图1-30是气压水罐的示意图，罐体上示出四条运行压力线，其功能如下：

P_1—气压水罐的充气压力，也是消防所需要的压力，MPa；

$P_{1'}$—消防泵启动压力，MPa；

P_1—稳压补水泵启动压力，MPa；

$P_{2'}$—稳压补水泵停泵压力，MPa。（以上均为表压）

（2）稳压给水设备工作原理

"稳压设备"由气压水罐上设定的 P_1、P_2、P_{S1}、P_{S2} 4个压力控制点来控制设备的运行。平时准工作状态如消防给水系统有泄漏，压力降至 P_{S1} 时，稳压泵启动不断补水稳压，在压力升高至 P_{S2} 时，稳压泵停止运行；当发生火灾时，因为消防给水系统大量出水，稳压泵已经不能继续稳压至 P_{S1} 以上，压力持续下降至 P_2，发出报警信号，立即启动消防主泵供水灭火，消防主泵启动后，稳压泵自动停止运行。"稳压设备"气压水罐的工作原理示意图如图1-31所示。

（3）增压稳压给水设备

例如位于杭州市的某一类综合楼考虑设置消火栓系统和自动喷水灭火系统。建筑地上高度69.9m，地下室标高−11.70m，水泵房设置于地下室内，屋顶水箱间标高67.70m。由于建筑专业限高的原因不能抬高屋顶高水箱的设置高度以满足规范要求的消防静水压，此时就必须考虑设置增压稳压设施。

1）增压稳压给水设备组成

增压稳压设备由隔膜式气压罐、增压泵、电控柜、管道附件等组成。增压稳压用气压

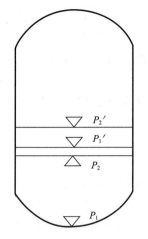

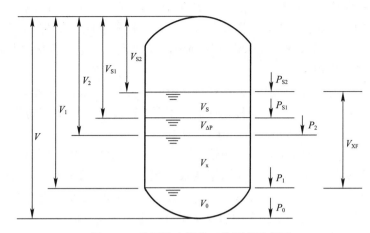

图1-30　气压水罐示意图　　　　　　图1-31　稳压给水设备工作原理示意图

给水罐的工作条件与普通气压给水罐不完全相同，其最大的特点是根据设计规范的规定，设置增压稳压设备的目的主要是在火灾初期时，消防水泵启动前，满足消火栓或自动喷淋灭火系统的水压要求。

2）设备选型

工程设计中常用的增压形式有两种，一种是在消防水箱的出水管上设置增压稳压泵。这种增压稳压方法系统设备简单，占地面积小，但对于管网漏损严重，压力波动较大的供水系统，管道泵的启动频繁，设备容易损坏，能耗提高，从而增加运行费用，同时消防安全度较低。

另一种是设置稳压泵和气压水罐。气压水罐不但贮存30s的室内消防用水量，还可以长时间地维持管网内压力。这样稳压泵启动次数少，运行费用低，顶部管网经常处于承压水状态，供水安全可靠。气压罐的不足之处在于设计、施工和调试比较复杂，设备占地面积大，设备制造费用高，一次性投资大。

然而对于一类高层建筑和重要的建筑物，火灾造成的损失巨大，防火要求高，所以应尽量采用供水安全可靠的稳压泵和气压水罐的形式解决顶部几层消防压力不足的问题。

3）系统工作原理

如图1-31所示，系统平时的压力由稳压泵来提供，当达到稳压水容积的高水位V_{S2}，压力升至P_{S2}时，稳压泵自动停止运行；当稳压水V_S逐渐消耗，达到稳压水容积的低水位V_{S1}，压力降至P_{S1}时，稳压泵自动开启，将稳压水容积再次提升至最高水位。如此往复，使系统内压力值保持在一定范围之内。发生火灾时，随着消防设施的使用，管道系统大量缺水，罐内水位迅速降至消防贮水容积的最高水位V_2，压力值随之下降至P_2时，发出报警信号，立即启动消防主泵，在信号发出至消防主泵启动之间的30s内，增压稳压设备仍能满足消防压力要求。消防主泵启动后，返回信号，稳压泵自动停止工作，直至火情结束，手动恢复设备的控制功能。

4）系统组合方式

系统有两种组合方式：

① 稳压泵气压水罐和消防水泵设在一起，稳压泵从消防水池内吸水，设备一般放置在首层或地下室消防水泵房内，也称作下置式。这种设计的优点是：设备布置紧凑，电气

控制所需线路短；缺点是：增压泵扬程较高（一般比主泵扬程高 0.05～0.1MPa），需配置的电机功率较大，气压罐有效容积小。这种设计适合建筑高度小于 50m 的场合。

② 稳压泵气压水罐和屋顶消防水箱设在一起，稳压泵从屋顶消防水箱内吸水，也称作上置式。

这种设计的优点是：增压泵所需扬程低，配置功率小，气压罐有效容积大；缺点是电气控制线路较长。这种设计适合于建筑高度大于 50m 的场合。

5）消防增压稳压气压设备的确定

气压水罐内应有消防给水系统所要求的储存水容积、稳压水容积和缓冲水容积，用于消火栓给水系统的气压水罐储水容积不小于 300L；用于自动喷淋灭火系统的气压水罐储水容积不小于 150L；用于消火栓和自动喷淋灭火系统合用的气压水罐储水容积不小于 450L；并应与消防泵的启泵水位有一定的压差，以免发生误动作。而普通气压给水罐只有高低两个水位。

6）增压稳压设备的设计要点

① 增压稳压设备的设计参数 P_1 应该是满足消防系统最不利点消防所需压力时，增压稳压设备所在位置对应的压力，应根据不同消防系统采用相应的计算方法。

消火栓系统稳压：

$$P_1 = H_2 + H_3 + H_4 - H_1 \tag{1-50}$$

式中　H_1——水箱最低水位，也是最不利点消火栓的几何高度，MPa；

　　　H_2——管道系统的沿程和局部压力损失，MPa；

　　　H_3——水龙带和消火栓本身的压力损失，MPa；

　　　H_4——消火栓充实水柱长度所需压力，MPa。

考虑到对高位消防水箱的有效利用，不建议采用稳压设备从底层消防水池直接吸水的方式。

自动喷水灭火系统稳压（如图 1-32 所示）：

$$P_1 = \sum H + H_0 + H_r - Z(\text{MPa}) \tag{1-51}$$

式中　$\sum H$——自动喷水管道至最不利点喷头的沿程和局部压力损失之和，MPa；

　　　H_0——最不利点喷头的工作压力，MPa；

　　　H_r——报警阀的局部水头损失，MPa；

　　　Z——水箱最低水位，也是最不利点喷头的几何高度。

计算 P_1 时，计算管道系统沿程和局部损失所采用的流量应为火灾初期消防给水量，消火栓系统为两股消火栓流量 $2\times 5=10\text{L/s}$；自动喷水灭火系统则为 5 个喷头流量，一般采用 $5\times 1=5\text{L/s}$。

② 根据计算求得消防系统中最不利点所需的消防压力 P_1 作为气压水罐的充气压力，即气压水罐最低工作压力。通过计算所选定的气压罐规格和 α_b 值，求得 P_2。

$$P_2 = \frac{P_1 + 0.098}{1 - \frac{\beta V_x}{V}} - 0.098 = \frac{P_1 + 0.098}{\alpha_b} - 0.098 \tag{1-52}$$

式中　V——消防气压水罐总容积，m^3；

　　　V_x——消防贮水容积，m^3；

β——容积系数，卧式水罐宜为 1.25，立式水罐宜为 1.10，隔膜式水罐宜为 1.05。α_b 取值为 0.5～0.85。

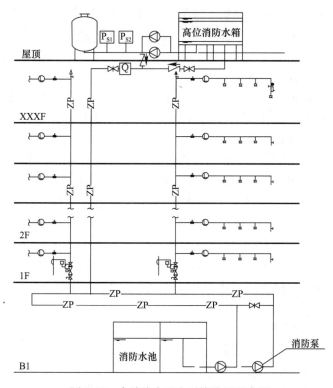

图 1-32　自动喷水灭火系统稳压示意图

③ P_{S1} 和 P_{S2} 的确定。$P_{S1}=P_2+(0.02\sim0.03)$；$P_{S2}=P_{S1}+(0.05\sim0.06)$。

④ 气压水罐内应有消防用水系统所要求的储存水容积（V_x）、稳压水容积（V_s）和缓冲水容积（$V_{\Delta P}$），按确定的 α_b 求得其直径和规格。

根据《建筑设计防火规范》GB 50016—2014（2018 年版），消火栓给水系统与自动喷水灭火系统合用的气压水罐的储水容积（V_x）不小于 450L，其中用于自动喷水灭火系统的气压罐储水容积（V_x）不小于 150L，用于消火栓给水系统的气压水罐储水容积（V_x）不小于 300L。稳压水容积（V_s）不小于 50L，最低工作压力 P_1 应为最不利点所需压力，工作压力比宜为 0.5～0.9。

⑤ 稳压水泵流量应在 3min 内，补足气压水罐内实际稳压水容积所需流量。根据《建筑设计防火规范》GB 50016—2014（2018 年版）7.4.8.1，稳压水泵的出水量，对于消火栓给水系统不应大于 5L/s；对自动喷水灭火系统不应大于 1L/s。稳压水泵扬程应以 $(P_{S1}+P_{S2})/2$ 时，水泵曲线高效区取值。

⑥ 对于消火栓系统和自动喷水灭火系统合用稳压设备的情况，应综合考虑各消防系统最不利点压力要求计算 P_1 及相关参数。当火灾发生时，气压水罐内压力降至 P_2，消防控制中心或消防泵房根据其发出的启动消防泵报警信号综合不同消防系统其他信号确定启动消火栓消防泵或自动喷水消防泵。

1.3.5　变频调速给水设备

大型建筑物和群体建筑，例如宾馆、高层住宅及居住小区等，其用水量在一天之中的变化幅度较大，用水时间相对集中，如果根据用水情况绘制一条时间-用水量曲线的话，会发现其用水高峰、低谷的差值也比较大。在这种情况下，按照以往传统的做法，需按照该建筑物所需的最大扬程、最大流量来选泵，泵的扬程比较高，这样在用水低峰期，小流量-高扬程工况下，管网内将承受高压，会产生水击现象，甚至损坏管网配件，造成漏水。变频调速供水设备能很好地解决这个问题。

（1）变频调速给水设备组成

变频调速设备一般由两大部分组成：①供水装置（主要包括水泵机组）；②控制装置（主要包括变频调速器、压力传感器、控制器、配电柜、单片机等）。

（2）变频调速给水设备工作原理

通过安装在水泵出水管上的远传压力表，将管道内水压力的变化转换为0.5V的模拟电信号，经前置放大、多路切换、A/D转换成数字信号，输入微机。经微机运算并与预先给定的参量相比较，得出一调节参量，经由D/A变换把这一调节参量送给变频控制器，从而控制电机转速以达到调节水压、水量的目的。

（3）变频调速给水设备优点

变频调速给水设备具备供水压力稳定、消除超压和回流的无功损耗、延长水泵寿命、减少维修、多台水泵联合供水，代替大泵，适合流量变化，提高总体效率，节省能源和设备运行、维护费用等优点。

1.3.6　无负压给水设备

（1）无负压给水设备的结构配置及工作原理

设备配置及运行原理：

1）设备配置：（以罐式两台泵为例）设备进口处设置倒流防止器、过滤器和一个稳流调节器。稳流调节器顶部设一个真空抑制器或负压消除器，罐内设液位检测传感装置。两台水泵并联，并设有旁通管。

2）运行原理：当管网进水量大于设备出水量时，缓冲水罐满水，水泵通过缓冲水罐从管网里吸水。当管网进水量小于设备出水量时，缓冲水罐内的压力和液位开始下降。当罐内压力低于大气压时，进/排气阀打开进气，防止罐内产生负压。当缓冲水罐水位继续下降到设定的低液位时，水泵停止运行。

3）负压消除装置（真空抑制器）的几种形式：经过多年持续不断的改进，真空抑制器有以下几种形式：

① 在进/排气阀上加设过滤膜装置，对进入稳流调节器的空气进行过滤，以保证水质清洁；

② 用带气囊的隔膜气压罐代替无气囊的缓冲水罐，保证空气与水的隔离；

③ 自平衡式；

④ 预压式等多种负压抑制方式，保证了设备不产生负压和不被空气污染。

无论哪一种都应当在稳流调节器上装设压力传感装置和液位控制装置，当罐内压力低于设定值或罐内液位低于设定值时，强制水泵停止运行等。应当说目前国内大多数无负压供水设备利用水力、机械或电气控制等措施，可以有效地防止水泵吸水时在管网中产生负压。

（2）无负压给水设备种类

主要有3种：密封式、稳流罐式、调节水箱式。但细节上也有不同之处：

1）密封式：该方式将电机、水泵等设备完全密封于不锈钢容器内，基本杜绝了水质二次污染，占地少，安装灵活，可安装在楼梯间、地下池子等地方，施工周期短，但无储备水量，城市公共供水管网停水时，容易出现断水现象。

2）稳流调节罐式：该方式在水泵前装设可承压的稳流调节罐，靠其调节作用，可进一步降低对城市公共供水管网的影响。

3）调节水箱式：该方式设有不承压的调节水箱，调节水箱与水泵并联，通过电控装置，使调节水箱内的水每天至少循环两次，确保水质不变。当市政管网的水量、水压条件能满足无负压供水方式要求时，直接从市政管网取水；否则，从调节水箱取水。可用于自来水管网供水不稳定的区域。由于存在水箱，仍要按规定进行清洗消毒。

（3）无负压供水设备的选型

根据《建筑给水排水设计标准》GB 50015—2019，计算设计流量、根据用户配置的用水器具及供水、用水时间定额、自来水进水量（由自来水管径、压力长度等条件确定）、顾客实际用水量、建筑物高度等数据来综合确定的。稳流调节罐是按照自来水满足顾客要求的情况下估算的，如果自来水管径很细或压力很低，进水流量不能满足用水高峰的要求，需要重新计算稳流调节罐的容积。

（4）选择无负压设备需注意的问题

选择无负压设备的关键在于选择合适的水泵，使高效水泵运行在高效段内。在选用设备时应避免出现以下失误：

1）为简单而不考虑市政供水的压力（导致水泵所需的扬程偏大）；

2）不考虑无负压设备本身的水头损失（导致水泵所需的扬程偏小）；

3）不考虑水泵的比较选择（以常用的为标准，而不是以水泵的高效率为标准）；

4）不考虑用户的实际应用情况。

1.4　高层建筑给水系统

高层建筑具有层数多、高度高、功能复杂的特点。由于高层建筑要求提供完善的工作和生活保障设施，卫生、舒适和安全的生活条件，因此高层建筑中的设备多、标准高、管线多且管径大，建筑结构与水泵、水箱等设备在布置中的矛盾较多，必须密切配合、协调工作。为了使众多的管道整齐有序地敷设，一般在建筑物内设有设备层。在设备层中安装和布置设备，同时安排管线水平方向穿行和交叉。

其次，高层建筑中的供水和排水设施，其服务的人数多、使用频繁、负荷大，要求使用上要安全、可靠。另外，高层建筑装饰设备复杂，可燃物多，人员流动性大，易发生火灾，由于竖井多，火势蔓延快，火灾扑救困难，因此高层建筑的消防给水必不可少，必须设置独立、自救的消防给水设备。

高层建筑因高度高需要的供水压力大，不能仅靠城市供水管网直接向建筑内供水。因此，高层建筑的生活供水和消防供水一般都设有水泵进行加压供水。同时，由于高层建筑上下高差大，为避免下层用水设备上的水压过高，使得用水时配水设备的出水流速过高产生噪声和喷溅，同时在顶层还会形成压力不足，甚至产生负压抽吸现象，因此在高层建筑中一般沿着垂直方向进行分区供水，以减小每个区内的水压差。

1.4.1 技术要求

若整栋高层建筑采用统一的给水系统供水，则垂直方向管线过长，下层管道中的静水压力很大，必然带来以下弊病：需要采用耐高压的管材、附件和配水器材，费用高；启闭龙头、阀门易产生水锤，不但会引起噪声，还可能损坏管道、附件，造成漏水；开启龙头水流喷溅，既浪费水量，又影响使用，同时由于配水龙头前压力过大，水流速度加快，出流量增大，水头损失增加，使设计工况与实际工况不符，不但会产生水流噪声，还将直接影响高层供水的安全可靠性。因此，高层建筑给水系统必须解决低层管道中静水压力过大的问题。

1.4.2 给水方式

高层建筑给水方式主要是指采取何种水量调节措施及增压、减压方式，来满足各给水分区的用水要求。高层建筑给水方式的基本特征是分区加压。当高层建筑竖向分区之后，最重要的问题就是采用何种加压给水方式，从而确定经济合理、技术先进、供水安全可靠的给水系统。给水方式的选择关系到整个供水系统的可靠性、工程投资、运行费用、维护管理及使用效果，是高层建筑给水的核心。

（1）高位水箱给水方式

其供水设备包括离心水泵和水箱，主要特点是在建筑物中适当位置设高位水箱，储存、调节建筑物的用水量和稳定水压，水箱内的水由设在底层或地下室的水泵输送。可分为并联、串联、减压水箱和减压阀四种给水方式。

1）高位水箱并联给水方式

各分区独立设高位水箱和水泵，水泵集中设置在建筑物底层或地下室，分别向各分区供水。

优点：各区给水系统独立，互不影响，供水安全可靠；水泵集中管理，维护方便；运行动力费用经济。

缺点：水泵台数多，高区水泵扬程较大，管线较长，设备费用增加；分区高位水箱占建筑楼层若干面积，给建筑平面布置带来困难，减少了使用面积，影响经济效益。

2）高位水箱串联给水方式

水泵分散设置在各分区的楼层中，下一分区的高位水箱兼作上一给水分区的水源。

优点：无高压水泵和高压管线；运行动力费用经济。

缺点：水泵分散设置，连同高位水箱占楼层面积较大；水泵设置在楼层，防振隔声要求高，水泵分散，管理维护不便；若下一分区发生事故，其上部各分区供水受影响，供水可靠性差。

3）减压水箱给水方式

整栋建筑的用水量全部由设置在底层或地下层的水泵提升至屋顶水箱，然后再分送至各分区高位水箱，分区高位水箱只起减压作用。

优点：水泵数量最少，设置费用降低，管理维护简单；水泵房面积小，各分区减压水箱调节容积小。

缺点：水泵运行动力费用高；屋顶水箱容积大，在地震时存在鞭梢效应，对建筑物安全不利；供水可靠性较差。

4）减压阀给水方式

其工作原理与减压水箱给水方式相同，不同处在于以减压阀代替了减压水箱。与减压水箱给水方式相比，减压阀不占楼层房间面积，但低区减压阀减压比较大，一旦失灵，对供水存在隐患。

如图 1-33 是高位水箱的四种给水方式示意图，由于设置了水箱，增加了水质受污染的可能，因此水箱设置数量越多，水质受到污染的可能性就越大；其次，水箱总要占用空间，并有相当的重量，水箱容积越大，对建筑和结构的影响就越大；此外，水箱的进水噪声容易对周围房间环境造成影响。

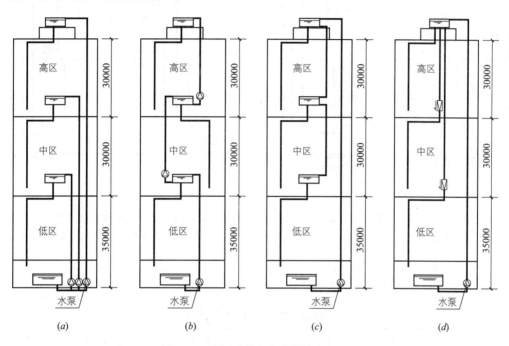

图 1-33 高层建筑高位水箱给水方式

(a) 并联；(b) 串联；(c) 减压水箱；(d) 减压阀

(2) 气压给水设备给水方式

其供水设备包括离心水泵和气压水罐。其中气压水罐为钢制密闭容器，使气压水罐在系统中可储存和调节水量，供水时利用容器内空气的可压缩性，将管内储存的水压送到一定的高度，可取消给水系统的高位水箱。图 1-34 为气压给水设备的并联和减压阀给水方式。

气压给水设备给水方式的优点是节约能源、省电，比变频调速给水设备节电 60% 以上。缺点是给水的方式不是恒压的，压力经常波动。所以，这种方式与其他供水方式配合，应用在高层建筑局部几层的生活及消防给水系统中，以解决局部供水压力不足等缺点。

(3) 无水箱给水方式

无水箱给水方式的最大特点是省去高位水箱，在保证系统压力恒定的情况下，根据用水量变化，利用变频设备自动改变水泵的转速，且使水泵经常处于较高频率下工作。缺点是变频设备价格稍贵，维修复杂，一旦停电则导致断水。图 1-35 为无水箱并联给水方式和无水箱减压阀给水方式。

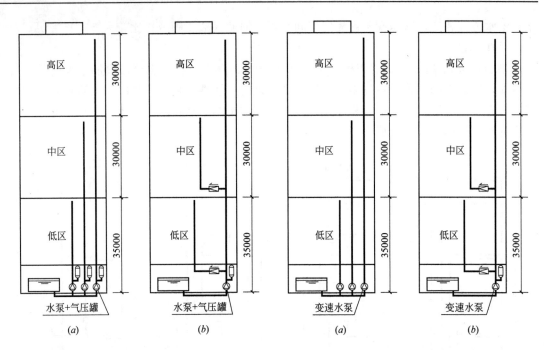

图 1-34　气压给水设备给水方式

(a) 气压给水设备的并联；(b) 减压阀给水方式

图 1-35　无水箱给水方式

(a) 变速水泵并联方式；(b) 减压阀变速给水方式

（4）各种给水方式的比较

表 1-12 为高层建筑各种给水方式的比较。

高层建筑各种给水方式比较　　　　　　　　　　　　　　表 1-12

类型	给水方式	水泵扬水功率(%)	设备费用	运营动力费用	水质污染可能性	占地面积大小	管理方便程度
高位水箱给水方式	并联	100	B	A	D	D	A
	串联	100	B	A	D	D	B
	减压水箱	165	A	C	D	C	A
	减压阀	165	A	C	C	C	A
气压罐给水方式	并联	134	C	B	B	B	B
	减压阀	221	C	D	B	B	B
无水箱给水方式	并联	112	D	A	A	A	B
	减压阀	186	D	D	A	A	B

注：表中 A、B、C、D 为从优到劣的顺序。

从表 1-12 可知，各种给水方式各有优劣，但采用高位水箱并联给水方式最为有利，是国内外实际工程中最普遍采用的给水方式。

当建筑高度很高、竖向分区比较多时，通常采用多种给水方式结合的混合给水形式。图 1-36 是某大楼混合给水方式结构图，其给水系统竖向共分六个区，采用高位水箱并联供水方式、减压水箱供水方式、减压阀供水方式的混合形式，以减少水泵台数。

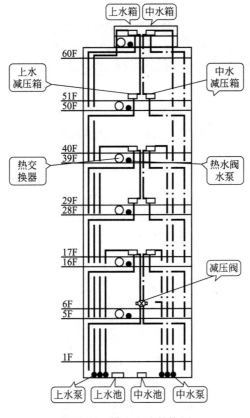

图 1-36　供水方式结构图

1.5　建筑消防给水系统

根据国内部分地区火灾统计，造成扑救失利、火灾扩大的主要原因是火场缺少消防用水或消防设施不妥所致。所以，工业与民用建筑物必须配备消防设备以保障人民生命财产安全。建筑消防给水系统与灭火设备是扑救建筑火灾的主要灭火系统。

灭火设施可分为消火栓灭火系统和自动喷水灭火系统。消火栓灭火系统可分为室外消火栓灭火系统和室内消火栓灭火系统，又称为室外消火栓给水系统和室内消火栓给水系统。自动喷洒灭火系统可分为闭式自动喷洒灭火系统和开式自动喷洒灭火系统。

1.5.1　消火栓给水系统

（1）室外消火栓给水系统

在建筑物外墙中心线以外的消火栓给水系统称为室外消火栓给水系统。它由水源、室外消防给水管道、消防水池和室外消火栓组成。灭火时，消防车从室外消火栓或消防水池吸水加压，从室外进行灭火或向室内消火栓给水系统加压供水。

1）设置原则

在下列场所应设置室外消火栓：

① 城镇、居住区及企事业单位。

② 厂房、库房及民用建筑。

③ 汽车库、修车库和停车场。

④ 易燃、可燃材料露天、半露天堆场，可燃气体储罐或储罐区等室外场所。

⑤ 耐火等级不低于二级且体积不超过 3000m³ 的戊类厂房，或居住区人数不超过 500 人且建筑物不超过两层的居住小区，可不设消防给水。

2）系统组成

① 水源

用于建筑灭火消防的水源可由给水管网、天然水源或消防水池供给，也可临时由游泳池、水景池等其他水源供给。

② 室外消防给水管道

为确保消防供水安全，低层建筑和多层建筑室外消防管网的进水管不应少于两条；高层建筑室外消防管网的进水管不应少于两条，并宜从两条市政给水管道引入，当其中一条进水管发生故障时，其余进水管仍能保证全部用水量。

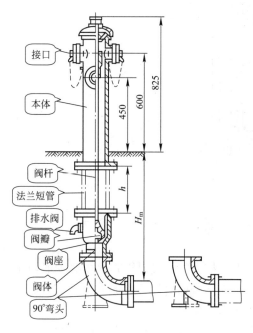

图 1-37 地上式消火栓

③ 室外消火栓

室外消火栓分为地上式和地下式两种。地上式消火栓应有一个直径为 150mm 或 100mm 和两个直径为 65mm 的栓口，如图 1-37 所示；地下式消火栓应有一个直径为 100mm 和 65mm 的栓口各一个，如图 1-38 所示。室外消火栓宜采用地上式，当采用地下式消火栓时，应有明显标志。

④ 消防水池

当市政给水管道和进水管或天然水源不能满足消防用水量，市政给水管道为枝状或只有一条进水管（二类居住建筑除外），且消防用水量之和超过 25L/s 时，应设消防水池。供消防车取水的消防水池，保护半径不应大于 150m。为了保证消防车能够吸上水，供消防车取水的消防水池的吸水高度不应超过 6m。取水口或取水井与建筑物（水泵房除外）的距离不宜小于 15m；与甲、乙、丙类液体储罐的距离不宜小于 40m；与液化石油气储罐的距离不宜小于 60m。

根据各供水水质的要求，消防水池与生活或生产储水池可合用，也可单独设置。当消防水池的总容量超过 500m³ 时，应分成两个能独立使用的消防水池，水池间设连通管和控制阀门，消防泵分别在两池内设吸水管或设公共吸水井，以保证正常供水。

寒冷地区的消防水池应采取防冻措施，一般情况下将室内消防水池与室外消防水池合并考虑。消防水池应设有水位控制阀的进水管、溢水管、通气管、泄水管、出气管及水位指示器等附属装置。

（2）低层建筑消火栓给水系统

低层建筑室内消火栓给水系统是指 9 层及 9 层以下的住宅（包括底层设置商业服务网

点的住宅）、建筑高度小于或等于24m的其他民用建筑和工业建筑，单层、多层工业建筑的室内消火栓给水系统。其任务是扑救建筑物初期火灾，对于较大火灾还要求助于城市消防车灭火。

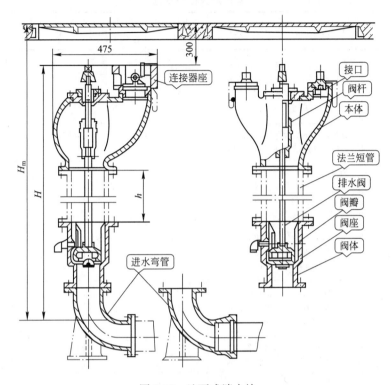

图1-38 地下式消火栓

1）设置原则

根据我国《建筑设计防火规范》GB 50016—2014（2018年版）规定，下列建筑必须具备室内消火栓给水系统。

① 高度不超过24m的厂房、库房和高度不超过24m的科研楼（存有与接触能引起燃烧爆炸或助长热蔓延的物品除外）。

② 超过800个座位的影剧院、电影院、俱乐部和超过1200个座位的礼堂、体育馆。

③ 超过5000m³的火车站、码头、机场建筑物、展览馆、商店、病房楼、门诊楼、教学楼、图书馆等建筑物。

④ 超过7层的单元式住宅、超过6层的塔式住宅、通廊式住宅，底层设有商业网点的单元式住宅。

⑤ 超过5层或体积超过10000m³的其他民用建筑。

⑥ 国家级文物保护单位的重点砖木结构的古建筑。一般建筑物或厂房内，消防给水常与生活或生产给水共用一个给水系统，若建筑物防火要求高，则不宜采用共用系统。

2）室内消防用水量

建筑物内设有消火栓、自动喷水灭火设备时，其室内消防用水量应按同时开启的设备用水量之和计算。

室内消火栓用水量应根据同时使用水枪数量和水柱长度，经过计算确定并校核，不应小于表 1-13 中的规定。

室内消火栓用水量   表 1-13

建筑物名称	高度、层数、体积或座位数	消火栓用水量（L/s）	同时使用水枪数量（支）	每支水枪最小流量（L/s）	每根竖管最小流量（L/s）
厂房	高度≤24m，体积≤10000m³	5	2	2.5	5
	高度≤24m，体积＞10000m³	10	2	5	10
	高度为 24～50m	25	5	5	15
	高度＞50m	30	6	5	15
科研楼、实验楼	高度≤24m，体积≤10000m³	10	2	5	10
	高度≤24m，体积＞10000m³	15	3	5	10
库房	高度≤24m，体积≤10000m³	5	1	5	5
	高度≤24m，体积＞10000m³	10	2	5	10
	高度为 24～50m	30	6	5	15
	高度＞50m	40	8	5	15
车站、码头、机场建筑物和展览馆等	体积 5001～25000m³	10	2	5	10
	体积 25001～50000m³	15	3	5	10
	体积＞50000m³	20	4	5	15
商店、病房楼、教学楼等	体积 5001～10000m³	5	2	2.5	5
	体积 10001～25000m³	10	2	5	10
	体积＞25000m³	15	3	5	10
剧院、电影院、俱乐部、礼堂、体育馆等	座位 801～1200 个	10	2	5	10
	座位 1201～5000 个	15	3	5	10
	座位 5001～10000 个	20	4	5	15
	座位＞10000 个	30	6	5	15
住宅	总层数 7～9 层	5	2	2.5	5
其他建筑	≥6 层或体积≥10000m³	15	3	5	10
国家级文物保护单位的重点砖木、木结构的古建筑	体积≤10000m³	20	4	5	10
	体积＞10000m³	25	5	5	15

3）系统组成

它由水枪、水带、消火栓、卷盘、管道、水池、水箱、水泵接合器、增压水泵及远距离启动消防水泵设备等组成。图 1-39 为低层建筑室内消火栓给水系统组成示意图。

① 消火栓、水枪和水带

消火栓有单阀和双阀之分，单阀消火栓又分为单出口消火栓和双出口消火栓，双阀消火栓为双出口。近年来，国内又研制出了减压稳压消火栓。在一般情况下，使用单出口消火栓。在高层建筑中，双阀双出口消火栓除用于塔式住宅外，一般不宜采用。栓口直径有50mm 和 65mm 两种，前者用于每支水枪最小流量为 2.5～5.0L/s，后者用于每支水枪最小流量为＞5.0L/s。

室内一般采用直流式水枪，喷嘴口径有 13mm、16mm、19mm 三种。喷嘴口径 13mm的水枪配 50mm 水带，16mm 的水枪配 50mm 或 65mm 水带，用于低层建筑中。19mm 的水枪配 65mm 水带，用于高层建筑中。

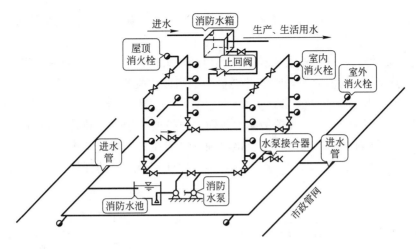

图 1-39　低层建筑室内消火栓给水系统组成示意图

　　消防水带常用的有麻质水带、帆布水带和衬胶水带，其中衬胶水带水流阻力小；口径有 50mm 和 65mm 两种，水带长度一般为 15m、20m、25m、30m 四种，具体长度应根据水力计算确定。

　　为了便于维护管理和选用，同一建筑物应选用同一型号规格的消火栓、水枪和水带。

　　消火栓、水枪、水带以及消防卷盘平时置于玻璃门的消火栓箱内，图 1-40 为单阀单口消火栓箱，图 1-41 为双阀双口消火栓箱。

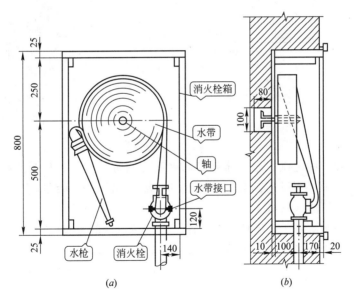

图 1-40　单阀单口消火栓箱
(a) 立面图；(b) 暗装侧面图

② 消防卷盘

　　室内消火栓给水系统中，有时因喷水压力和消防流量较大，对没有经过消防训练的普通人员来说，难以操控，影响扑灭初期火灾效果。因此，在一些重要的建筑物内，如高级旅馆、一类建筑的商业楼、展览楼、综合楼等和建筑高度超过 100m 的其他超高层建筑，消火栓给水系统可加设消防卷盘（又称消防水喉），供没有经过消防训练的普通人员扑救初期火灾使用。

消防卷盘由直径为 25mm 或 32mm 的小口径消火栓、内径为≥19mm 的输水胶管、口径为 6.8mm 或 9mm 的消防卷盘喷嘴和转盘配套组成，胶管长度为 20～40m。

图 1-42 所示为普通消火栓和消防卷盘共用消火栓箱结构图，通常将消火栓水枪和水带配套置于消火栓箱内，需要设置消防卷盘时，可按要求配套单独装入一箱内或将以上四种组件装于一个箱内，也可从消防立管接出独立设置在专用消防箱内。消防卷盘一般设置在走道、楼梯附近明显易于取用地点，其间距应保证室内地面的任何部位有一股水柱能够到达。

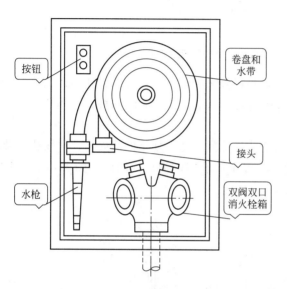

图 1-41　双阀双口消火栓箱

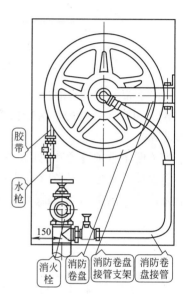

图 1-42　普通消火栓和消防卷盘共用消火栓箱结构图

③ 消防水箱

消防水箱主要作用是供给建筑扑灭初期火灾的消防用水量，并保证相应的水压要求。高压消防给水系统中可不设高位消防水箱，临时高压消防给水系统应在建筑物的最高部位设置消防水箱、气压罐或水塔。

消防水箱宜与生活或生产高位水箱合用，以保持箱内储水经常流动、防止水箱水质变坏。水箱应有防止消防储水长期不用而水质变坏和确保消防水量不被挪用的技术措施。如将生产、生活用水管置于消防水面以上，或在消防水面处的生产、生活用水的出水管上打孔，保证消防用水安全。

④ 消防水池

当生产、生活用水量达到最大时，市政给水管道和进水管或天然水源不能满足室内外消防用水量，或市政给水管道为枝状或只有一条进水管时，且消防用水量之和超过 25L/s，应设消防水池。一般情况下将室内消防水池与室外消防水池合并考虑。

⑤ 消防管道

低层建筑消火栓给水管道布置应满足下列要求：

a. 室内消火栓超过 10 个且室外消防用水量大于 15L/s 时，其消防给水管道应连成环状，且至少应有两条进水管与室外管网或消防水泵连接。当其中 1 条进水管发生故障时，其余的进水管应仍能供应全部消防用水量。对于 7 层至 9 层单元式住宅和不超过 8 户的通廊式住宅，室内消防管道可为枝状，进水管可采用 1 条。

b. 超过 6 层的塔式（采用双出口消火栓除外）和通廊式住宅，超过 5 层或体积大于 10000m³ 的其他民用建筑，超过 4 层的厂房和库房，如室内消防立管大于等于两条时，应至少每两根竖管相连组成环状管网。每根竖管直径应按最不利点消火栓出水，并按室内设计消防用水量确定。

c. 消火栓给水管网应与自动喷水灭火管网分开设置。若布置有困难时，可共用给水干管，在自动喷水灭火系统报警阀后不允许设消火栓。

d. 阀门的设置应便于管网维修和使用安全，检修关闭阀门后，停止使用的消防立管不应多于 1 根，在 1 层中停止使用的消火栓不应多于 5 个。

⑥ 水泵接合器

水泵接合器是连接消防车向室内消防给水系统加压供水的装置。当室内消防水泵发生故障或室内消防用水量不足时，消防车从室外消火栓、消防水池或天然水源取水，通过水泵接合器将水送至室内消防管网，保证室内消防用水。

超过 4 层的厂房和库房，设有消防管网的住宅及超过 5 层的其他民用建筑，其室内消防管网应设消防水泵接合器。水泵接合器应设在消防车易于达到的地点，同时还应考虑在其附近 15～40m 范围内有供消防车取水的室外消火栓或储水池。水泵接合器的数量应按室内消防用水量计算确定，每个水泵接合器进水流量可达到 10～15L/s，当计算的水泵接合器的数量少于 2 个时仍采用 2 个，以保证供水安全。

水泵接合器有地上、地下和墙壁式三种，其结构如图 1-43 所示。

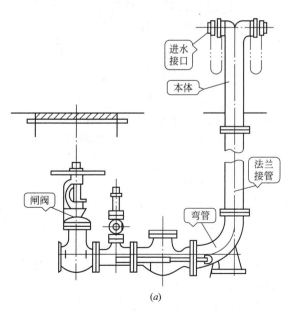

(*a*)

图 1-43 水泵接合器外形图（一）

（*a*）SQ 型地上式

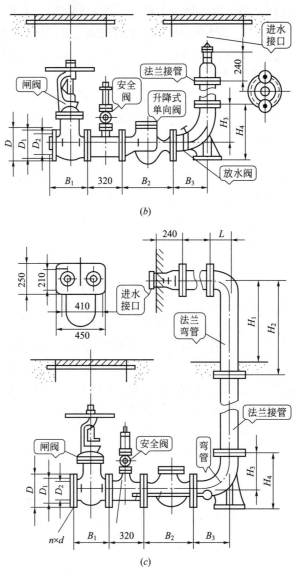

图 1-43　水泵接合器外形图(二)

(b) SQ 型地下式；(c) SQ 型墙壁式

⑦ 消防水泵

在临时高压消防给水系统中设置消防水泵，保证消防所需压力与消防用水量。消火栓给水系统中设置备用消防水泵，其工作能力不应小于其中最大一台消防工作泵。但室外消防用水量不超过 25L/s 的工厂、仓库或总层数为 7～9 层的住宅可不设置备用消防泵。

消防水泵应采用自灌式吸水，水泵的出水管上应装设试验和检查用的放水阀门。每台消防水泵最好具有独立的吸水管，当有 2 台以上工作水泵时，吸水管不应少于 2 条，以保证其中 1 条维修或发生故障时，仍能工作。

消防水泵至少有 2 条出水管与室内消防环状管网连接，当其中 1 条维修或发生故障时，其余的出水管仍能供应全部消防用水量。消防水泵为 2 台时，其出水管的布置如图 1-44 所示。

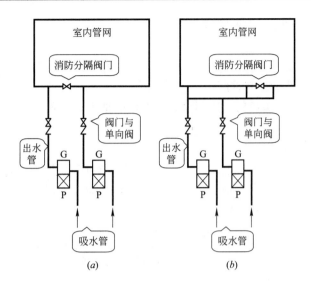

图 1-44　消防水泵与室内消防环状管网连接方法
(a) 正确的布置方法；(b) 不正确的布置方法
P—电动机；G—消防水泵

消防水泵应保证在火警后 5min 内开始工作，并在火场断电时仍能正常运转。

为保证在火灾延续时间内人员的进出安全，消防水泵房设置底层时，出口应直通室外，设在其他楼层或地下室时出口应直通安全出口。另外，消防水泵房应设置排水设备和良好的通风、采光和防冻设施。

⑧ 远距离启动消防水泵设备

为了在起火后迅速提供消防管网所需的水量与水压，必须设置按钮、水流指示器等远距离启动消防水泵的设备。在每个消火栓处，应在距离消火栓较远的墙壁小盒内设置按钮。在水箱的消防出水管上安装水流指示器，当室内消火栓或自动消防喷头动作时，由于水的流动，水流指示器发出火警信号，并自动启动消防水泵。另外，建筑内的消防控制中心，均应设置远距离启动或停止消防水泵运转的设备。

（3）高层建筑室内消火栓给水系统

高层建筑是指楼高、层数多的工业与民用建筑。目前世界各国尚无划分高层与低层建筑的统一标准。例如：美国规范规定大于等于 7 层或建筑高度大于等于 22～25m 的建筑为高层建筑；日本规范规定大于等于 11 层或建筑高度大于等于 31m 的建筑为高层建筑。1972 年国际高层建筑会议提出 9 层以上建筑为高层建筑，40 层以上建筑（高度在 100m 以上）为超高层建筑。我国根据经济情况及消防能力，规定大于等于 10 层的居住建筑或建筑高度超过 24m 的公共建筑为高层建筑。

高层建筑楼高、层数多、建筑面积大、功能复杂、使用人数多、火灾危险性大，因而其给水系统的设计与施工要求比低层建筑有更高的要求。

1）设置原则

下列位置宜设置室内消火栓：

① 高层主体建筑各层；

② 与高层主体建筑相连的附属建筑各层；

③ 建筑物屋顶（检验用消火栓）；

④ 消防电梯前室；

⑤ 超高层建筑屋顶；

⑥ 超高层建筑避难层、避难区。

设置地点应在走道、楼梯口附近明显易于取用的地点，方便用户和消防队及时找到和使用。

2）室内消防用水量

根据我国《建筑设计防火规范》GB 50016—2014（2018 年版），高层建筑消火栓给水系统室内外用水量见表 1-14，不应低于表中规定。计算时应按所需水枪射出的充实水柱长度计算，当小于表中规定值时，采用表中规定值。

消火栓给水系统的用水量   表 1-14

高层建筑类别	建筑高度(m)	消火栓用水量（L/s）		每根竖管最小流量（L/s）	每支水枪最小流量（L/s）
		室外	室内		
普通住宅	≤50	15	10	10	5
	>50	20	20	10	5
（1）高级住宅； （2）医院； （3）二类建筑的商业楼、展览楼、综合楼、财贸金融楼、电信楼、商住楼、图书馆、书库； （4）省级以下的邮政楼、防灾指挥调度楼、广播电视楼、电力调度楼； （5）建筑高度不超过 50m 的教学楼和普通旅馆、办公楼、科研楼、档案楼等	≤50	20	20	10	5
	>50	20	30	15	5
（1）高级旅馆； （2）建筑高度超过 50m 或每层建筑面积超过 1000m² 的商业楼、展览楼、综合楼、财贸金融楼、电信楼； （3）建筑高度超过 50m 或每层建筑面积超过 1500m² 的商住楼； （4）中央和省级（含计划单列市）广播电视楼； （5）网局级和省级（含计划单列市）电力调度楼； （6）省级（含计划单列市）邮政楼、防灾指挥调度楼； （7）藏书超过 100 万册的图书馆、书库； （8）重要的办公楼、科研楼、档案楼； （9）建筑高度超过 50m 的教学楼和普通旅馆、办公楼、科研楼、档案楼等	≤50	30	30	15	5
	>50	30	40	15	5

注：建筑高度不超过 50m，室内消火栓用水量不超过 20L/s，且设有自动喷水灭火系统的建筑物，其室内消防用水量可按此表中量减少 5L/s。

高层建筑的消火栓用水量包括室内和室外用水量。室内用水量是供室内消火栓来扑救建筑物初、中期火灾的用水量，是保证建筑物消防安全所必需的最小水量；而室外用水量是供室外消防车支援室内扑救火灾时的用水量，控制和扑救高度在 50m 以下的火灾。所以，计算室外给水管网通过的消防流量时，应为室内外消防流量的总和。

建筑物内设有消火栓、自动喷水、水幕和泡沫等消防灭火设备时，其室内消防用水量应按同时开启的设备用水量之和计算，并应按实际需要选取同时开启设备用水量的最大值。同时开启设备组合有：

① 消火栓给水系统+自动喷水灭火设备

② 消火栓给水系统+水幕消防设备或泡沫灭火设备

③ 消火栓给水系统+自动喷水灭火设备和泡沫灭火设备

④ 消火栓给水系统+自动喷水灭火设备、水幕消防设备或泡沫灭火设备

⑤ 消火栓给水系统+自动喷水灭火设备、水幕消防设备、泡沫灭火设备

3）系统组成

高层建筑室内给水系统（冷水）由引入管、水表节点、升压和贮水设备、管网及配水附件四部分组成。其中引入管、水表节点的设计和安装要求与低层建筑物相同，升压和贮水设备通常是高层建筑必不可少的设施，给水管网及附件有自身的特点。

我国城市给水管网大都采用低压制，一般城镇管网压力为 0.2～0.4MPa，无法满足高层建筑上部楼层供水的水压要求，必须借助升压设备将水提升到适当的压力，另一方面，当室外给水管网不允许直接抽水或给水引入管不可能从室外环网的不同侧引入时，均应设贮水池以保证高层建筑的安全供水。此外，由于消防、安全供水、流量调节及水压保证的需要，不同功能的贮水池（箱）是高层建筑的重要设备。

1.5.2 自动喷水灭火系统

发生火灾时，能自动喷水灭火并发出火灾信号的灭火系统称为自动喷水灭火系统（Sprinkler Systems）。应用实践证明，它具有安全可靠、灭火成功率高、经济实用、适用范围广、使用期长等优点。但由于系统的管网及附属设备等较为复杂，造价较高，我国目前只用于易燃工厂、高级宾馆、大型公共建筑物中的重要部位。

（1）设置场所

从灭火的效果来看，凡发生火灾时可以用水灭火的场所均可以采用自动喷水灭火系统。但鉴于我国目前发展状况，仅要求对发生火灾频率高、火灾等级高的建筑中某些部位设置自动喷水灭火系统，如易燃工厂、高级宾馆、大型公共建筑等。在《自动喷水灭火系统设计规范》GB 50084—2017 中有明确规定：自动喷水灭火系统应在人员密集、不宜疏散、外部增援灭火与救生较困难的或火灾危险性较大的场所中设置，不适用于核电站及飞机库等特殊功能建筑及存放较多易燃物品（如火药、炸药、弹药）的场所。

1）遇水发生爆炸或加速燃烧的物品；

2）遇水发生剧烈化学反应或产生有毒有害物质的物品；

3）洒水将导致喷溅或沸溢的液体。

（2）自动喷水灭火系统的分类

目前，我国使用的自动喷水灭火系统有：湿式喷水灭火系统、干式喷水灭火系统、干湿式喷水灭火系统、预作用喷水灭火系统、雨淋喷水灭火系统、水幕系统和水喷雾系统七种类型，前四种统称为闭式自动喷水灭火系统。

1）闭式自动喷水灭火系统

闭式自动喷水灭火系统是利用火场达到一定温度时，能自动地将喷头打开，扑灭和控制火势并发出火警信号的室内给水系统。它具有良好的灭火效果，火灾控制率达到 97% 以上。

① 湿式自动喷水灭火系统

湿式自动喷水灭火系统，如图 1-45 所示。主要由闭式喷头、水流指示器、信号阀、湿式报警阀组、控制阀和至少一套自动供水系统及消防水泵接合器等组成。

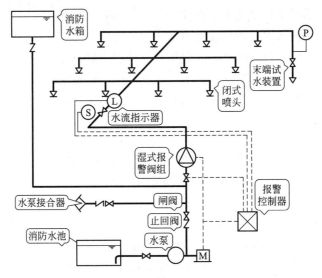

图 1-45　湿式自动喷水灭火系统示意图

P—压力表；M—驱动电机；L—水流指示器；S—信号阀

　　湿式自动喷水灭火系统是准工作状态时管道内充满用于启动的有压水的闭式系统，发生火灾时，闭式喷头一经打开，则立即喷水灭火。其工作原理如图 1-46 所示。这种系统适用于常年室内温度不低于 4℃，且不高于 70℃ 的建筑物内。系统结构简单，使用可靠，比较经济，因此应用广泛。

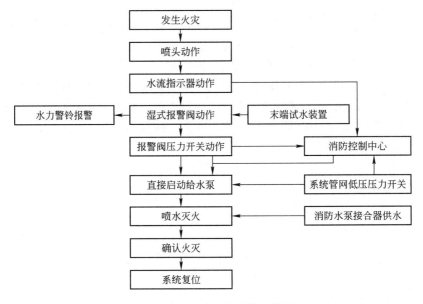

图 1-46　湿式自动喷水灭火系统工作原理流程

　　② 干式自动喷水灭火系统

　　干式自动喷水灭火系统，如图 1-47 所示，其组成与湿式系统的组成基本相同。干式自动喷水灭火系统管网中平时不充压力水，而充满压缩空气，只在报警阀前的管道中充满有压力的水。发生火灾时，闭式喷头打开，首先喷出压缩空气，配水管网内气压降低，利用压力差将干式报警阀打开，水流入配水管网，再从喷头流出，同时水流到达压力继电器，使报警装置发出报警信号。在大型系统中，还可以设置快开器，以加速打开报警阀。

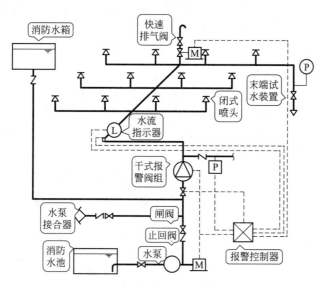

图 1-47　干式自动喷水灭火系统示意图

P—压力表；M—驱动电机；L—水流指示器

干式自动喷水灭火系统在灭火时，由于在报警阀后的管网无水，不受环境温度的制约，对建筑装饰无影响，但为保持气压，需要配套设置补气设施，因而提高了系统造价，比湿式系统投资高。又由于喷头受热开启后，首先要排除管道中的气体然后才能灭火，延误了灭火的时机。因此，其速度不如湿式系统快。比较适用于供暖期超过 240 天的不供暖房间内和室内温度在 4℃以下或 70℃以上的场所，其喷头宜向上设置。工作原理如图 1-48 所示。

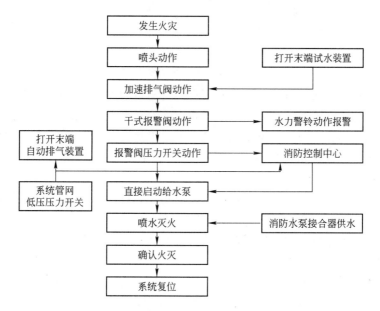

图 1-48　干式自动喷水灭火系统工作原理流程

③ 干湿式自动喷水灭火系统

干湿式自动喷水灭火系统适用于供暖期少于 240 天的不供暖房间。该系统为干式报警阀和湿式报警阀串联连接，或采用干湿两用报警阀。喷水管网在冬季充满有压气体，而在温暖季节改为充水，喷头向上安装。由于管网交替充水，管道腐蚀严重，管理上非常麻烦，因此实际工程中很少采用。

④ 预作用自动喷水灭火系统

预作用自动喷水灭火系统，如图 1-49 所示。此系统喷水管网中平时不充水，而充有压或无压的气体。发生火灾时，接收到火灾探测器信号后，自动启动预作用阀而向配水管网充水。当起火房间内温度继续升高，则闭式喷头的闭锁装置脱落，喷头则自动喷水灭火。预作用阀还可以设有手动开启装置。

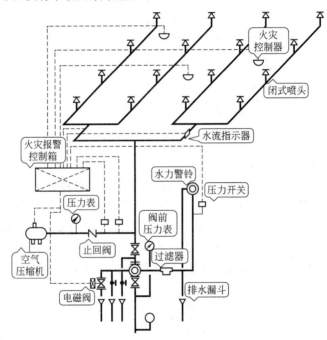

图 1-49　预作用喷水灭火系统示意图

预作用自动喷水灭火系统是湿式喷水灭火系统与自动探测报警技术和自动控制技术相结合的产物，克服了湿式系统和干式系统的缺点，使得系统更先进、更可靠。但系统相对复杂、投资较大，适用于建筑装饰要求较高，平时不允许有水渍的重要建筑物内或干式自动喷水灭火系统使用的场所。其工作原理如图 1-50 所示。

2）开式自动喷水灭火系统

开式自动喷水灭火系统由火灾探测自动控制传动系统、阀门自动控制系统、带开式喷头的自动喷水灭火系统三部分组成。系统管网可设计成枝状或环状。

按其喷水形式的不同可分为雨淋喷水灭火系统和水幕灭火系统。

① 雨淋喷水灭火系统

雨淋喷水灭火系统为喷头常开的灭火系统。当建筑物发生火灾时，由自动控制装置打开集中控制阀门，使整个保护区域所有喷头喷水灭火，如图 1-51 和图 1-52 所示。该系统具有出水量大，灭火及时等优点。

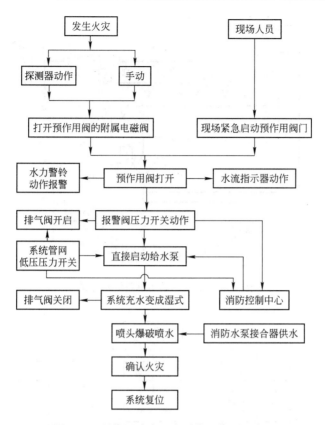

图 1-50　预作用喷水灭火系统工作原理流程

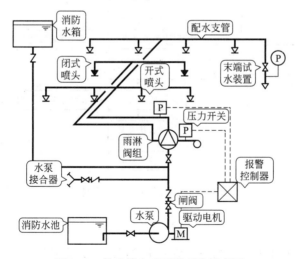

图 1-51　传动管启动雨淋系统示意图

　　雨淋阀后的管道平时为空管，火警时由火灾探测系统自动开启雨淋阀，也可人工开启雨淋阀，由雨淋阀控制其配水管道上所有的开式喷头同时喷水，可以在瞬间喷出大量的水覆盖火区，达到灭火目的。其工作原理如图 1-53 所示。适用于火灾蔓延快、危险性大、易产生大面积火灾的建筑或部位。

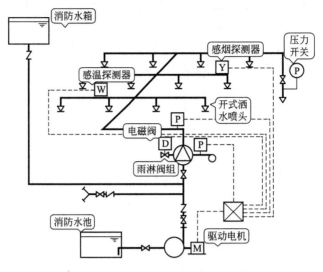

图 1-52　电动启动雨淋系统示意图

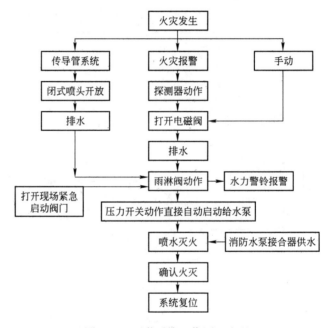

图 1-53　雨淋系统工作原理流程

② 水幕灭火系统

水幕灭火系统是利用密集喷洒所形成的水墙或水帘，或者配合防火卷帘等分隔物，从而阻断烟气和火势的蔓延。利用直接喷向分隔物的水的冷却作用，保持分隔物在火灾中的完整性和隔热性。

水幕系统的组成如图 1-54 所示。报警阀可采用雨淋报警阀组，也可采用常规的手动操作启闭阀门。采用雨淋报警阀组的水幕系统，需设配套的火灾自动报警系统或传动管系统联动，由报警系统或传动管系统检测火灾和启动雨淋阀。

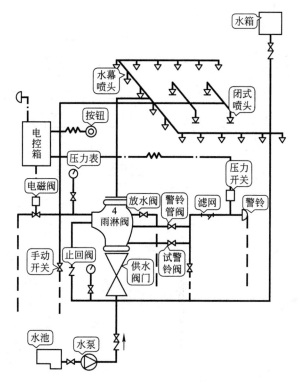

图 1-54　水幕系统的组成

此系统设置在应设防火墙等隔断物而无法设置的开口部分，如大剧院舞台正面的台口，防止舞台上的火灾迅速蔓延到观众厅，可用于高层建筑、生产车间、仓库、汽车库防火区的分隔，用水幕来冷却防火卷帘、墙面、门、窗，以增强其耐火性能，阻止火势扩大蔓延。

1.5.3　火灾自动报警及消防联动系统

（1）火灾自动报警系统

火灾自动报警系统是依据主动防火对策，以各类建筑物、油库等为警戒对象，通过自动化手段实现早期火灾探测、火灾自动报警和消防设备连锁联动控制，可完成对火灾的预防与控制。对于各类高层建筑、宾馆、商场、医院等重要部门，设置安装火灾自动报警控制系统更是必不可少的消防措施。

随着传感器、计算机和电子通信等技术的迅速发展，火灾自动报警系统的结构、形式越来越灵活。

1）火灾自动报警系统的构成

火灾自动报警控制系统主要由火灾探测、报警控制和联动控制三部分组成，其结构示意图如图 1-55 所示。

火灾探测部分主要器件是探测器，是火灾自动报警系统的检测元件，它将火灾发生初期所产生的烟、热、光转变成电信号，经过与正常状态阈值比较后，给出火灾报警信号，然后送入报警系统。图 1-56 为几种常见的火灾探测器的实物图。

报警控制部分由各种类型报警器组成，它主要将收到的报警信号显示，通知消防人员某个位置发生了火灾，并对自动消防装置发出控制信号。火灾控制和报警控制两个部分可构成独立单纯的火灾自动报警系统。

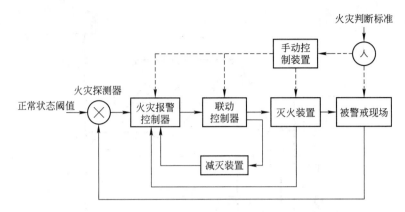

图 1-55　火灾报警自动控制系统结构示意图

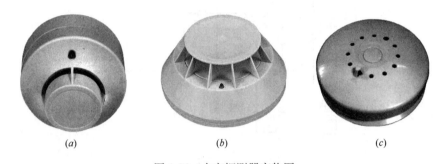

图 1-56　火灾探测器实物图

（a）感烟式火灾探测器；（b）感温式火灾探测器；（c）感烟感温式火灾探测器

联动控制部分由一系列控制系统组成，如报警、灭火、防排烟、广播、电梯和消防通信等。自动消防装置接收到火灾报警控制信号后，启动减灾装置（如断电控制装置、防排烟设备、防火门、防火卷帘、消防电梯、火灾应急照明、消防电话等），防止火灾蔓延和求助消防部门支援。同时启动灭火装置（灭火器械和灭火介质），以便及时扑灭火灾。一旦火灾被扑灭，整个系统又回到正常监视状态。

2）火灾自动报警系统的基本类型

火灾自动报警系统基本形式有区域报警系统、集中报警系统和控制中心报警系统三种类型。

① 区域报警系统由火灾探测器、手动报警器、区域控制器或通用控制器、火灾报警装置等构成，如图 1-57 所示。这种系统形式适用于小型建筑等对象单独使用，报警区域内最多不得超过 3 台区域控制器；若多于 3 台，则应考虑使用集中报警系统。图 1-58 是某别墅小区的区域报警控制器的实物图。

② 集中报警系统由火灾报警器、区域控制器或通用控制器和集中控制器等组成。集中报警系统的典型结构如图 1-59 所示。此系统适于高层的宾馆、写字楼等。图 1-60 为集中报警控制器实物图。

③ 控制中心报警系统是由设置在消防控制室的消防控制设备、集中控制器、区域控制器和火灾探测器等组成，或由消防控制设备、环状布置的多台通用控制器和火灾探测器等组成。控制中心报警系统结构如图 1-61 所示。该系统适用于大型建筑群、高层及超高层建筑、商场、宾馆、公寓综合楼等，可对各类设在建筑中的消防设备实现联动和手动/

自动转换。控制中心报警系统是智能型建筑中消防系统的主要类型，是楼宇自动化系统的重要组成部分。图 1-62 为消防控制室。

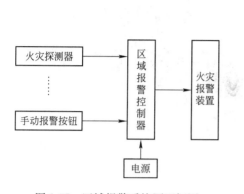

图 1-57　区域报警系统原理框图

图 1-58　别墅小区区域报警控制器

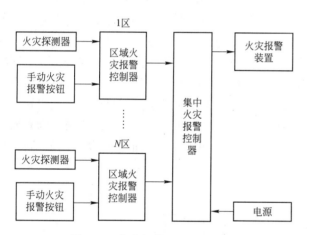

图 1-59　集中报警系统原理框图

图 1-60　集中报警控制器实物图

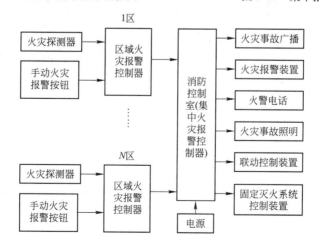

图 1-61　控制中心报警系统原理框图

图 1-62　消防控制室

3）火灾自动报警系统的工作原理

火灾自动报警系统原理框图如图 1-63 所示。安装在保护区的火灾探测器通过对火灾产生的烟雾、高温、火焰和特有的气体等的探测，将探测到的火情信号转化为火警电信号。在现场的人员若发现火情后，也应立即直接按动手动报警按钮，发出火警电信号。火灾报警控制器接收到火警电信号，经确认后，一方面发出预警、火警声光报警信号，同时显示并记录火警地址和时间，报告消防控制室（中心）的值班人员；另一方面将火警电信号传送至各楼层（防火分区）所设置的火灾显示盘，火灾显示盘经信号处理，发出预警和火警声光报警信号，并显示火警发生的地址，通知楼层（防火分区）值班人员立即查看火情并采取相应的扑灭措施。在消防控制室（中心）还可通过火灾报警控制器的通信接口，将火警信号在 CRT 显示屏上更直观地显示出来。

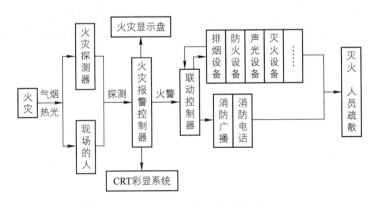

图 1-63　火灾自动报警系统原理

联动控制器从火灾报警控制器读取火警数据，经预先编程设置好的控制逻辑处理后，向相应的控制点发出联动控制信号，并发出提示声光信号，经过执行器去控制相应的外控消防设备，如排烟阀、排烟风机等防烟排烟设备；防火阀、防火卷帘门等防火设备；警铃、警笛和声光报警器等报警设备；关闭空调、电梯迫降和打开各应急疏散指示灯，指明疏散方向；启动消防泵、喷淋泵等消防灭火设备等。外控消防设备的启停状态应反馈给联动控制器主机并以光信号形式显示出来，使消防控制室（中心）值班人员了解外控设备的实际运行情况。消防内部电话、消防内部广播起到通信联络和对人员疏散、防火灭火的调度指挥作用。

只有确认是火灾时，火灾报警控制器才发出系统控制信号，驱动灭火设备，实现快速、准确灭火。与一般自动控制系统不同，火灾报警控制器在运算、处理这两个信号的差值时，要人为地加入一段延时（一般 20~40s），在这段延时时间内，对信号进行逻辑运算、处理、判断和确认。如果火灾未经确认，火灾报警控制器就发出系统控制信号驱动灭火系统动作，势必造成不必要的浪费与损失。

4）火灾报警系统的基本要求

火灾的早期发现和扑救具有极其重要的意义，它能将损失限制在最小范围，且防止造成灾害。基于这种思想，我国消防标准对火灾自动报警系统及其系列产品提出了以下基本要求：

① 确保火灾报警功能，保证不漏报。
② 减少环境因素影响，减少系统误报率。
③ 确保系统工作稳定，信号传输准确可靠。
④ 系统的灵活性、兼容性强，成系列。
⑤ 系统的工程适应性强，布线简单、灵活。
⑥ 系统应变能力强，调试、管理、维护方便。
⑦ 系统性价比高。
⑧ 系统联动控制方式有效、多样。

（2）消防联动系统

消防联动的对象包括：水消防设备、防排烟设备、消防梯、防火卷帘、自备电源、非消防电梯的切除控制等。消防联动控制系统通常选用微机控制的总线制设备，采用编码或模拟量传输。因此，信号按报警区设置，而联动大部分都在消防控制室集中控制，联动设备的运行、故障等状态指示也设在消防控制室。只有高层建筑群中，如电梯、切除非消防电梯、防排烟设备可由区域报警器进行就地控制，再将运行信号送到消防控制室。但一些集中在地下室的水消防设备，一般仍由消防控制室进行控制。

1）水消防联动

① 消防水泵

它是由消火栓按钮发出信号，消防控制信号总盘收到信号后启动相应的联动设备，发指令启动消防泵，消防泵的强电设备接到指令后，延时几秒钟（以便确认信号的真伪），启动工作消防泵，并将启动完毕信号送至消防控制室。当工作泵故障时，自动切换到备用消防水泵，撤回工作泵运行信号，送出备用泵工作信号至消防室。图 1-64 为消防水泵实物图。

② 喷淋水泵

水喷淋管是长期有水的，火灾发生后，室温升高，喷头的易熔片熔断、开始喷淋。当管网压力不够时，由压力继电器送信号至消防控制室，联动控制即送出指令至喷淋泵，使工作喷淋泵启动，其控制及接线与消防水泵一致。图 1-65 为喷淋水泵实物图。

图 1-64　消防水泵实物图　　　　　图 1-65　喷淋水泵实物图

图 1-66　水幕泵
实物图

③ 水幕泵

水幕用作防火隔离，是密集的水帘，水量很大。当水幕两边的感烟或感温探测器与防火分区其他火灾探测器同时送出确认的火灾信号时，启动消防联动和水幕附近的电磁水阀，使水幕管喷水，形成水帘。同时，由水压力继电器测得管网压力低于某一限值时，会使联动控制，即刻送指令至水幕泵，启动工作水幕泵。图 1-66 为水幕泵的实物图。

2）防排烟联动

智能建筑中防烟设备的作用是防止烟气侵入疏散通道，而排烟设备的作用是消除烟气大量积累并防止烟气扩散到疏散通道。因此，防烟、排烟设备及其系统的设计是综合性自动消防系统的重要组成部分。

防排烟设备主要包括正压送风机、排烟风机、送风阀及排烟阀，以及防火卷帘门、防火门等。防排烟系统一般是在选定自然排烟、机械排烟、自然与机械排烟并用或机械加压送风方式后设计其电气控制系统。因此，防排烟系统的电气控制室所确定的防排烟设备，有以下不同内容与要求：消防控制室能显示各种电动防排烟设备的运行情况，并能进行连锁控制和就地手动控制；根据火灾情况打开有关排烟道上的排烟口，启动排烟风机（有正压送风机时同时启动），降下有关防火卷帘及防烟垂壁，打开安全出口的电动门，与此同时，关闭有关的防火阀及防火门；设有正压送风的系统，同时打开送风口、启动送风机等。

① 防排烟控制过程

防排烟控制有两种方式：中心控制方式和模块控制方式。中心控制方式，如图 1-67（a）所示，其控制过程是：消防中心控制室接到火灾报警信号后，直接产生信号控制排烟阀门开启、排烟风机启动，空调、送风机、防火门等关闭，并接收各个设备的返回信号和防火阀动作信号，检测各个设备运行状态。模块联动控制方式，如图 1-67（b）所示，其控制过程是：消防中心控制室接收到火灾报警信号后，产生排烟风机和排烟阀门等的动作信号，经总线和控制模块驱动各个设备动作并接收其返回信号，监测其运行状态。

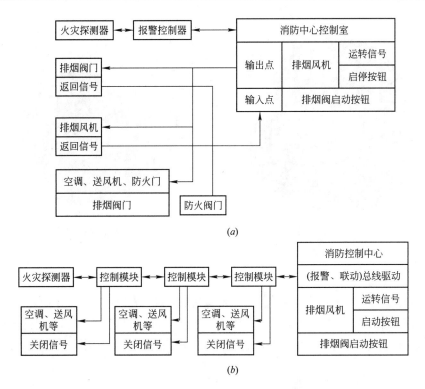

图 1-67　防排烟控制过程方框图

（a）中心控制方式；（b）模块联动控制方式

② 排烟阀的控制

排烟阀或送风阀装在建筑物的过道、防烟前室或无窗房间的防排烟系统中，用作排烟口或正压送风口。平时阀门关闭，当发生火灾时阀门接收电动信号打开阀门。排烟阀或送风阀的电动操作机构一般采用电磁铁，当电磁铁通电时即执行开阀操作。电磁铁的控制发生有三种形式：消防控制中心火警联锁控制；自启动控制，即由自身的温度熔断器动作实现控制；现场手动操作控制。无论何种控制方式，当阀门打开后，其微动（行程）开关便接通信号回路，向控制室返回阀门已开启的信号或联锁控制其他装置。图 1-68 为排烟阀实物图。

③ 防火阀及防烟防火阀的控制

防火阀与排烟阀相反，正常时是打开的，当发生火灾时，随着烟气温度上升，熔断器熔断使阀门自动关闭；一般用在有防火要求的通风及空调系统的风道上。防火阀可用手动复位（打开），也可用电动机构进行操作。电动机构通常采用电磁铁，接受消防控制中心命令而关闭阀门，其操作原理同排烟阀。防烟防火阀的工作原理与防火阀相似，只是在机构上还有防烟要求。

④ 正压送风机的控制

正压送风机是使消防疏散楼梯及前室具有比大气压稍高的气压，使烟雾不能进入，便于安全疏散人员。正压送风机的启动指令是由区内各楼层确认火灾信号到达，由联动控制发出，启动正压风机。正压风机启动后，各楼层的开启型送风机都会送风，一般正压送风阀无需控制。图 1-69 为正压送风机的实物图。

图 1-68　排烟阀实物图　　　　　　　图 1-69　正压送风机实物图

3）电源联动

① 自备发电机

在建筑群或建筑物中使用自备应急柴油发电机时，只要在其使用范围内确认有火灾信号，联动控制就启动柴油发电机，并将启动完毕信号送至消防控制室。在柴油机控制箱处装设火警联动模块，完成传送启动指令及接收回复信号的任务。图 1-70 为消防备用发电机实物图。

图 1-70　消防备用发电机

② 非消防电源的切除

空调主机、冷冻泵、冷却泵、冷却塔风机的控制设备一般都集中在空调主机房或空调控制室。当由集中变压器供电时，所在层发出确认火警信号后，由火警联动信号作为空调用电变压器的低压出线开关；当上述用电与其他用户共用一台变压器时，可停止上述设备的供电出线开关，在低压配电室设一个联动模块。将模块指令经中间继电器后分别送至空调主机、冷却机。

各层照明、风机盘管、新风机、电热水、电开水等采用同一计量标准的设备使用同一路电源供电，可由各层确认火灾信号，使联动控制送指令停止各层电源的总开关。总电源开关面积大时，可按防火分区设置。

4）电梯联动

生活用的电梯，在确认火警时，由联动控制发出指令，全部迫降到底层，并切除其供电电源。消防梯除外，可在电梯控制室设置联动模块。图 1-71 为消防电梯实物图。

5）疏散指示照明联动

当采用统一的不停电电源供电时，则在火警信号确认后，可由联动控制发出指令，使相应部位的应急照明电源切换至不停电电源上，可分层或按防火分区切换，则在每层或每防火分区的应急照明电源切换处设置火警联动模块，使需要疏散的通道，消防楼梯间等提供必要的照明。图 1-72 为疏散指示照明灯实物图。

图 1-71　消防电梯实物图

图 1-72　疏散指示照明灯实物图

6）防火门及防火卷帘的联动

防火门在建筑中的状态是：平时（无火灾时）处于开启状态，火灾时控制其关闭。防火门的控制可用手动控制或电动控制（即现场感烟、感温火灾探测器控制，或由消防控制中心控制）。当采用电动控制时，需要在防火门上配有相应的闭门器及释放开关。防火门的工作方式按其固定方式和释放开关分为两种：一种是平时通电，火灾时断电关闭方式，即防火门释放开关平时通电吸合，使防火门处于开启状态，火灾时通过联动装置自动控制加手动控制切断电源，由装在防火门上的闭门器使之关闭；另一种是平时不通电，火灾时通电关闭方式，即通常将电磁铁、油压泵和弹簧制成一个整体装置，平时不通电，防火门被固定销扣住呈开启状态，火灾时受联锁信号控制，电磁铁通电将销子拔出，防火门靠油压泵的压力或弹簧力作用而慢慢关闭。图 1-73 为防火卷帘门实物图。

图 1-73　防火卷帘门实物图

防火卷帘通常设置在建筑物中防火分区通道口外或需要防火分隔的部位，可以形成门帘式防火分隔。防火卷帘平时处于收卷（开启）状态。当火灾发生时受消防控制中心联锁控制或手动操作控制而处于降下（关闭）状态。一般防火卷帘分两步降落，其目的是便于火灾初期时人员的疏散。其控制有两种方式：中心控制方式和模块控制方式，其控制框图如图 1-74 所示。火灾时，防火卷帘根据消防控制中心的联锁信号（或火灾探测器信号）

指令或就地手动操作控制，使卷帘首先下降至预定点（1.8m处），经过一段时间的延时后，卷帘降至地面，从而达到人员紧急疏散、灾区隔烟、隔水、控制火势蔓延的目的。

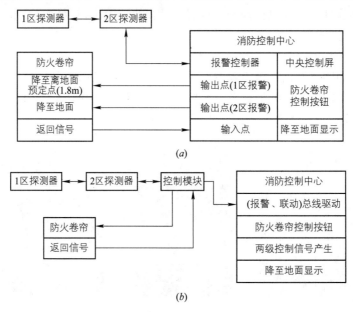

图 1-74　防火卷帘控制框图
(a) 中心联动控制；(b) 模块联动控制

本 章 小 结

　　本章介绍了建筑给水系统的分类、组成及应用，阐述了给水系统的压力、给水管网布置方式的相关内容。本章重点阐述了基本给水方式及给水设备的工作原理和特点，并对相关内容做了介绍。介绍了高层建筑给水系统的技术要求及其给水方式；建筑消防给水系统，包括消火栓给水系统、自动喷水灭火系统、火灾自动报警及消防联动系统。

习　　题

1-1　建筑给水系统分为哪几类？分别简述其用途。

1-2　建筑内部给水系统由哪些部分组成？

1-3　流速式水表分为哪些类型？简述流速式水表的工作原理。

1-4　在实际应用中，根据哪些原则进行管材的选择？

1-5　建筑给水系统的基本给水方式有哪几种？

1-6　给水设备由哪些部分组成？简述水泵的工作原理。

1-7　简述气压给水设备的适用范围。

1-8　高层建筑给水系统的给水方式有哪几种？

1-9　消火栓给水系统由哪几部分组成？

1-10　自动灭火系统如何进行分类？

1-11　火灾自动报警系统的基本类型有哪些？

第2章 建筑排水系统

【知识结构】

建筑排水系统 ⎰
- 排水系统 ⎰ 排水系统的分类 / 污（废）水排水系统的组成
- 排水常用管道、器材 ⎰ 排水管材及管件 / 附件
- 排水管道的布置与敷设 ⎰ 排水管道的布置与敷设 / 通气系统的布置与敷设
- 高层建筑排水系统 ⎰ 高层建筑排水方式 / 高层建筑排水管材 / 高层建筑新型单立管 / 排水系统及实例分析
- 建筑中水系统 ⎰ 中水系统的分类 / 中水系统的组成 / 中水水源 / 中水处理工艺流程
- 建筑雨水排水系统设计案例分析 ⎰ 某商业步行街实例分析 / 某体育中心案例 / 奥体中心工程回访

2.1 排水系统

排水系统是将排水的收集、输送、水质处理和排放等设施按一定方式组合而成的总体。建筑排水系统的主要任务是将人们在日常生活和工业生产过程中使用过的、受到污染的水以及降落在屋面的雨水和雪水收集起来，迅速、畅通地排到室外。

2.1.1 排水系统的分类

根据所接纳污、废水性质的不同，建筑内部排水系统可分为三类：

（1）生活排水系统

生活排水系统是指将生活污水和生活废水合流排出的排水系统。

生活污水排水系统指大、小便器（槽）以及与其相似的卫生设备产生的含有粪便和纸屑等杂物的污水排水系统。

生活废水排水系统是指排除洗涤设备、淋浴设备、盥洗设备及厨房等卫生器具排出的含有洗涤剂和细小悬浮颗粒杂质，污染程度较轻的废水排水系统。

目前，我国建筑排污分流设计中是将生活污水单独排入化粪池，而生活废水则直接排入市政下水道。生活废水经过处理后，可作为杂用水，用来冲洗便池、浇洒绿地等。

（2）工业废水排水系统

工业废水排水系统用来排除工业生产过程中的生产废水和生产污水。

生产废水污染程度较轻，如循环冷却水等，可作为杂用水水源，也可经过简单处理后（如降温）再利用或进行排放。

生产污水的污染程度较重，如在工业生产过程中被氰、铬、酸、碱等化学杂质和有机物污染过的水，以及水温过高，排放后造成热污染的工业用水。生产污水一般需要经过处理后才能排放。

（3）建筑内部雨水排水系统

该排水系统用来收集、排除屋面的雨水，一般用于大屋面的厂房及一些高层建筑雨雪水的排除。

在选择排水体制时，把生活污废水、工业废水及雨水分别设置管道排出室外称建筑分流制排水；将其中两类以上的污水、废水合流排出则称建筑合流制排水。建筑排水系统是选择分流制排水系统还是合流制排水系统，应综合考虑污水污染性质、污染程度、室外排水体制是否有利于水质综合利用和处理等因素来确定。

2.1.2 污（废）水排水系统的组成

建筑内部排水系统的组成应能满足以下三个基本要求：首先，系统能迅速畅通地将污、废水排到室外；其次，排水管道系统气压稳定，有毒有害气体不能进入室内，保持室内环境卫生；另外，管线布置合理，简短顺直，工程造价低。

为了满足以上要求，完整的排水系统一般由卫生器具或生产设备受水器、排水管、通气管、清通设备、污废水提升设备和污水局部处理设施等部分组成，如图 2-1 所示。

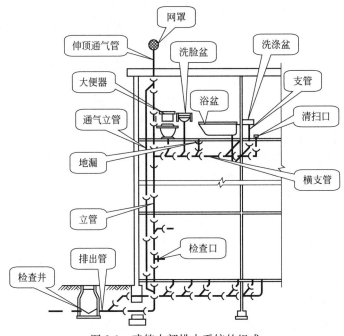

图 2-1　建筑内部排水系统的组成

（1）卫生器具或生产设备受水器

该部分是用来承受用水和将用后的废水排入管道的容器。其中，卫生器具又称卫生设备或卫生洁具，是接受、排出人们在日常生活中产生的污废水或污物的容器或装置。生产设备受水器是接受、排出工业企业在生产中产生的污废水或污物的容器或装置。

（2）排水管道

排水管道由器具排水管（含有水弯）、横支管、立管、总干管和排出管组成，作用是将污（废）水迅速安全地排出室外。

（3）通气系统

排水管道内是水气两相流，通气系统的主要作用是使排水管与大气相通，调节排水管内气压，使其稳定，避免因管内压力波动而使有毒有害气体进入室内。通气系统有排水立管延伸到屋面上的伸顶通气管、专用通气管以及专用附件等类型。

（4）清通设备

由于污废水中含有固体杂质和油脂，容易在管内沉积、黏附，不能使污废水顺利地流出，易造成堵塞。清通设备主要用于疏通管道，它包括检查口、清扫口、检查井等。

（5）污废水提升设备

提升设备指通过水泵提升排水的高程或使排水加压输送。工业与民用建筑的地下室、人防建筑、高层建筑的地下技术层和地下铁道等处标高较低，这些建筑物内污水不能自流排到室外时，应设置提升设备，如污水泵。

（6）污水局部处理设施

当生活、生产的污废水未经过处理，不允许直接排入城市排水管网或水体时应设置局部处理设施，该设施具有沉淀、过滤、消毒、冷却和生化处理等作用。如处理民用建筑生活污水的化粪池、锅炉、加热设备、冷却水水温的降温池、去除含油污水的隔油池以及以消毒为主要目的的医院污水处理站等。

2.2　排水常用管道、器材

2.2.1　排水管材及管件

建筑物内排水管道应采用建筑排水塑料管及管件或柔性接口机制铸铁排水管及相应管件。工业废水排水管道则应根据污、废水的性质，管材的机械强度及管道敷设方法，并结合就地取材原则选用管材。常用的排水管道管材主要有铸铁排水管、塑料排水管和陶土管等。

（1）铸铁排水管及管件

铸铁排水管不同于给水铸铁管，管壁较薄，不能承受高压，正逐渐被硬聚氯乙烯塑料管取代，只有在某些特殊的地方使用。铸铁排水管有刚性接口和柔性接口两种方式，建筑内部排水管道应采用柔性接口机制的铸铁排水管。柔性接口机制铸铁排水管有两种：一种是连续铸造工艺制造，承口带法兰，管壁较厚，采用法兰压盖、橡胶密封圈、螺栓连接，如图 2-2（a）所示；另一种是水平旋转离心铸造工艺制造，无承口，管壁薄而均匀，质量轻，采用不锈钢带、橡胶密封圈、卡紧螺栓连接，如图 2-2（b）所示，具有安装更换管道方便、美观等特点。

柔性接口铸铁排水管具有强度大、抗震性能好、噪声低、防火性能好、寿命长、膨胀系数小、安装施工方便、耐磨、耐高温性能好等优点，但是造价较高。建筑高度超过100m 的高层建筑、对防火等级要求高的建筑物、地震区建筑、要求环境安静的场所、环境温度可能出现 0℃ 以下的场所以及连续排水温度大于 40℃ 或瞬时排水温度大于 80℃ 的排水管道应采用柔性接口机制铸铁排水管。

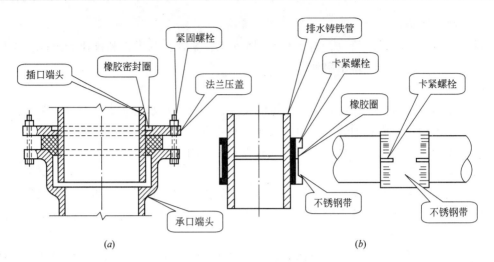

图 2-2　铸铁排水管连接方法
（a）法兰压盖螺栓连接；（b）不锈钢带卡紧螺栓连接

铸铁排水管管件有立管检查口、三通、45°三通、45°弯头、90°弯头、45°和30°通气管、四通、P形和S形存水弯等，图 2-3 为铸铁排水管常用管件及其连接。

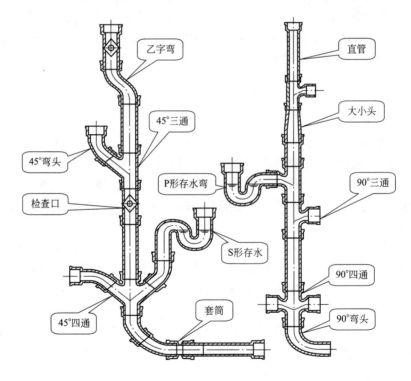

图 2-3　铸铁排水管的管件及其连接

（2）塑料排水管及其管件

塑料排水管也称PVC管，其常用规格见表 2-1。这种管材的主要优点是耐腐蚀，质量轻，管内表面光滑，水损失比钢管和铸铁管小，但强度低，容易老化，不耐高温，当温度低时易脆裂。

塑料排水管常用规格　　　　　　　　　　　　　　　　表 2-1

DN(mm)	管长（m）	DN(mm)	管长（m）	DN(mm)	管长（m）
50	0.5～1.5	100	0.5～1.5	150	0.5～1.5
75	0.5～1.5	125	0.5～1.5	200	0.5～1.5

塑料排水管主要用于室内生活污水和屋面雨水排水等工程。塑料排水管道的管件通常采用斜三通、斜四通、存水弯、立管检查口、清扫口和套袖（管箍）等，如图 2-4 所示。

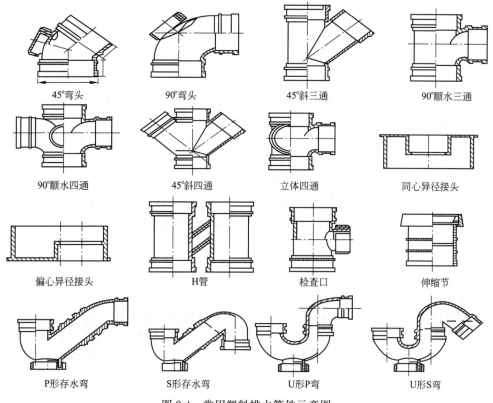

图 2-4　常用塑料排水管件示意图

（3）陶土管

陶土管分为无釉、带单面釉（内表面）和双面釉（内外表面）三种。其中接口形式一般为承插式。一般直径为 100～600mm，每根管的长度为 0.5～0.8m。

带釉陶土管的表面光滑，具有良好的耐腐蚀性能，用于排除含酸、碱等腐蚀介质的工业污、废水。

2.2.2　附件

（1）存水弯

存水弯广泛地应用于各种排水系统中，是一个连通器。存水弯的作用是防止排水管道系统中的气体窜入室内。存水弯使用面较广，种类较多，主要有 P 形、S 形、U 形及瓶式存水弯等，如图 2-5 所示。

1）P 形存水弯

用于排水横管距卫生器具出水口位置较近，卫生器具排水管与排水横管水平直角连接的场所。

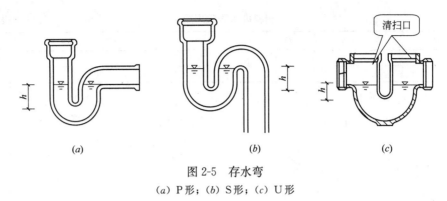

图 2-5　存水弯

(a) P 形；(b) S 形；(c) U 形

2）S 形存水弯

用于排水横管距卫生器具出水口较远，卫生器具排水管与排水横管垂直连接的场所。

3）U 形存水弯及瓶式存水弯

U 形存水弯设在水平横支管上；瓶式存水弯一般明设在洗脸盆或洗涤盆等卫生器具排出管上。

图 2-6 为几种新型的补气存水弯，补气存水弯在卫生器具大量排水形成虹吸时能够及时向存水弯出水端补气，防止惯性虹吸过多吸走存水弯内的水，保证水封的高度。其中，图 2-6（a）为外置内补气，图 2-6（b）为内置内补气，图 2-6（c）为外补气。

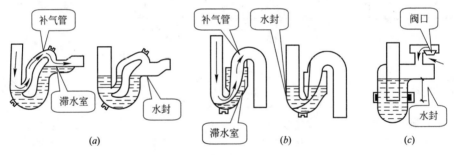

图 2-6　几种新型的补气存水弯

(a) Grevak 存水弯；(b) Mcalpine 存水弯；(c) 阀式存水弯

（2）检查口

检查口一般装于立管，供立管与横支管连接处，用于清掏堵塞的异物。多层或高层建筑的排水立管上每隔一层就应装一个，检查口间距不大于 10m。但在最底层和设有卫生器具的两层以上坡顶建筑物的最高层必须设置检查口，平顶建筑可用通气口代替检查口。另外，立管如装有乙字管，则应在乙字管上部设检查口。当排水横支管管段超过规定长度时，也应设置检查口。检查口设置高度一般从地面至检查口中心 1m 为宜，并应高于该层卫生器具上边缘 0.15m。

（3）清扫口

清扫口一般装在排水横管上，尤其是各层横支管连接卫生器具较多时，横支管起点均应装置清扫口。清扫口可以疏通管道，用于清扫被堵管道的器件。连接两个及以上大便器或三个及以上卫生器具的铸铁横支管、连接四个及四个以上的大便器的塑料横支管上均宜设置清扫口。清扫口安装须与地面平齐，排水横管起点设置的清扫口一般与墙面保持不得小于 0.15m 的距离。当采用堵头代替清扫口时，距离不得小于 0.4m。

（4）地漏

地漏是连接排水管道系统与室内地面的重要接口，具有排水、防臭、防堵塞等功能。地漏一般设置在经常有水溅落的卫生器具附近地面、地面有水需要排除的场所或地面需要清洗的场所，住宅还可以用其作为洗衣机排水口。它的性能好坏直接影响室内空气的质量。

地漏的形式多样，主要有老式扣碗式地漏、高水封地漏（如图2-7所示）、多用地漏（如图2-8所示）、双箅杯式水封地漏（如图2-9所示）、防回流地漏（如图2-10所示）等。

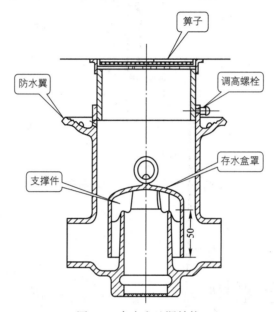

图 2-7 存水盒地漏结构

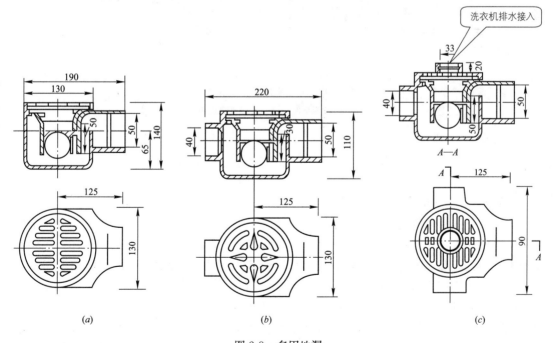

图 2-8 多用地漏

（a）DL型单通道地漏；（b）DL型双通道地漏；（c）DL型三通道地漏（附洗衣机排水入口）

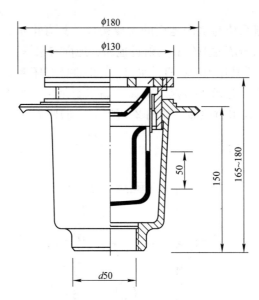

图 2-9 双算杯式水封地漏图

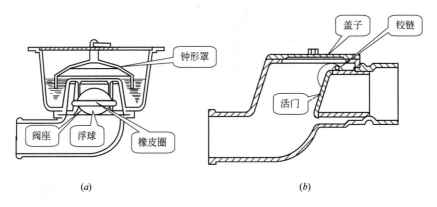

(a)   (b)

图 2-10 防回流地漏及阻止阀

（a）防回流地漏；（b）防回流阻止阀

2.3 排水管道的布置与敷设

2.3.1 排水管道的布置与敷设

建筑内部排水管道的布置和敷设要在满足使用要求的基础上尽量做到经济美观、维修方便、管件简短、拐弯最少、利于排水；避免堵塞现象，并使管道不易受到破坏，还要兼顾成本，节约能源。因此，在实际布置和敷设管道的过程中要遵循一定的原则和规范。

（1）排水管道的布置原则

排水管道具有几个特点：管道所排泄的一般为受过污染的水，大都含有大量的悬浮物，尤其是生活污水排水管道中常会有纤维类和其他大块的杂质进入，容易引起管道的堵塞。排水管一般比较粗大，由于排水水温一般比室温低，在夏季管道外侧易产生凝水，同时排水水质一般比给水腐蚀性强。针对排水管道的特点，为了满足管道布置的要求，排水管道在布置过程中要遵循以下几个原则：

1）确定连接点和连接方式

为使排水管道系统能够将室内产生的污废水以最短的距离、最短的时间排出室外，应采用水力条件好的管件和连接方法。排水立管应设置在靠近杂质最多和排水量最大的排水点处，以便尽快地接纳和排除横支管排来的污水，这样就可以减少管道的堵塞。此外，污水管道的布置应尽量减少不必要的转弯及曲折，尽量做直线连接。

2）合理确定位置

在某些房间或场所布置排水管道时，要保证这些房间或场所正常使用，如横支管不得穿过有特殊卫生要求的生产厂房、食品及贵重商品仓库、通风室和变电室；不得布置在遇水易引起燃烧、爆炸或损坏的原料、产品和设备上面，也不得布置在食堂、饮食业的主副食操作烹调场所的上方。

3）布置塑料管材注意事项

① 塑料排水管道布置应远离热源。如不能避免，并导致管道表面受热温度大于60℃时，应采取隔热措施，如采用轻质隔热材料保温。立管与家用灶具边缘净距不得小于0.4m。

② 塑料排水管道应避免布置在易受机械撞击处。如不能避免，应采取设金属套管、做管径或管窿、加防护遮挡等保护措施。

③ 塑料排水管道应根据环境温度变化、管道布置位置及管道接口形式等因素考虑是否设置伸缩节，但埋地或埋设墙体、混凝土柱体内的管道不应设置伸缩节。

④ 塑料排水管道穿越楼层防火墙或管径时，应根据建筑物性质、管径和设置条件以及穿越部位防火等级要求设置防火装置。

4）高层建筑排水管道的特殊要求

高层建筑内公称外径大于或等于110mm的明设排水立管，在穿越楼层处应采取设置防火圈或防火套管等防止火灾贯穿的措施；为了防止高层建筑底层卫生器具受压过大，容易造成水封破坏或污水外溢的现象，底层卫生器具的排水应考虑采用单独排除方式。

5）便于施工维护

排水管道布置应考虑便于拆换管件和清通维护工作的进行，不论是立管还是横支管都应留有一定的空间位置。为便于日常维护管理，排水立管宜靠近外墙，以减少埋地横干管的长度；对于含有大量的悬浮物或沉淀物的废水，管道需要经常冲洗；排水支管较多、排水点的位置不固定的建筑物用排水沟代替排水管。

6）经济美观

明装的排水管道应尽量沿墙、梁、柱作平行设置，以保持室内的美观；当建筑物对美观要求较高时，管道可暗装，但要尽量利用建筑装饰使管道隐蔽，这样既经济又美观。

（2）排水管道的敷设

排水管道的敷设方式有明装和暗装两种。在对美观没有特殊要求的条件下大多采用明装。有些对室内美观要求较高的建筑物或在管道种类较多的情况下，应采用暗装。排水立管穿越楼层时，应外加套管，预留孔洞的尺寸一般较通过的立管管径大50～100mm，见表2-2。套管管径较立管管径大1～2个规格时，现浇楼板可预先镶入套管。立管可设在管槽或竖井内，或用装修掩盖，横支管可嵌设在管槽内或设在楼板中。大型民用建筑和工业企业的排水干管，有条件可以和其他管道敷设在公共管沟和管廊中，但管廊应是可通行的地道。

排水立管穿越楼板预留孔洞尺寸 表 2-2

管径 DN(mm)	50	75~100	125~150	200~300
孔洞尺寸 (mm×mm)	100×100	200×200	300×300	400×400

排水管在穿越承重墙和基础时，应预留孔洞。预留孔洞的尺寸应使管顶上部的净空不小于建筑物的沉降量，且不得小于 0.15m，见表 2-3。

排出管穿越基础预留孔洞尺寸 表 2-3

管径 DN(mm)	50~100	>100
留洞尺寸（高×宽）(mm×mm)	300×300	(DN+300)×(DN+200)

2.3.2 通气系统的布置与敷设

为了能够营造一个舒适的建筑环境，通气系统的布置与敷设也至关重要。通气管系统如图 2-11 所示。设计通气管时应主要考虑以下几点：

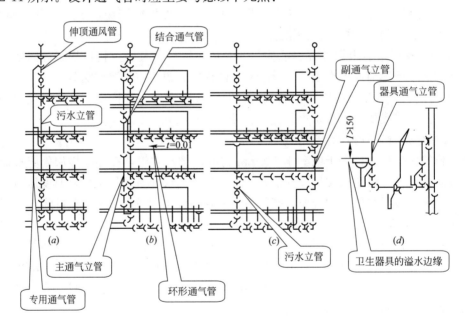

图 2-11 通气管系统图示
(a) 专用通气立管；(b) 主通气立管与环形通气管；(c) 副通气立管与环形通气管；
(d) 主通气立管与器具通气管

（1）生活排水管和散发有毒有害气体的生产污水管道应设伸顶通气管。伸顶通气管应高出屋面不小于 0.3m，且应大于该地区最大积雪厚度，屋顶有人滞留时，应大于 2m。

（2）排水立管的排水流量超过普通伸顶通气的立管最大排水能力时应设置专用通气立管。建筑标准要求较高的多层住宅和公共建筑，10 层及 10 层以上高层建筑的生活污水立管宜设置专用通气立管。

（3）连接 4 个及 4 个以上卫生器具且长度大于 12m 的排水横支管、连接 6 个及 6 个以上大便器的污水横支管、设有器具通气管的排水管段上应设置环形通气管。环形通气管应在横支管始端的两个卫生器具之间接出，并应在排水横支管中心线以上与排水横支管成垂直或 45°连接。建筑物内各层的排水管道上设有环形通气管时，应设置连接各层环形通气管的主通气立管或副通气立管。

（4）对卫生、安静要求较高的建筑物，生活排水管道应设器具通气管。器具通气管应设在存水弯出口端。

（5）器具通气管和环形通气管应在卫生器具边缘以上不小于 0.15m 处，按不小于 0.01 的上升坡度与通气立管连接。

（6）专用通气立管应每隔 2 层、主通气立管每隔 8～10 层设结合通气管与排水立管连接。结合通气管下端宜在排水横支管以下与排水立管用斜三通连接，上端可在卫生器具上边缘以上不小于 0.15m 处与通气立管用斜三通连接。

（7）专用通气立管和主通气立管的上端可在最高层卫生器具上边缘或检查口以上与排水立管通气部分以斜三通连接，下端应在最低排水横支管以下与排水立管三通连接。

（8）通气立管不得接纳污水、废水和雨水，不得与风道和烟道连接。

（9）伸顶通气管不允许或不可能单独伸出屋面时，可设置汇合通气管。

（10）在建筑物内不得设置吸气阀替代通气管。

2.4　高层建筑排水系统

高层建筑排水系统由于楼层较多，排水落差大，多根横管同时向立管排水的几率较大，容易造成管道中压力的波动，卫生器具的水封容易遭到破坏。因此，高层建筑的排水系统一定要保证排水的畅通和通气良好，一般采用设置专用通气管系统或采用新型单立管排水系统。建筑物底层排水管道内压力波动最大，为了防止发生水封破坏或因管道堵塞而引起的污水倒灌等情况，建筑物一层和地下室的排水管道与整幢建筑的排水系统分开，采用单独的排水系统。

2.4.1　高层建筑排水方式

高层建筑排水方式主要设置专用通气管道系统和新型单立管排水系统，新型单立管排水系统主要有苏维脱排水系统、空气芯旋流排水系统、芯形排水系统。

（1）专用通气管道系统

设置专用通气管道能较好地稳定排水管内气压，提高通水能力。专用通气管道系统的设置与安装详见书中 2.3.2。

（2）苏维脱排水系统

该系统是 1961 年由瑞士人 Fritz Sommer 研究成功的。其主要配件为气水混合器和气水分离器，如图 2-12（a）所示。

1）气水混合器

气水混合器设置在立管与横管连接处，由上流入口、乙字弯、隔板、隔板上小孔、横支管流入口、混合室和排出口组成，如图 2-12（b）所示。自立管下降的污水，经乙字弯

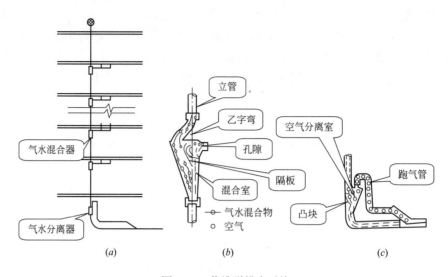

图 2-12　苏维脱排水系统
(a) 苏维脱排水系统；(b) 气水混合器；(c) 气水分离器

时，水流撞击分散与周围的空气混合，变成比重轻呈水沫状的气水混合物，下降速度减慢，可避免出现过大的抽吸力。横支管排出的污水受隔板阻挡，只能从隔板右侧向下排放，不会在立管中形成水舌，能使立管中保持气流畅通，气压稳定。

2）气水分离器

气水分离器设置在立管底部的转弯处，由流入口、顶部通气口、有突块的空气分离室、跑气管和排出口组成，如图 2-12 (c) 所示。气水分离器通过分离水中的气体，使污水的体积变小，速度减慢，动能减小，底部正压减小，使管内气压稳定。

（3）空气芯旋流排水系统

该系统是 1967 年由法国 Roger Legg、Georges Richard 和 M. Louve 共同研究成功的。其主要配件为旋流器和旋流排水弯头，如图 2-13 (a) 所示。

1）旋流器

旋流器安装在立管与横管的连接处，由底座、盖板组成，盖板上带有固定旋流叶片，沿立管切线方向有导流板，如图 2-13 (b) 所示。从横直管排出的污水，通过导流板沿切线方向以旋转状态进入立管，立管下降水流经固定旋流叶片沿壁旋转下降，当水流下降一段距离后，旋流作用减弱，但流过下层旋流接头时，经旋流叶片导流，又可增加旋流作用，直至底部，从而使管中间形成气流畅通的空气芯，压力变化很小。

2）旋流排水弯头

如图 2-13 (c) 所示，旋流排水弯头是一个内有导向叶片的 45°弯头，安装在排水立管底部转弯处。在导向叶片作用下，立管下降的附壁薄膜水流旋向弯头对壁，使水流沿弯头下部流入干管，可避免因干管内出现水跃而封闭气流，造成过大正压。

（4）芯形排水系统

该系统是 1973 年由日本人小岛德厚研究发明的，其主要配件为环流器和角笛弯头。

1）环流器

环流器由上部立管插入内部的倒锥体和 2～4 个横向接口组成，安装在立管与横管连

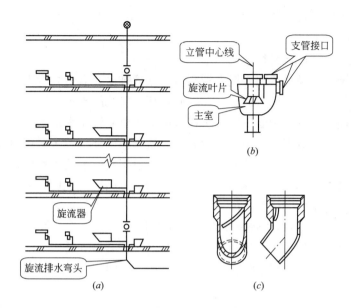

图 2-13　空气芯旋流排水系统

（a）空气芯排水系统；（b）旋流器；（c）旋流排水弯头

接处，如图 2-14 所示。其工作原理是：横管排出的污水受内管阻挡反弹后，沿壁下降，立管中的污水经内管入环流器，经锥体时水流扩散，形成水气混合液、流速减慢，沿壁呈水膜状下降，使管中气流畅通。

2）角笛弯头

如图 2-15 所示，安装在立管底部转弯处。自立管下降的水流因过水断面扩大，流速变缓，夹杂在污水中的空气释放，且弯头曲率半径大，加强了排水能力，可消除水跃和水塞现象，避免立管底部产生过大正压。

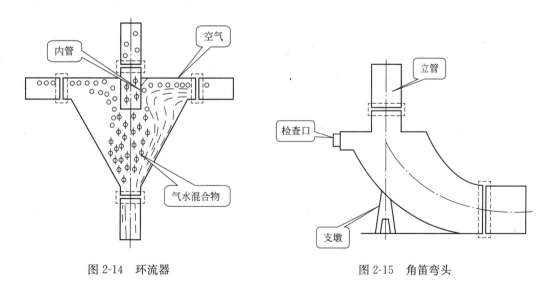

图 2-14　环流器　　　　　　　　　　　　图 2-15　角笛弯头

以上排水系统在我国高层建筑排水工程中已有所应用，但尚不普遍。我国已经引入、改进和开发生产了 5 种上部特制配件和 3 种下部特制配件。上部特制配件有混合器、环流器、环旋器、侧流器和管旋器等；下部特制配件有跑气器、角笛式弯头和大曲率异径弯头等。

2.4.2　高层建筑排水管材

高层建筑系统中，经常遇到多根横管同时向立管排水，立管高度大，管中流速大，冲刷能力强，容易造成管道中压力的波动。因此，高层建筑的排水系统一定要保证排水的畅通和通气良好，通常设置专用通气管系统或采用新型单立管排水系统。

高层建筑的排水管道仍可采用强度较高的铸铁管，国外已较多采用钢管。也可采用强度较高的塑料管，但应考虑采取防噪声等措施。管道接头应采用柔性接口。对高度很大的排水立管应考虑消能措施，通常采用乙字弯管。立管底部与排出管的连接应采用钢制弯头，这样可以防止污水中固体颗粒的冲击。

2.4.3　高层建筑新型单立管排水系统及实例分析

高层建筑新型单立管排水系统通过采用特殊的配件减少立管内的压力变化，保持管内的气流畅通，提高了管道系统的排水能力，同时也减少了工程费用。以下为工程实例分析：

某高层住宅项目为框架剪力墙结构，地上28层，地下2层，地上高度96.5m，建筑总面积25513m²。地下一层为地下室和自行车库，地下二层为设备用房，合同总工期535d。该项目排水系统设计采用污、废水合流制，由于高层住宅住户多，用水量大，排水频率高，故该项目在排水设计中同时采用通气管和UPVC单立管排水系统。

通气管的设置是为了防止排水管内形成水塞，水塞流使立管的上部特别是在排水管以下2层造成较大的压力，会使附近的设备水封遭到破坏。为避免臭气污染周围环境，需设通气管，使排水管内的气体与大气相通，及时补气和排气。在通气管系统设计中，考虑到排水管与专用通气管的间隔不能过大，否则不能充分发挥通气管的通气作用，故采用通气管每层都与排水管相连接。采用UPVC单立管排水系统，主要是考虑该系统的造价低廉、施工简易，最重要的一点是UPVC管道噪声控制良好，克服了普通塑料管噪声大的缺点，提高了生活质量。但需要注意的是，UPVC管的耐热性较差，瞬间排放温度不能超过80℃，故在设计时均远离热源，以保证管材的正常使用。

2.5　建筑中水系统

中水是将城市和居民生活中产生的杂排水经适当处理，达到一定的水质标准后，用于冲洗厕所、清洗汽车、绿化、浇洒道路或冷却水的补充等用途的非饮用水。因其水质介于上水与下水之间而得名。

经过净化处理的污水可以作为一种再生的水资源，具有量大、集中、水质和水量都较稳定的特点。建筑中水的用途主要是城市污水再生利用分类中的城市杂用水类，城市杂用水包括绿化用水、冲厕、街道清扫、车辆冲洗、建筑施工、工业用水、景观环境用水、补充水源水等。不同用途的水必须经过不同程度的处理，达到一定的水质标准后才能使用。

世界各国，特别是缺水的国家或地区都非常重视中水利用。国外从20世纪60年代就开始研究利用中水，我国的中水回用始于20世纪80年代，目前在北京、大连、青岛等城市已有多座中水回用工程。随着水价的日益上升，用水费用逐年增加，在兴建大型污水深度处理厂进行中水回用的同时，发展在小城镇、居民小区和楼堂管所使用的分散间歇式的生活污水再生利用设备也是中水回用的重要补充和完善。特别在近期内，由于大型污水处理厂建设周期长、投资高、回用水管道在城市敷设复杂困难等原因，发展投入少、运行费用低、适用范围广、使用方便灵活的污水再生设备是当前中水回用的有效手段。

为了推动中水设施的建设，国家建设部于 1996 年颁布了中水设施管理办法，并于 2003 年制定发布了《污水再生利用工程设计规范》GB 50335—2002（已作废），2016 年发布《城镇污水再生利用工程设计规范》GB 50335—2016，对再生水的水质控制指标做出了具体的规定。

2.5.1　中水系统的分类

中水系统是中水原水的收集、储存、处理和中水供给等工程设施组成的有机结合体，是建筑物或建筑小区的功能配套设施之一。按系统规模，中水系统分为三类：建筑中水系统、小区中水系统和城镇中水系统。

建筑中水系统是指单幢建筑物或几幢建筑物所形成的中水系统。一般以优质排水或杂排水作为中水水源，经适当处理并达到中水回用标准后供建筑内冲厕和浇洒绿地。系统框图如图 2-16 所示。建筑中水系统适用于建筑内排水为分流制，生活污水与优质排水或杂排水能够分开收集的建筑，不需在建筑外设置中水管道。目前主要用于宾馆、饭店等公共建筑。由于中水水源选用优质排水或杂排水，因此处理工艺简单，投资少。

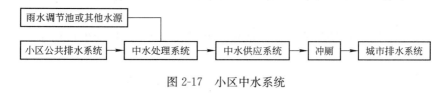

图 2-16　建筑中水系统

小区中水系统是以居住小区的公共排水或收集的部分雨水为中水水源，经适当处理并达到中水回用标准后供建筑内冲厕和小区的杂用水（如浇洒绿地）。系统框图如图 2-17 所示。该图显示的是在一个范围较小的地区、几个街坊或小区联合成一个中水系统，设一个中水处理厂，然后根据各自需要和用途供应中水。此系统多用于居住小区、机关大院和高等学校等。建有中水系统的小区，小区内和建筑物内部供水管网应为生活饮用水和杂用水双管配水系统。该方式管理集中，基建投资和运行费用相对较低，水质稳定。

图 2-17　小区中水系统

城镇中水系统以城镇污水处理场生物二级处理的出水或收集的部分雨水为中水水源，经适当处理并达到中水回用标准后用作城镇杂用水。系统框图如图 2-18 所示。该系统规模大，费用低，管理方便。建有中水系统的城镇，需单独敷设城市中水管道系统。

图 2-18　城镇中水系统

目前主要是一个建筑或几个建筑物建一个小型中水系统，就近回用于这些建筑物。从运行和管理角度，小区中水系统有广泛的发展前景，特别适用于新建居住区、商业区、开发区等。

2.5.2 中水系统的组成

中水系统由中水原水集水系统、中水处理系统和中水供应系统三部分组成。

中水原水收集系统包括原水收集设施、输送管道系统和一些附属构筑物。根据中水原水的水质，中水原水集水系统有合流集水系统和分流集水系统两类。合流集水系统是将生活污水和废水用一套管道排出的系统，即通常的排水系统。合流集水系统的集流干管可根据中水处理站位置要求设置在室外或室内。这种系统设计简单，水量充足，但是原水水质较差，工艺复杂，容易对周围环境造成污染。

中水处理系统一般包括前处理设施、主要处理设施和深度处理设施。其中前处理设施主要有格栅、滤网和调节池等；主要处理设施根据工艺要求不同可以选择不同的构筑物，常用的有沉淀池、混凝池、生物处理构筑物等；深度处理设施根据水质要求可以采用过滤、活性炭吸附、膜分离或生物曝气滤池等。此系统用于处理污水达到中水的水质标准。

中水供应系统包括供配水管网、升压储水设施（中水贮水池）、中水高位水箱、中水泵站、控制和配水附件、计量设备等。任务是把经过处理的符合杂用水水质标准的中水输送至各个中水用水点。与生活供水方式相类似，中水的供水方式也有简单供水、单设屋顶水箱供水、水泵和水箱联合供水和分区供水等多种方式。

2.5.3 中水水源

中水水源选择应根据原水水质、水量、排水状况和中水回用的水质水量来确定。中水水源按污染程度不等一般分为下述六种类型，选择时可以根据处理难易程度和水量大小，按照下列顺序排列：（1）冷却水；（2）沐浴废水；（3）盥洗废水；（4）洗衣废水；（5）厨房废水；（6）厕所废水。

实际工程中上述六种水多为组合排放，常用的有三种组合形式。

（1）盥洗废水和沐浴废水（有时包括冷却水）的混合排水，称为优质杂排水。水质最好，应优先选择。

（2）盥洗废水、沐浴废水和厨房废水的混合排水，称为杂排水，其水质比优质杂排水差一些。

（3）各类生活污水的混合排水（含杂排水和厕所排水），称为生活污水，水质最差，处理难度较大。

医院污水和含有有毒有害物质的生产污水不宜作为中水水源。

2.5.4 中水处理工艺流程

中水处理工艺按组成段可分为预处理、主处理及后处理三部分。预处理包括格栅、调节池；主处理包括混凝、沉淀、气浮、活性污泥曝气、生物膜法处理、二次沉淀、过滤、生物活性炭以及土地处理等主要处理工艺单元；后处理为膜过滤、活性炭、消毒等深度处理单元。

中水处理工艺流程应根据中水原水的水质、水量及中水回用对水质的要求进行选择。同时应考虑场地状况、环境要求、投资条件、缺水背景、管理水平等因素。可按《建筑中水设计标准》GB 50336—2018 推荐处理工艺选择。

（1）当以优质杂排水或杂排水作为中水水源时，宜采用以物化处理为主的工艺流程，或采用生物处理和物化处理相结合的工艺流程。

例如：

（2）当以含有粪便污水的排水作为中水水源时，宜采用二段生物处理或与生化处理结合的处理工艺流程。

例如：

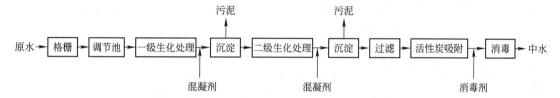

（3）利用污水处理站二级处理出水作为中水水源时，可以选用物化处理或与生化处理结合的深度处理工艺流程。

例如：

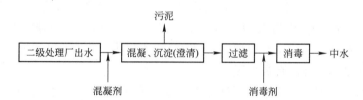

近些年来，膜分离技术在污水处理领域应用越来越广泛，其中在中水处理中的应用是一个很重要的方面。膜分离技术对悬浮物和有机物都有很高的去除效率，而且排水中的细菌和病毒也能得到很好的分离。因此，采用膜分离技术处理中水可以进一步提高中水水质。但设备投资和处理成本较高。

2.6 建筑雨水排水系统设计案例分析

本节结合某商业步行街、体育中心、奥体中心等工程实例，阐述了雨水排水系统设计中常遇到的诸如雨水倒灌室内、屋面雨水泛水、屋面虹吸雨水排水系统大雨时出口井翻水等问题，并介绍了解决问题的方法。

2.6.1 某商业步行街实例分析

某商业步行街地下室面积非常大，地面上仅几栋建筑，一、二层均为商铺，建筑物间为商业步行街，步行街宽 30m，长约 200m，步行街下为地下室，设计覆土厚 30cm。步行街路面铺地砖，中间高，两边低，商铺边设两条明沟，宽 20cm，深不到 20cm，长 200m，两边排水，基本无找坡，排水点在明沟两端，道路断面见图 2-19。

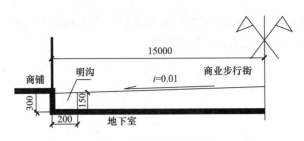

图 2-19　原道路断面

开发商反映大雨过后，商业街淹水，雨水冲进商铺，造成较大损失。经过现场察看、查阅图纸及讨论，发现问题有三个。

（1）商业步行街面积约 6000m²，在大雨的情况下，两条宽、深约 20cm 且无找坡的明沟，无法及时把雨水排至排水点，且该明沟距商铺门比较近，商铺门口未设挡水的坎子，很多业主在雨大时只好将麻包堆在门口以防雨水灌入铺面。

（2）商业步行街两边建筑的侧墙雨水均流入该明沟，而且裙房屋顶及一些退层屋面的雨水通过雨水立管散排至明沟，该部分总面积约 4000m²（侧墙面积已减半）。

（3）设计中商铺没有排水，而很多业主入住后，擅自加装洗涤盆，排水直接排入明沟，再加上路面垃圾、明沟没人清理，现场看明沟底部淤积，过水断面减少为 20cm× 15cm。所有问题归结为一点就是明沟排水能力不足，无法负担其汇水面积的排水。现场大家提出多种方案，试图增加商业步行街的排水能力：

在商业步行街上加雨水口，雨水横管设于地下室。但该方案被工程部否定，因为雨水管两边分设，长 100m，当坡度为 0.005 时，坡降达 50cm，必须在梁下敷设，影响地下室层高。

设虹吸排水系统，横管可不设坡度。但发现雨水口进出口高差无法克服雨水管总水头损失与流出水头之和，无法形成虹吸。

把地面雨水引入地下室集水坑后通过潜污泵提升至室外。但地下室集水坑容量不够，且无法增加集水坑容量，一旦把地面雨水引入地下室，万一排量不够或停电，把地下车库淹了也得不偿失。另外考虑到地下室顶板重新开洞，防水处理困难，施工难度大，最终否决了雨水管道在地下室内敷设的方案。

经过多轮的商讨，最后得出解决方案：①改变商业步行街道路断面做法，在商铺门口 5m 宽步行道，让汇水点远离商铺门口（见图 2-20），实质是将整个商业步行街中间变为一条很大的雨水明沟。②商业步行街两端地下室外边线处设跌水并增设 4 个雨水口，迅速排除地面雨水。③裙房屋顶及一些退层屋面的雨水尽量通过横管排至其他区域，减少该区域汇水面积。采用上述措施一段时间后回访，基本解决问题。

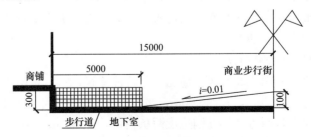

图 2-20　改造后道路断面图

现代建筑设计中，地下室面积越做越大，对于给排水专业而言，地下室顶板上的雨水排放比较难处理：设雨水口，横管设于地下室上部会影响地下室标高，而且地下室常为人防区域，不允许与人防无关的管道穿入；设检查井，按室外做法，区域较大时要求覆土很厚，结构专业不同意，一方面地下室顶板荷载大了，另一方面地下室开挖深度较深，不经济。因此在地下室顶板为室外地面且面积较大时，我们通常要求覆土厚 80～100cm，在地面建筑周围设暗沟或明沟，一方面排除侧墙及一部分屋面雨水，另一方面排除地面雨水。暗沟或明沟宽度和深度根据水量计算，一般 40cm×60cm，沟底坡向出水口，坡度由计算确定，一般为 0.005。

2.6.2　某体育中心案例

某体育中心，体育馆和游泳馆通过一个一层平台相连接，平台下为工作用房，平台上为体育馆和游泳馆的主要出入口，平台宽约 15m，原设计靠外墙布置 10 个雨水斗，将平台雨水排至室外。竣工验收时发现，下大雨时，雨水积在平台上，向体育馆和游泳馆大门倒灌，地板受损。笔者会同建筑设计负责人、施工管理人员现场查看，有人提出雨水斗是否少设或雨水立管不够，设计人员根据计算数据，证明 10 个雨水斗排量绰绰有余。经过仔细商讨后发现症结所在：该平台设计标高只比室内低 5cm，雨水斗均布在平台靠外墙侧，从体育馆和游泳馆大门到雨水斗位置为 15m，设计按照室外广场找坡，坡度为 0.005，实际施工中找坡只有 0.003。因此大暴雨时，雨水滞留在屋面，无法迅速汇集至雨水斗处，造成泛水。找到问题后，大家提出平台应按照屋面找坡 0.02，但坡高度达 30cm，而体育馆和游泳馆 2 层外墙均为玻璃幕墙，其下窗槛墙仅 20cm，且大厅地板已铺好，室内标高已定。经过大家现场讨论，决定对平台找坡进行改造，找坡高度以窗槛墙高度为准，靠近雨水斗处 5m 找 0.01，靠近门口处 10m 找坡 0.02，找坡总高度为 25cm，出入口处重做玻璃门，抬高 20cm，加门槛，室内设踏步，最终解决问题。

通常在建筑设计中，大家总认为雨水系统由给排水专业考虑就行了，其实这是一个误区，作为建筑专业，在方案中决定总体地面标高以及单体建筑标高时就要充分考虑雨水的排放，以防后患。笔者曾碰见某一工程，建筑专业定的单体地面标高比室外地面低，而各个出入口又不愿意设门槛，把难题交给给水排水专业，要求在门口设一条 25cm 宽的算子，认为这样就能解决问题。实施完成后发现，大暴雨时大量的水冲过算子，进入室内，无法收拾。因此在雨水系统设计中，不能仅简单地计算汇水面积，得出雨水斗数量，均匀布置，还必须和建筑专业协调汇水方向等问题。有的建筑专业人员认为外墙上设溢流口会影响立面，要求给水排水专业人员提高重现期或干脆不设溢流口，这样非常不经济且不安全。所以在雨水系统的选型、设计、计算时给排水专业要和建筑专业充分协调。

2.6.3　奥体中心工程回访

前段时间梅雨季节，下了很多大暴雨，笔者对奥体中心雨水系统进行了工程回访。其中屋面虹吸雨水排水系统及田径场软式透水管排水系统均无问题，场地负压排水系统没有启用，但是虹吸雨水排水系统出口井在大雨时均出现翻水现象，把井盖顶开，造成短时间路面积水。笔者查阅了当时的设计资料，首先虹吸雨水排水系统出口管加大了管径，保证出口流速不大于 1.8m/s；其次出口井均采用了混凝土井，防止冲刷。笔者核算了一下系统设计流量，以 50 年重现期计算，按照系统负担的汇水面积，每个系统排水量达到230L/s，而室外窨井串联连接，室外雨水管采用埋地硬聚氯乙烯排水管（$n=0.01$），直径

500mm 管坡度为 0.002 时计算流量为 148.5L/s，直径 630mm 管坡度为 0.002 时计算流量 269.3L/s（满流计算）。由于室外雨水管径计算时，考虑了管道流行时间，而对于单个节点如此大且集中的流量，原设计埋地雨水管段必然很难负担该流量，再加上大雨期间，整个市政管道内充水，降低了管道的排水能力，因此造成窨井翻水。笔者在大雨中掀开虹吸雨水排水系统出口井井盖，发现随着雨量增大，虹吸雨水排水系统出水管脉冲流现象明显，当变为满管流时，窨井内水位不断升高，直至满出。据此向奥体中心管理人员提出，如果虹吸雨水排水系统出口井在路上或绿地中，大雨时短时间积水造成的影响不大；如果该井的翻水影响使用，可以加大室外雨水管径，或将雨水引至别处。随着各种大型的展览中心或体育场馆的建设，虹吸雨水排水系统得到大量的应用，我们在设计中要同时考虑其屋面雨水斗的布置及室内、外管道的计算。

本 章 小 结

本章简单介绍了排水系统的分类及其组成，重点阐述了建筑内排水常用的管材、附件，以及排水管道在实际工程中布置和敷设的原则，同时对通气系统的布置与敷设原则也进行了说明。针对高层建筑的特点，通过实际案例分析了高层建筑、高层建筑排水系统的排水方式以及高层建筑排水系统常用的排水管材，阐述了建筑中水系统的组成、分类及工艺处理流程等。

习 题

2-1 建筑内部排水系统可以分为哪几类？

2-2 完整的污（废）水排水系统一般有哪几部分组成？各部分的作用是什么？

2-3 建筑物内排水管道选取管材的原则是什么？

2-4 铸铁排水管的器件有哪些？

2-5 塑料排水管的优缺点是什么？它有哪些常用的管件？

2-6 排水管道有哪些特点，它的布置与敷设原则是什么？

2-7 高层建筑排水系统有哪些特点，它的排水方式有哪些？

2-8 中水系统的分类及组成？

2-9 举例说明中水处理系统工艺。

第3章 建筑供暖系统

【知识结构】

建筑供暖系统
├ 分类及系统形式 ┤ 供暖系统的分类 / 供暖系统的主要形式
├ 设计热负荷及常用供暖设备 ┤ 散热器 / 辐射散热器 / 空气幕与暖风机
└ 高层建筑供暖系统 ┤ 供暖系统的主要形式 / 供暖系统与室外管网的连接

3.1 供暖系统的分类及系统形式

在冬季，当室外温度低于室内温度时，热量不断地由室内传向室外，为了达到并保持要求的室内温度，需要不断地向室内补充热量，这种用人工的方法向室内供给热量的一系列工程设备组成的系统称为供暖系统。

供暖系统一般由热源（热媒制备）、供暖管网（热媒输送管道）和散热设备（热媒利用）三部分组成。在供暖系统中，传递热量的物质称为热媒。常用的热媒有水和蒸汽。热源是供暖系统热媒的来源。目前供暖系统的热源主要有区域锅炉房和热电厂。供暖管网是把热量从热源输送到各散热设备的管道系统。散热设备是把热量最终传入所需供暖房间的设备。最常见的散热设备是散热器。

3.1.1 供暖系统的分类

根据热源、供暖管网和散热设备在位置上的相对关系，供暖系统可以分为局部供暖系统和集中供暖系统。热源、供暖管网和散热设备都在一起的供暖系统称为局部供暖系统，如火炉供暖、电热供暖和燃气供暖。热源和散热设备不设置在一起，需要通过供暖管网连接的系统称为集中供暖系统。图3-1是集中热水供暖系统示意图。

根据供暖系统散热给室内的方式不同，供暖系统可分为对流供暖系统和辐射供暖系统。对流供暖系统中，热量主要以对流方式向房间散热，如散热器供暖系统和热风供暖系统。辐射供暖系统中，热量主要以辐射方式向房间散热，如低温热水地板辐射供暖系统。

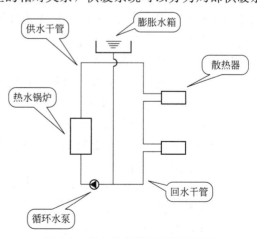

图3-1 集中热水供暖系统示意图

根据热媒的不同，供暖系统可以分为热水供暖系统、蒸汽供暖系统和热风供暖系统。

（1）热水供暖系统的分类

以热水作为热媒的供暖系统称为热水供暖系统。热水供暖系统可按下述方法进行分类：

1）根据热媒温度不同，热水供暖系统可分为低温水供暖系统和高温水供暖系统。在我们国家，通常把低于或等于100℃的热水称为低温水，把高于100℃的热水称为高温水。民用建筑的集中供暖系统应采用热水做热媒，传统热水供暖系统中设计供水、回水温度多数采用98℃/70℃，少数采用85℃/60℃。民用建筑采用低温热水地板辐射供暖时，供水温度不应超过60℃，供水、回水温差一般小于或等于10℃。在工业建筑中，当厂区只有供暖用热或以供暖用热为主时，一般采用高温水做热媒。

2）根据热水循环的动力不同，热水供暖系统可分为自然循环热水供暖系统和机械循环热水供暖系统。自然循环热水供暖系统又称重力循环热水供暖系统，该系统循环的动力来自供、回水的容重差。机械循环热水供暖系统循环的主要动力是水泵提供的机械能。

3）根据热水供暖系统供暖管道敷设方式的不同，热水供暖系统可分为垂直式供暖系统和水平式供暖系统。各层散热设备间通过立管进行连接的称为垂直式供暖系统。同层散热设备间通过水平管道进行连接的称为水平式供暖系统。

4）根据散热器供水、回水方式的不同，热水供暖系统可分为单管热水供暖系统和双管热水供暖系统。热水经供水立管或水平供水管顺序流过多组散热器的热水供暖系统称为单管热水供暖系统。热水经供水立管或水平供水管平行地分配给多组散热器的热水供暖系统称为双管热水供暖系统。

（2）蒸汽供暖系统的分类

1）根据蒸汽压力的不同，蒸汽供暖系统可分为低压蒸汽供暖系统、高压蒸汽供暖系统和真空蒸汽供暖系统。供汽的表压力等于或低于70kPa时，称为低压蒸汽供暖系统；供汽的表压力高于70kPa时，称为高压蒸汽供暖系统；当系统中的压力低于大气压时，称为真空蒸汽供暖系统。

2）根据立管布置的不同，蒸汽供暖系统可分为单管式和双管式。

3）根据蒸汽干管布置的不同，蒸汽供暖系统可分为上供式、中供式和下供式。

4）根据回水动力的不同，蒸汽供暖系统可分为重力回水系统和机械回水系统。重力回水系统凝水回到锅炉依靠的是水的重力和管道的坡度设置。机械回水系统凝水回到锅炉的主要动力来自凝水泵提供的能量。

（3）热风供暖系统的分类

热风供暖系统有集中送风、悬挂式和落地式暖风机等形式。

3.1.2 供暖系统的主要形式

（1）传统室内热水供暖系统主要形式

传统室内热水供暖系统是针对分户供暖系统而言的，以整幢建筑物作为一个对象。

1）自然循环热水供暖系统形式

自然循环热水供暖系统由热源、管道、散热设备、膨胀水箱以及附件组成，如图3-2所示。

热源一般为锅炉。膨胀水箱设在系统的最高处，它不但能接收热水膨胀时的体积，而且能恒定系统的压力，同时还起排气的作用。

自然循环热水供暖系统循环作用压力的大小取决于供水、回水的容重差及散热器和锅炉间的高差。

自然循环热水供暖系统常采用的形式有单管上供下回式（图 3-3）、双管上供下回式（图 3-4）和单户式（图 3-5）。

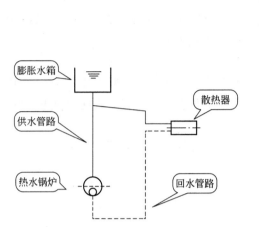

图 3-2　自然循环热水供暖系统示意图

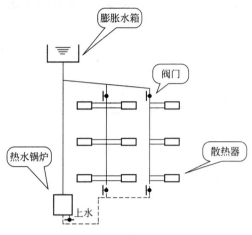

图 3-3　自然循环单管上供下回系统

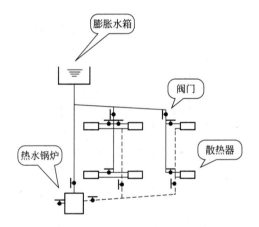

图 3-4　自然循环双管上供下回系统

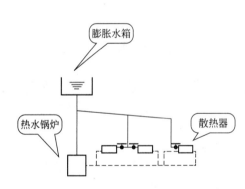

图 3-5　自然循环单户式系统

单管上供下回系统简单，水力稳定性好。

双管上供下回系统易产生垂直失调，多用于三层以下的建筑。

单户式系统的锅炉一般都与散热器在同一平面上，为了增大循环作用压力，散热器安装高度通常改为 300~400mm。为了减少系统的阻力，配管长度尽量要缩短。

自然循环热水供暖系统的供水干管必须要有向膨胀水箱方向上升的 0.5%~1.0% 的坡度，散热器的支管一般也要保持 1.0% 的坡度，这样布置是为了保证系统中的空气顺利地聚集排出，保证水的正常循环和散热。为了保证回水能顺利地流回到锅炉，回水干管应有以锅炉方向向下的坡度。

自然循环热水供暖系统升温慢，管径大，作用压力小，作用范围受到限制，通常其作用半径不宜超过 50m。但自然循环热水供暖系统组成简单，运行时不消耗电能，且无噪声。

2）机械循环热水供暖系统形式

机械循环热水供暖系统和自然循环热水供暖系统的主要区别是增加了循环水泵和排气装置，机械循环热水供暖系统的循环作用压力主要来源于水泵提供的机械能。

在机械循环热水供暖系统中，膨胀水箱仍然具有接收水的膨胀体积和定压的作用，系统中的不凝性气体主要通过集气罐或排气阀排除。

垂直式机械循环热水供暖系统主要有双管上供下回、单管上供下回、双管下供上回、单管下供上回、双管下供下回、双管中供式和混合式等系统形式。

① 双管上供下回系统

机械循环双管上供下回系统如图 3-6 所示，该系统各层散热器并联在立管上，可用阀门对散热器进行单独调节。但自然循环作用压力的影响仍存在，垂直失调现象仍很严重。

② 单管上供下回系统

单管上供下回系统如图 3-7 所示，该系统水力稳定性好、排气方便、构造简单，通常用于多层建筑。

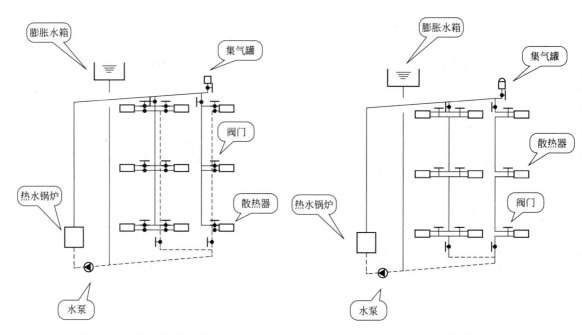

图 3-6　双管上供下回系统　　　　　图 3-7　单管上供下回系统

③ 双管下供上回系统

如图 3-8 所示，该系统中空气与水的流动方向一致，空气可以通过膨胀水箱排除。该系统底层供水温度高，所以底层散热器的面积减小，便于布置。在相同的立管供水温度下，散热器面积要比上供下回式双管系统的面积大。

④ 单管下供上回系统

如图 3-9 所示，该系统多用于热源为高温水的多层建筑。

⑤ 双管下供下回系统

如图 3-10 所示，该系统一般适用于平屋顶建筑物的顶层难以布置干管的场合，以及有地下室的建筑。系统的供水、回水干管都敷设在底层散热器下面，系统内空气的排除较为困难。排气方法主要有两种：一种是通过顶层散热器的冷风阀，手动分散排气；另一种是通过专设的空气管，手动或集中自动排气。

⑥ 双管中供式系统

如图 3-11 所示，该系统水平供水干管敷设在系统中部。供水干管下部呈上供下回式，供水干管上部可以采用下供下回式，也可采用上供下回式。

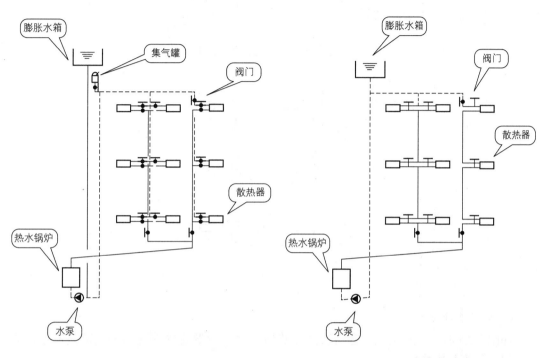

图 3-8　双管下供上回系统　　　　　图 3-9　单管下供上回系统

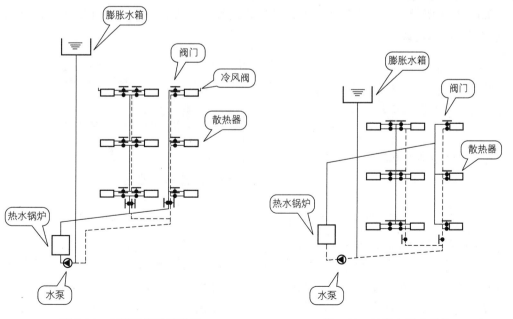

图 3-10　双管下供下回系统　　　　　图 3-11　双管中供式系统

⑦ 混合式系统

如图 3-12 所示，混合式热水供暖系统是由下供上回式和上供下回式两组串联而成的系统，多用于热媒是高温水的多层建筑。

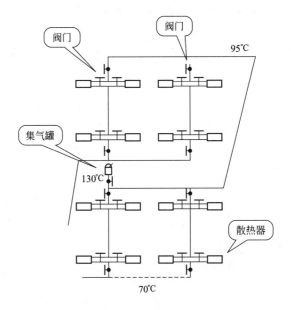

图 3-12 混合式系统

⑧ 水平单管顺流式

如图 3-13 所示，水平式系统需要在散热器上设置分散排气或在同一层散热器上部串联一根空气管集中排气。

⑨ 水平单管跨越式

如图 3-14 所示，单管跨越式比单管顺流式增加了一根跨越管，增加了造价，但同时也增加了系统的可调节性。

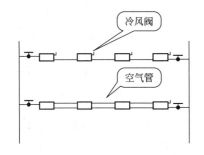

图 3-13 水平单管顺流式系统

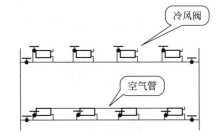

图 3-14 水平单管跨越式系统

⑩ 异程式系统和同程式系统

通过各个立管的循环环路的总长度不相等的系统称为异程式系统。异程式系统各个环路间阻力不容易平衡。通过各个立管的循环环路的总长度相等的系统称为同程式系统。同程式系统管道的消耗量通常多于异程式系统，但同程式系统阻力相对容易平衡，所以在较大建筑中，建议采用同程式。图 3-6～图 3-11 采用的是同程式。

（2）分户供暖热水供暖系统主要形式

分户供暖系统如图 3-15 所示，是为了满足每一个热用户的单独供暖系统。其工作过程如下：热水从室外水平供水干管进入单元立管，再进入每一户室内供暖系统，放出热量后从户内系统出来进入单元立管再进入室外水平回水干管。每一个热用户的入口具有单独的供水、回水管路接在单元立管上，户内自成独立的循环环路。户内热水供暖系统常采用的形式有水平单管顺流式（如图 3-16 所示）、水平单管跨越式（如图 3-17 所示）、水平双管同程式（如图 3-18 所示）、水平双管异程式（如图 3-19 所示）、水平网程式（如图 3-20 所示）。

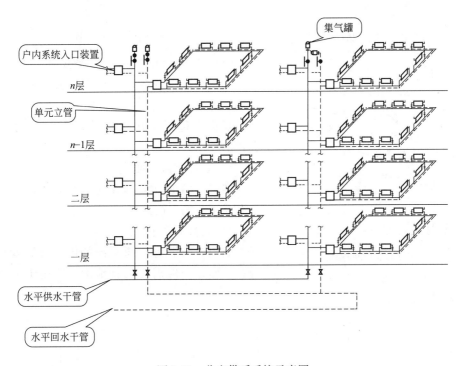

图 3-15　分户供暖系统示意图

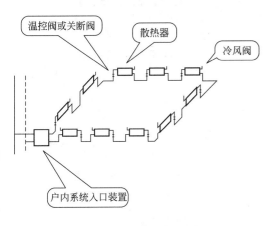

图 3-16　水平单管顺流式

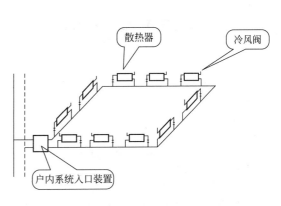

图 3-17　水平单管跨越式

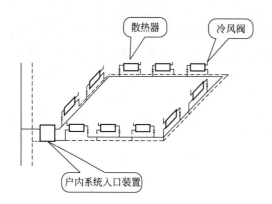

图 3-18　水平双管同程式

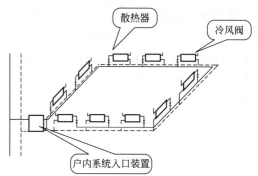

图 3-19　水平双管异程式

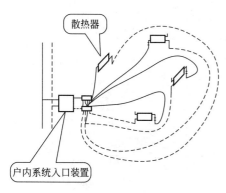

图 3-20　水平网程式

节的多层建筑。

（3）低压蒸汽供暖系统主要形式

低压蒸汽供暖系统主要有两种形式，即双管式和单管式。

双管式包括上供下回式、下供下回式和中供式。

1）双管上供下回式

如图 3-21 所示，该系统易上热下冷，常用于室温需调节的多层建筑。

2）双管下供下回式

如图 3-22 所示，该系统的供汽管和凝水管都设在下面，一般需要设置地沟，适用于室温需调节的多层建筑。

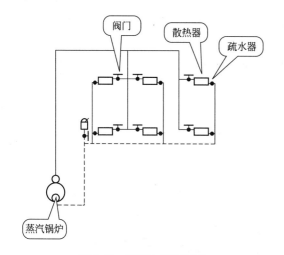

图 3-21　双管上供下回式

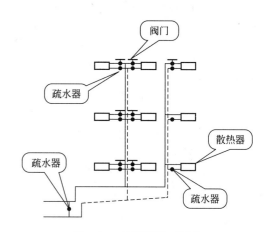

图 3-22　双管下供下回式

3）双管中供式

如图 3-23 所示，该系统可以用于顶层无法设置供汽干管的多层建筑。

单管式包括下供下回式（如图 3-24 所示）和上供下回式（如图 3-25 所示）。

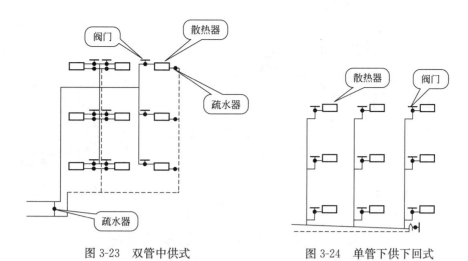

图 3-23　双管中供式　　　　　图 3-24　单管下供下回式

① 单管下供下回式

室内顶层不设供汽干管,为了美观,供汽管一般要设置在地沟内。由于汽水两相在同一管道内流动,管径相对较大。多适用于三层以下建筑。

② 单管上供下回式

构造简单,造价低,比较常用。

(4) 高压蒸汽供暖系统主要形式

在工厂中,生产工艺用热往往需要使用较高压力的蒸汽,因此可以利用高压蒸汽作为热媒向工厂车间及其辅助建筑物进行供暖。

1) 上供下回式

如图 3-26 所示,高压供汽管在上,凝水管在下。多用于单层公共建筑或工业厂房。

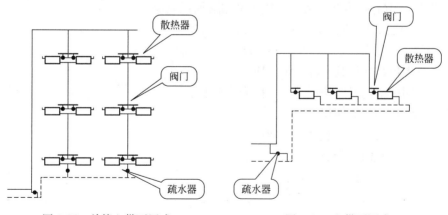

图 3-25　单管上供下回式　　　　图 3-26　上供下回式

2) 上供上回式

如图 3-27 所示,该系统多用于工业厂房暖风机供暖系统,这种方式系统泄水不便。

3) 水平串联式

如图 3-28 所示,该系统构造简单,造价低,散热器接口处易漏水漏汽,多用于单层公共建筑。

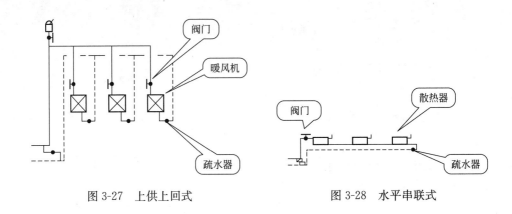

图 3-27　上供上回式　　　　　　　　　图 3-28　水平串联式

3.2　供暖系统设计热负荷及常用供暖设备

3.2.1　供暖系统设计热负荷

供暖系统设计热负荷是指在供暖室外计算温度下，为了达到要求的室内温度，供暖系统在单位时间内向建筑物供给的热量。供暖系统设计热负荷是供暖设计中最基本的数据。

冬季供暖通风系统的热负荷应根据建筑物下列散失和获得的热量确定：围护结构的耗热量；加热由外门、窗缝隙渗入室内的冷空气耗热量；加热由外门开启时经外门进入室内的冷空气耗热量；通风耗热量；通过其他途径散失或获得的热量。

计算热负荷时，不经常的散热量可不计算，经常而不稳定的散热量可采用平均值。对于没有装置机械通风系统的建筑物或房间，供暖系统设计热负荷可以只计算围护结构的耗热量、加热由外门窗缝隙渗入室内的冷空气耗热量、加热由外门开启时经外门进入室内的冷空气耗热量。

（1）围护结构的耗热量包括基本耗热量和附加耗热量。

1）围护结构的基本耗热量应按下式计算：

$$Q = \alpha F K (t_{\mathrm{n}} - t_{\mathrm{wn}}) \tag{3-1}$$

式中　Q——围护结构的基本耗热量，W；

　　　α——围护结构温差修正系数，按表 3-1 采用；

　　　F——围护结构的面积，m^2；

　　　K——围护结构的传热系数，$W/(m^2 \cdot ℃)$；

　　　t_{n}——供暖室内计算温度，℃；

　　　t_{wn}——供暖室外计算温度，℃。

温差修正系数 α　　　　　　　　　　　　　　　　表 3-1

围护结构特征	α
外墙、屋顶、地面以及与室外相通的楼板等	1.00
屋顶和与室外相通的非供暖地下室上面的楼板等	0.90
与有外门窗的不供暖楼梯间相邻的隔墙（1～6 层建筑）	0.60
与有外门窗的不供暖楼梯间相邻的隔墙（7～30 层建筑）	0.50

续表

围护结构特征	α
非供暖地下室上面的楼板，外墙上有窗时	0.75
非供暖地下室上面的楼板，外墙上无窗且位于室外地坪以上时	0.60
非供暖地下室上面的楼板，外墙上无窗且位于室外地坪以下时	0.40
与有外门窗的非供暖房间相邻的隔墙	0.70
与无外门窗的非供暖房间相邻的隔墙	0.40
伸缩缝、沉降缝墙	0.30
防震缝墙	0.70

2）围护结构的附加耗热量包括朝向附加、风力附加和高度附加。附加耗热量应按其占基本耗热量的百分率确定。各项附加百分率宜按下列规定的数值选用：

① 朝向修正率：

北、东北、西北　　　　$0\sim10\%$

东、西　　　　　　　　-5%

东南、西南　　　　　　$-10\%\sim-15\%$

南　　　　　　　　　　$-15\%\sim-30\%$

② 风力附加率：

建筑在不避风的高地、河边、海岸、旷野上的建筑物，以及城镇特别高出的建筑物，垂直的外围护结构附加 $5\%\sim10\%$。

③ 高度附加率：

民用建筑，当房间高度大于 4m 时（楼梯间除外），每高出 1m 附加 2%，但总的附加率不应大于 15%。

高度附加率应附加于围护结构的基本耗热量和其他附加耗热量之上。

（2）加热由外门、窗缝隙渗入室内的冷空气耗热量

加热由外门、窗缝隙渗入室内的冷空气耗热量，可按下式计算：

$$Q = 0.28 c_p \rho_{wn} L (t_n - t_{wn}) \tag{3-2}$$

式中　Q——加热由外门、窗缝隙渗入室内的冷空气耗热量，W；

　　　c_p——空气的定压比热容，$c_p = 1 kJ/(kg \cdot ℃)$；

　　　ρ_{wn}——供暖室外计算温度下的空气密度，kg/m^3；

　　　L——渗透冷空气量，m^3/h；

　　　t_n——供暖室内计算温度，℃；

　　　t_{wn}——供暖室外计算温度，℃。

（3）加热由外门开启时经外门进入室内的冷空气耗热量

加热由外门开启时经外门进入室内的冷空气耗热量也可按公式（3-2）计算，但需要先算出进入的冷空气量。对于短时间开启的外门（不包括阳台门），冷空气耗热量可采用外门基本耗热量乘附加率来计算。当建筑物的楼层数为 n 时，一道门的附加率为 $65\%n$，两道门（有门斗）的附加率为 $80\%n$，三道门的附加率（有两个门斗）为 $60\%n$，公共建筑主要出入口的附加率为 500%。对于开启时间较长的外门，先要根据通风原理计算出进

入的冷空气量，再根据上式计算出耗热量。

3.2.2 常用供暖设备

（1）散热器

散热器是散热器供暖系统的末端散热设备。

1）散热器分类

根据材质进行分类，有铸铁、钢、铝、铜、钢铝复合、铜铝复合散热器等。根据构造形式进行分类，有柱型、翼型、管型、板型及复合型散热器。

① 铸铁散热器

铸铁散热器材质为灰铸铁。按结构形式可分为柱型、翼型、柱翼型和板翼型，按内表面加工工艺不同可分为普通片和无砂片两种，如图 3-29 所示。

铸铁柱型　　　　　　　　铸铁翼型

铸铁柱翼型　　　　　　　　铸铁板翼型

图 3-29　铸铁散热器实物图

散热器以同侧进出口中心距为系列主参数，以 100mm 为级差基数，主参数范围 100~900mm。

铸铁散热器型号表示如下：

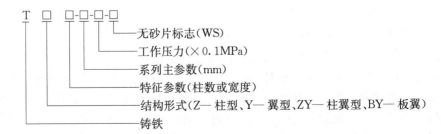

T □ □-□-□-□
└─ 无砂片标志(WS)
　└─ 工作压力(×0.1MPa)
　　└─ 系列主参数(mm)
　　　└─ 特征参数(柱数或宽度)
　　　　└─ 结构形式(Z— 柱型、Y— 翼型、ZY— 柱翼型、BY— 板翼)
　　　　　└─ 铸铁

型号示例：

TZ4-500-8 表示铸铁四柱型同侧进出口中心距为 500mm，工作压力 0.8MPa 的普通散热器。

TZ4-500-8-WS 表示铸铁四柱型同侧进出口中心距为 500mm，工作压力 0.8MPa 的无砂散热器。

铸铁散热器价格低廉，耐腐蚀，使用寿命长，热容量大，可用于蒸汽供暖系统。

② 钢制散热器

按结构形式，钢制散热器可分为柱型、板型、闭式串片、翅片管和钢管散热器。

a. 钢制柱型散热器

型号示例：

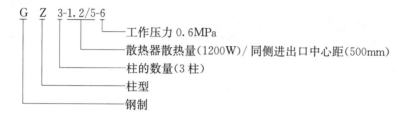

散热器以同侧进出口中心距为系列参数，其型式和实物如图 3-30 所示。

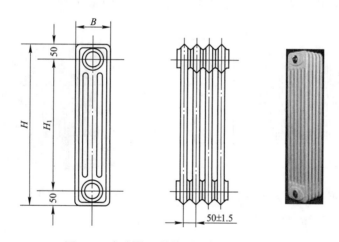

图 3-30　钢制柱型散热器示意图和实物图

每组散热器的组合片数为 3～20 片。

b. 钢制板型散热器

钢制板型散热器有单板和双板之分，也有带对流片和不带对流片之分。

型号表示如下：

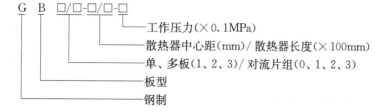

型号示例：GB 1/1-545/10-8 表示单板带一组对流片，散热器中心距 545mm，散热器长度 1000mm，工作压力为 0.8MPa 的钢制板型散热器。

散热器以同侧进出口中心距为系列主参数，钢制板型散热器如图 3-31 所示。

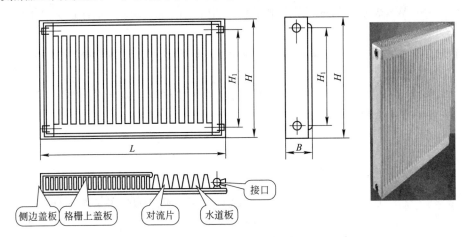

图 3-31　钢制板型散热器示意图和实物图

c. 钢制闭式串片散热器

散热器以同侧进出口中心距为系列主参数，形式和实物分别如图 3-32、图 3-33 所示。

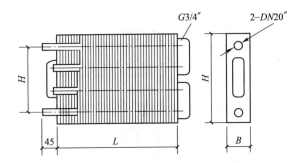 

图 3-32　钢制闭式串片散热器示意图　　　　图 3-33　钢制闭式串片散热器实物图

d. 钢制翅片管对流散热器

型号表示如下：

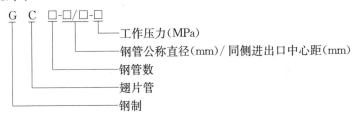

型号示例：

GC4-25/200-1.0

GC4 为钢制翅片管 4 根管排列，25/200-1.0 为钢管直径 25mm，同侧进出口中心距 200mm，工作压力 1MPa。

钢制翅片管散热器以同侧进出口中心距为系列参数，形式和实物如图 3-34 所示。

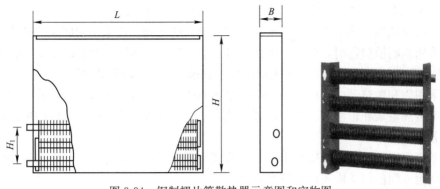

图 3-34　钢制翅片管散热器示意图和实物图

e. 钢管散热器（图 3-35）

型号表示如下：

公称高度（cm）

柱数

钢管散热量

型号示例：

2 柱 150cm 高钢管散热器用 GG2150 表示；3 柱 60cm 高钢管散热器用 GG3060 表示。

图 3-35　钢管散热器实物图

f. 钢制光排管散热器

钢制光排管散热器多用于工厂，是用钢管焊接而成的，它的缺点是耗钢量大、不美观。钢制散热器与铸铁散热器比金属耗量少、承压能力高，但其抗氧化腐蚀能力差、对水质要求较高。

③ 铝制散热器

根据结构形式不同，铝制散热器可分为柱翼型、管翼型和板翼型。

根据工艺不同，铝制散热器可分为高压铸铝和拉伸铝合金焊接两种。铝制散热器与钢制散热器相比，散热性能好、耐氧化腐蚀、更节能。

④ 铜铝复合散热器

这种散热器是铜管外焊接多层铝制散热片，外边再加一层薄金属面板，上边喷涂各种色彩。铜管耐腐蚀，适用于各种热水供暖系统和水质，无需采取内防腐措施、安全可靠、使用寿命长。由于铜、铝散热快，所以散热器体积都比较小，安装在室内，节省空间。

⑤ 钢铝复合散热器

钢铝复合散热器是一种采用焊接工艺将钢制的散热管与铝制的散热翼合成的供暖散热器，其实物如图 3-36 所示。

2）散热器选择

① 散热器应满足系统的工作压力，并符合国家现行有关产品标准规定。

② 民用建筑宜采用外表美观、易于清扫的散热器。

图 3-36　钢铝复合
散热器实物图

③ 防尘要求较高的工业建筑，应采用易于清扫的散热器。

④ 具有腐蚀性气体的工业建筑或相对湿度较大的房间，应采用耐腐蚀的散热器。

⑤ 采用钢制散热器时，应采用闭式系统，并满足产品对水质的要求，在非供暖季节应充水保养，蒸汽供暖系统不应采用钢制柱型、板型和扁管等散热器。

⑥ 采用铝制散热器时，应选用内防腐型铝制散热器，并满足产品对水质的要求。

⑦ 安装热量表和恒温阀的热水供暖系统，不宜采用水流通道内含有粘砂的散热器。

3）散热器布置

① 散热器宜安装在外墙窗台下，当安装或布置管道有困难时，也可靠内墙安装。

② 两道外门的门斗内不应设置散热器。

③ 楼梯间的散热器，宜分配在底层或按一定比例分配在下部各层。

4）散热器计算

散热器计算主要是确定供暖房间所需散热器的总片数或总长度。

所需散热器的总片数或总长度可用下式计算

$$n = \frac{Q_j}{Q_S} \beta_1 \beta_2 \beta_3 \beta_4 \qquad (3-3)$$

式中　Q_j——房间的供暖热负荷，W；

$\quad\quad Q_S$——散热器的单位（每片或每米长）散热量，W/片或 W/m；

$\quad\quad \beta_1$——柱型散热器（如铸铁柱型，柱翼型，钢制柱型等）的组装片数修正系数及扁管型、板型散热器长度修正系数（见表 3-2）；

$\quad\quad \beta_2$——散热器支管连接形式修正系数（见表 3-3）；

$\quad\quad \beta_3$——散热器安装形式修正系数（见表 3-4）；

$\quad\quad \beta_4$——进入散热器流量修正系数（见表 3-5）。

散热器安装长度修正系数 β_1　　　　　　　　　　表 3-2

散热器形式	各种铸铁及钢制柱型				钢制板型及扁管型		
每组片数或长度	<6 片	6~10	11~20	>20 片	≤600	800	1000
β_1	0.95	1.00	1.05	1.10	0.95	0.92	1.00

散热器支管连接形式修正系数 β_2　　　　　　　　　　表 3-3

连接方式	⇄▭	▭→	▯	▯	▯
各类柱型	1.0	1.009	—	—	—
铜铝复合柱翼型	1.0	0.96	1.01	1.14	1.08
连接方式	→▭→	▯	▭	⇄▭	—
各类柱型	1.251	—	1.39	1.39	—
铜铝复合柱翼型	1.10	1.38	1.39	—	—

散热器安装形式修正系数 β_3　　　　　　　　　　　表 3-4

安装形式	β_3
装在墙体的凹槽内（半暗装）散热器上部距墙为 100mm	1.06
明装但散热器上部有窗台板覆盖，散热器距离台板高度为 150mm	1.02
装在罩内，上部敞开，下部距地 150mm	0.95
装在罩内，上部、下部开口，开口高度均为 150mm	1.04

进入散热器流量修正系数 β_4　　　　　　　　　　　表 3-5

散热器类型	流量增加倍数						
	1	2	3	4	5	6	7
柱型、柱翼型、多翼型、长翼型	1.0	0.9	0.86	0.85	0.83	0.83	0.82
扁管型散热器	1.0	0.94	0.93	0.92	0.91	0.90	0.90

（2）辐射供暖末端设备

辐射供暖的末端设备有低温热水地面供暖中使用的埋地塑料管及铝塑复合管，有电供暖中使用的发热电缆和电热膜，有中温热水辐射供暖中使用的辐射板，还有高温辐射供暖中使用的辐射器和辐射管等。

1）低温热水地面辐射供暖末端设备

低温热水地面辐射供暖末端设备多为塑料管或铝塑复合管，其安装方式有埋管式（又称湿式）和组合式（又称干式）两种。

如图 3-37 所示，埋管式安装就是指用混凝土把地暖管道包埋起来，然后在混凝土层之上再铺设地面、瓷砖等地面材料。混凝土层不仅起到保护、固定水暖管道的作用，而且是传递热量的主要渠道。埋管式安装施工难度大、施工工期长、安装后维护困难。

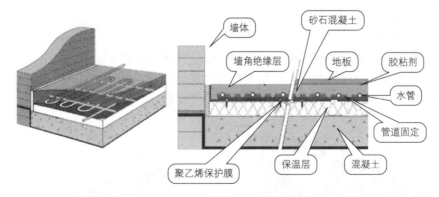

图 3-37　低温热水地面辐射供暖埋管式地面构造示意图

如图 3-38 所示，组合式安装采用特制的干式地暖模块或塑料模板，将管道卡在模板的管槽中，地板则直接铺设在干式模块或模板表面。热量通过模块铝板导热层或模板抹灰层均衡传给地板。

免地楞型模板　　　　　　　　　地楞型模板

图 3-38　低温热水地面辐射供暖组合式安装示意图和模板图

2）热水吊顶辐射板

如图 3-39 所示，热水吊顶辐射板为金属辐射板的一种，可用于层高 3～30m 的建筑物的全面供暖和局部区域或局部工作地点供暖，可在维修大厅、生产加工中心、建材市场、购物中心、展览会场、多功能体育馆和娱乐大厅等许多场合使用，具有节能、舒适、卫生、运行费用低等特点。

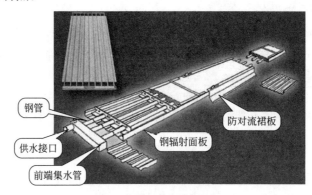

钢管

供水接口

前端集水管

防对流裙板

钢辐射面板

图 3-39　热水吊顶辐射板

热水吊顶辐射板的供水温度宜采用 40～140℃ 的热水，其水质应满足产品要求。在非供暖季节供暖系统应充水保养。

3）燃气红外线辐射器

燃气红外线辐射器利用燃气燃烧时产生的热量直接加热设备，能释放出像太阳光一样的红外线。可以用于全面供暖，也可用于局部供暖。

常用的燃气红外线辐射器有燃气辐射板和燃气辐射管，如图 3-40、图 3-41 所示。

图 3-40　燃气辐射板　　　　　　　　　图 3-41　燃气辐射管

燃气辐射板由外壳、燃烧器组件、陶瓷板和金属格栅组成。向外辐射热量的多孔陶瓷板利用燃气能加热到 1000℃。辐射板气源可以是天然气，也可以是液化石油气。

燃气辐射管由燃烧器、辐射管、反射板、排烟风机、排烟接头等组成。

4）电热膜和发热电缆

电热膜是通电后的发热体，是由电绝缘材料柔性薄片与封装的加热电阻组成的复合体。如图 3-42 所示，该电热膜表材是特制的聚酯薄膜，膜片中间是可导电油墨，通电后可发热。电热膜的两边为金属载流条，是用来连接油墨电阻的，作用相当于导线。

电热膜辐射供暖系统一般由电源、温控器、连接件、电热膜、绝缘罩及饰面层等组成。电热膜可以安装在顶棚、墙面和地面。图 3-43 是电热膜安装在地板上的示意图。

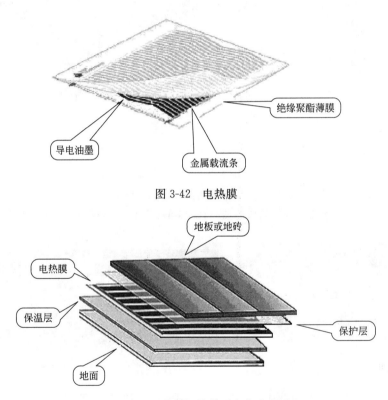

绝缘聚酯薄膜

导电油墨

金属载流条

图 3-42　电热膜

地板或地砖

电热膜

保温层

保护层

地面

图 3-43　电热膜地热供暖安装示意图

发热电缆是发热电缆供暖系统的主要元件，如图 3-44 所示，发热电缆通常由合金电阻丝、绝缘层、接地线、屏蔽层和外护套等组成。

发热电缆供暖系统由发热电缆、温控器、传感器等构成，发热电缆供暖常采用地板式安装。图 3-45 是埋地发热电缆供暖安装示意图。

（3）空气幕与暖风机

1）空气幕

空气幕亦称风帘机、风幕机，用于需要防尘、隔热、保温的商场、厂房、宾馆、饭店等门口。

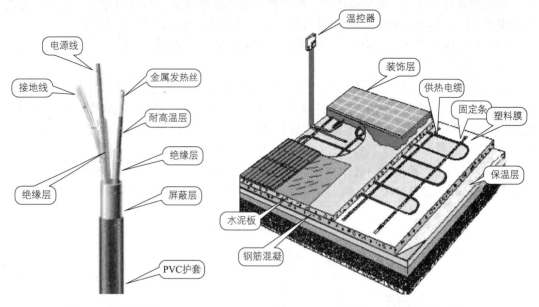

图 3-44　发热电缆　　　　　　图 3-45　埋地发热电缆供暖安装示意图

① 分类

按送风形式，空气幕可分为上送式、侧送式和下送式三种。

按送出气流的处理状态，空气幕可分为空气幕和热空气幕。

按安装方式，空气幕可分为水平安装和垂直安装两种。

按配用风机形式，空气幕可分为离心式（图 3-46）、贯流式（图 3-47）、和轴流式（图 3-48）。

图 3-46　离心式空气幕　　　　　　图 3-47　贯流式空气幕

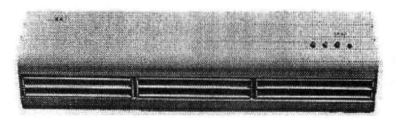

图 3-48　轴流式空气幕

按热源种类，空气幕的热源有热水、蒸汽和电。

a. 上送式空气幕

如图 3-49 所示，通常上送式空气幕安装在需要隔绝气流交换的门洞或其他场合的上部,向下送风。上送式空气幕安装简便,送风气流的卫生条件较好,适用于一般的公共建筑。上送式空气幕阻挡室外冷风的效果不如下送式空气幕。

b. 侧送式空气幕

如图 3-50 所示,侧送式空气幕安装在需要隔绝气流交换的门洞或其他场合的单侧或双侧,水平送风。工业建筑,当外门宽度小于 3m 时,宜采用单侧送风,当外门宽度为 3~18m 时,宜采用单侧或双侧送风,或由上向下送风。为了不阻挡气流,装有侧送式空气幕的大门严禁向内开启。

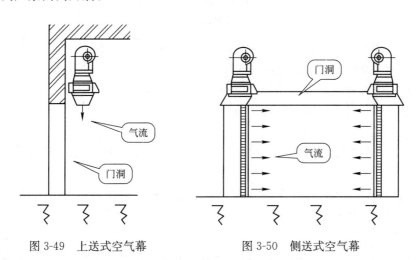

图 3-49 上送式空气幕   图 3-50 侧送式空气幕

c. 下送式空气幕

空气幕安装在地面之下。由于下送式空气幕的射流最强区在门洞下部,因此抵挡冬季冷风从门洞下部侵入时的挡风效果最好,而且不受大门开启方向的影响。但是下送式空气幕的送风口在地面下,容易被脏物堵塞,故很少使用。

② 空气幕型式代号

空气幕型式代号   表 3-6

项　　目		代号
空气幕名称	非加热型空气幕	FM
	热空气幕	RM
安装形式	水平安装	—
	垂直安装	C
热源种类	热水	S
	蒸汽	—
	电	D
风机型式	贯流式	—
	离心式	L
	轴流式	Z

空气幕的型号由大写汉语拼音字母和阿拉伯数字组成，具体型式代号见表 3-6 所示。

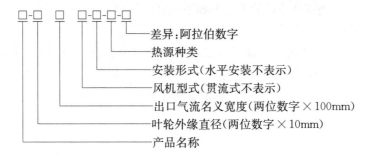

型号示例：FM-1509-C 即叶轮名义直径为 150mm，出口气流名义宽度为 900mm，用贯流式风机装配，垂直安装的非加热空气幕。

RM-1512 L-S 即叶轮名义直径为 150mm，出口气流名义宽度为 1200mm，用离心式风机装配，水平安装，以热水为热源的空气幕。

2）暖风机

暖风机是热风供暖系统的末端设备，通常由风机、电动机及空气加热器组合而成。

根据风机型式，暖风机可分为轴流式和离心式两种，常称为小型暖风机和大型暖风机。暖风机所采用的热源可以是热水、蒸汽，也可以是蒸汽和热水两用的。

① NZ 型暖风机

NZ 型暖风机采用轴流风机，以蒸汽、热水为热媒，广泛应用于工矿企业的生产车间和大型公共建筑，如图 3-51 所示。

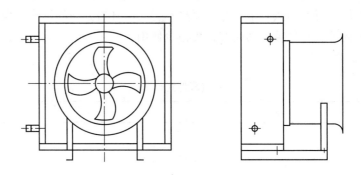

图 3-51　NZ 型暖风机

② Q 型暖风机

Q 型暖风机适用于工厂、大型建筑物等以蒸汽为热媒的热风供暖系统。如图 3-52 所示。

③ NC 型暖风机

NC 型暖风机以热水或蒸汽为热媒，其散热器采用钢管绕钢带或铜管串铝散热片形式，适用于工矿企业、生产车间等。如图 3-53 所示

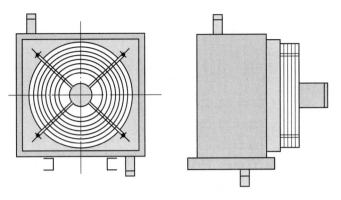

图 3-52　Q 型暖风机　　　　　　图 3-53　NC 型暖风机

3.3　高层建筑供暖系统

我国《建筑设计防火规范》GB 50016—2014（2018 年版）规定，十层及十层以上的居住建筑（包括首层设置商业服务网点的住宅）和建筑高度超过 24m 的公共建筑为高层建筑。建筑高度是从建筑物室外地面到其檐口或屋面面层的高度。

高层建筑供暖系统常用的形式有：

（1）高承压系统

高承压系统一般要在整个系统内采用高承压的散热器、管材、阀门及其他附件。系统一般用于建筑高度不大于 50m 的情况，可采用垂直单管形式。系统运行平稳，但造价和运行费用都较高。

（2）换热器隔绝分层供暖系统

如图 3-54 所示。由于高层建筑层数多，易引起垂直失调，所以在室内供暖系统形式上，可以在垂直方向分两个或两个以上的独立系统，即分区。低区通常与室外管网直接连接，它的高度主要取决于室外管网的压力和该区独立供暖系统所使用散热器和管材的承压能力。高区系统与外网通过换热器隔绝连接，所以高区系统的水压不直接受到外网水压的影响。该种方式运行安全平稳，但造价和运行费用都较高，热源为蒸汽和高温水时多采用。

（3）双水箱隔绝分层供暖系统

如图 3-55 所示，当外网供水温度较低，使用换热器所需加热面积过大而不经济时，可以采用双水箱的分区供暖系统形式。这种形式把高区的供暖系统连接在高位进水箱和低位回水箱之间，运行时先将热水用水泵送到高位水箱，依靠水的重力，热水在高区系统中自上而下地流动放热后进入低位水箱。这种方式运行平稳，但不易调节工况，且由于水箱是开式的，易腐蚀。

（4）用静压隔断器的供暖系统

如图 3-56 所示，该系统采用静压隔断器等流体装置将高低区的水流隔断。该系统结构简单，造价低，运行安全，但调试较复杂，有时易产生噪声。此外，由于系统是开式，易腐蚀。

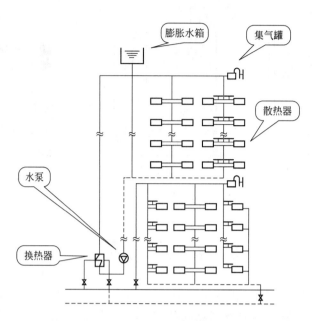

图 3-54 换热器隔绝分层供暖系统示意图

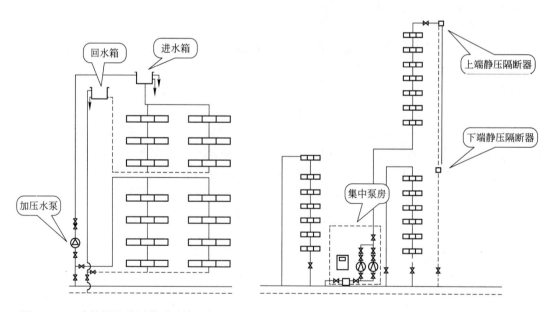

图 3-55 双水箱隔绝分层供暖系统示意图   图 3-56 用静压隔断器的供暖系统示意图

（5）双线式供暖系统

双线式供暖系统可分为垂直双线式和水平双线式两种形式。

垂直双线式热水供暖系统（图 3-57）的立管是Ⅱ形的单管，热水沿着立管从一端进入到最高处，然后再从立管的另一端流出来，因此可以近似地认为各层散热器内热媒的平均温度是相同的，从而有效地避免了垂直失调。

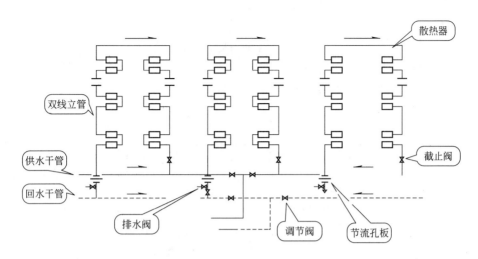

图 3-57　垂直双线式供暖系统

水平双线式热水供暖系统（图 3-58），水平方向的各组散热器内热媒的平均温度近似相同，可以避免水平失调问题，但容易出现垂直失调，可在每层供水管线上设置调节阀进行分层流量调节，或在每层的水平分支管上设置节流孔板。

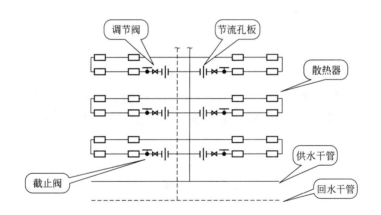

图 3-58　水平双线式供暖系统

（6）单、双管混合式供暖系统

如图 3-59 所示，在高层建筑热水供暖系统中，将散热器沿垂直方向分成若干组，每组有 2～3 层，每组内散热器采用双管形式连接，而组与组之间采用单管形式连接，即单、双管混合式。这种系统既能缓解双管系统在楼层数过多时产生的垂直失调，又能避免单管顺流式系统散热器支管管径过大，而且能对散热器进行局部调节。

（7）高低区采用不同的热源形式

该系统沿垂直方向把整个建筑物分区，高区内采用高承压的散热器、管材、管件等，低区用常规的散热器、管材、管件等，高低区采用不同的热源，实际上是两个独立的供暖系统。

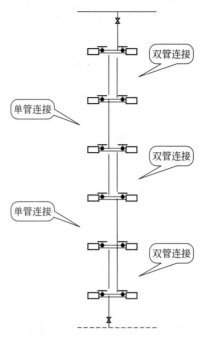

图 3-59　单、双管混合式供暖系统

本　章　小　结

　　本章重点阐述了供暖系统的组成、分类及供暖系统的基本形式，详细介绍了设计热负荷的计算和散热器、辐射板、暖风机等末端设备，简单介绍了高层建筑供暖系统常采用的形式。

习　　题

　　3-1　供暖系统由哪几部分组成？根据热媒的不同，供暖系统都有哪些分类？

　　3-2　机械循环热水供暖系统有哪些常用的形式？

　　3-3　供暖系统常用的有哪些材质、结构形式的散热器？

　　3-4　高层建筑可以采用哪些供暖系统形式？

第4章 建筑通风系统

【知识结构】

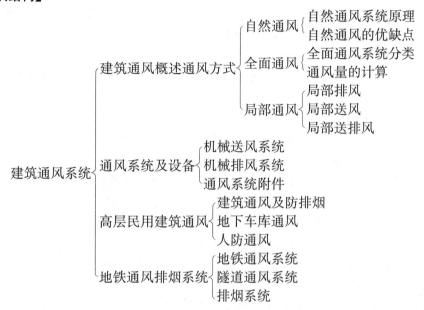

4.1 建筑通风概述

通风是一种利用自然或机械的方法将室内被污染的空气经过处理排至室外，同时将新鲜的空气补充入室内以达到空气卫生标准和生产工艺需要的技术措施。通风的主要任务即为排风和送风。为实现排风和送风所使用的设备和装置，统称为通风系统。通风不仅是改善室内空气环境的一种手段，也是保障产品质量、促进生产发展和防止大气污染的重要措施之一。

不同类型的建筑，因为空气污染的来源不同，对于室内空气质量的要求也不同，所以通风装置在不同场合的具体任务和形式也不尽相同。对于普通的民用建筑及公共建筑、发热量小、污染轻的工业厂房，通常只要求室内空气新鲜清洁，并在一定程度上改善室内空气温、湿度及流速等。因此，只需采用一些简单的措施，比如通过开门窗换气，利用穿堂风和风扇改变空气流速等。对于一些需要精密测量仪器的加工车间、计算机使用场所等，要求室内的空气温度和湿度要终年基本恒定，其变化不能超过规定的范围，而采用一般通风办法不能达到这些要求，所以需要设置通风系统。生产车间的温度、湿度和清洁度不仅取决于车间内，而且随着室外空气的温度、湿度和清洁度在变化。对于许多工业生产车间在生产过程中散发出的大量热、蒸汽、各种有害气体及工业粉尘，如果不采取防护和处理措施，不仅会破坏车间的空气环境、危害工人的身体健康、影响生产的正常进行，甚至可能会毁坏设备和建筑结构。此时，通风系统的主要任务就是采取有效措施消除污染物对室内外环境的影响。

4.2 通 风 方 式

通风的方式根据空气流动的作用动力不同，可分为自然通风和机械通风，而机械通风按照作用范围可分为全面通风和局部通风。

4.2.1 自然通风

自然通风是借助于室内外空气的温度差所引起的"热压"或室外风力所形成的"风压"促使空气流动，从而改变室内空气环境。

（1）自然通风的形式

自然通风可分为风压作用下的自然通风、热压作用下的自然通风和热压与风压共同作用下的自然通风。

1）风压作用下的自然通风

当风吹过建筑物时，在建筑的迎风面一侧压力升高，相对于原来大气压力而言，产生了正压；在背风侧产生涡流，因为两侧空气流速增加，背风侧压力下降，相对原来的大气压力而言，产生了负压。在此压力作用下，室外气流通过建筑物上的门、窗等孔口，由迎风面进入，室内空气则由背风面或侧面孔口排出室外。这就是在风压作用下的自然通风。通风强度与正压侧和负压侧的开口面积及风力大小有关。图4-1为风压作用下的自然通风。建筑物在迎风的正压侧有窗，当室外空气进入建筑物后，建筑物内的压力水平就升高，而在背风侧室内压力大于室外，空气由室内流向室外，这就是通常所说的"穿堂风"。

2）热压作用下的自然通风

热压是由于室内外空气温度不同而形成的重力压差。图4-2为热压作用下的自然通风。当室内空气温度高于室外空气温度时，室内热空气因其密度小而上升，造成建筑内上部空气压力比建筑外大，空气从建筑物上部的孔洞（如天窗等）处逸出；同时在建筑下部压力变小，室外较冷而密度较大的空气不断地从建筑物下部的门、窗补充进来。这种以室内外温度差引起的压力差为动力的自然通风称为热压作用下的自然通风。热压作用产生的通风效应又称为"烟囱效应"。其强度与建筑高度和室内外温差有关。一般情况下，建筑物越高，室内外温差越大，"烟囱效应"越强烈。

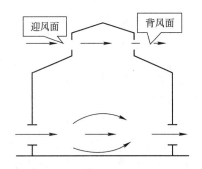

图4-1　风压作用下的自然通风

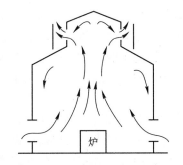

图4-2　热压作用下的自然通风

3）热压与风压共同作用下的自然通风

其效果可认为是风压和热压作用的叠加。当热压和风压共同作用时，在下层迎风侧进风量增加，下层的背风侧进风量减少，甚至可能出现排风；上层的迎风侧排风量减少，甚至可能出现进风。上层的背风侧排风量增加，在中和面附近迎风面进风、背风面排风。实测分析表明：对于高层建筑，在冬季（室外温度低）时，即使风速很大，上层的迎风面房间仍然是排风的，热压起了主导作用，高度低的建筑，风速受邻近建筑影响很大，因此也影响了风压对建筑的作用。

（2）自然通风的作用和特点

自然通风不需要专门设置动力设备，使用简单，节约能源，噪声污染小。利用自然通风进行换气对于产生大量余热的生产车间来说是一种经济而有效的通风降温方法。在考虑通风的时候，应优先采用这种方法。但是，自然通风也有其缺点：

1）从室外进入的空气一般不能预先进行处理，因此对空气的温度、湿度、清洁度要求高的车间来说就不能满足要求。

2）从建筑物排出来的脏空气也不能进行净化处理。对于粉尘污染严重的工厂来说，排出来的空气可能会污染周围的环境。

3）自然通风的效果极易受自然条件的影响，风力不大、温差较小时，通风量就少，因而效果就较差。比如风力和风向一变，空气流动的情况就变了，而且一年四季气温也总是不断变化的，依靠的热压力也很不稳定，冬季温差较大，夏季温差较小，这些都使自然通风的使用受到一定的限制。

另外，对于一般建筑来说，自然通风效果好坏还与门窗的大小、形式、位置有关。在有些情况下，自然通风与机械通风混合使用，可以达到较好的效果。

4.2.2　全面通风

全面通风是指用室外的清洁空气稀释室内空气中的有害物，不断把污染空气排至室外，使室内空气中有害物的浓度不超过卫生标准规定的最高允许浓度。因此，全面通风又叫作稀释通风。

全面通风适用的范围有：

1）有害物产生的位置不固定的地方；

2）面积较大或局部通风装置影响操作的地方；

3）有害物扩散不受限制的房间或一定的区段内。

机械通风是依靠通风机所造成的压力，来迫使空气流通进行室内外空气交换。与自然通风相比，由于通风机产生的压力能克服较大的阻力，因此往往可以和一些阻力较大、能对空气进行加热、冷却、加湿、干燥、净化等处理过程的设备连接起来，组成一个机械通风系统，把经过处理达到一定质量和数量的空气送到指定地点。

（1）全面通风系统的分类

全面通风可以是自然通风或机械通风。全面机械通风又分为全面机械排风、全面机械送风和全面机械送排风。

1）全面机械排风

为了使室内产生的有害物尽可能不扩散到其他区域或邻室去，可以在有害物比较集中产生的区域或房间采用全面机械排风。图 4-3（a）所示是在墙上装有轴流风机的全面排风示意图，是一种利用轴流式风机的全面排风方式。该方式利用墙上的轴流式风机把室内的空气强制排至室外，此时，室内处于负压状态，即室内压力低于室外空气压力，在室内外压力差的作用下室外新鲜空气经过窗口进入室内稀释有害物。图 4-3（b）所示是室内设有排风口，有害物含量大的室内空气从专设的排气装置排入大气的全面机械排风系统。

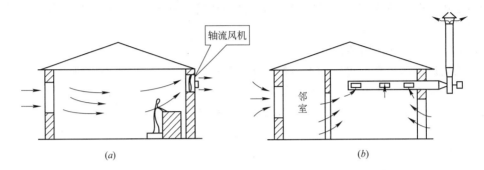

图 4-3 全面机械排风

2）全面机械送风

当不希望邻室或室外空气渗入室内，而又希望送入的空气是经过简单过滤、加热处理的情况下，常采用如图 4-4 所示的全面机械送风系统。该系统利用离心式风机把室外新鲜空气或经过处理的空气通过送风管和送风口直接送到指定地点，对整个房间进行换气，稀释室内有害物。由于室外空气的不断进入，室内空气压力升高，使室内压力高于室外空气压力，在这个压力作用下，室内污浊空气经门、窗排至室外。这种方式适用于室内空气清洁度要求较高的房间，例如手术室等。

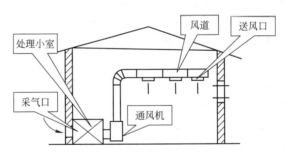

图 4-4 全面机械送风

3）全面机械送风、排风

对于某些特殊的场所可以采用全面送风、排风相结合的方式进行通风。例如门窗紧闭、自行送风或排风比较困难的场所，可以通过调整送风量和排风量的大小来维持室内空气的正压或负压。如图 4-5 所示。

（2）全面通风量的确定

所谓全面通风量是指为了改变建筑物内的湿度、温度以及把空气中的有害物稀释到不超过空气卫生标准的最高允许浓度时所必需的换气量。对于不同要求通风的通风量可按下式进行计算。

1）消除余湿所需通风量

$$L = \frac{W}{\rho(d_p - d_s)} \qquad (4-1)$$

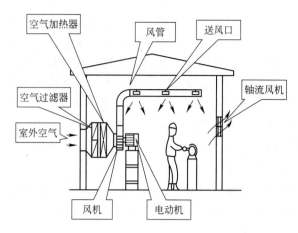

图 4-5　全面机械送风、排风

式中　L——消除余湿所需的通风量，m^3/s；

W——室内余湿量，g/s；

d_s——室内送风的含湿量，g/kg；

d_p——室内排风的含湿量，g/kg。

2）稀释有害物所需通风量

$$L = \frac{Kx}{y_p - y_s}$$ (4-2)

式中　L——消除有害物所需的通风量，m^3/s；

K——安全系数，通常在 3～10 范围内取值；

x——室内有害物的释放量，mg/s；

y_p——排风中有害物的浓度，mg/m^3，一般取卫生标准中规定的最高允许浓度；

y_s——排送风中有害物的浓度，mg/m^3。

3）消除余热所需通风量

$$L = \frac{Q}{c\rho(t_p - t_s)}$$ (4-3)

式中　L——消除余热所需的通风量，m^3/s；

Q——室内余热量，kJ/s；

c——空气的定压比热，通常取 $1.0kJ/(kg \cdot ℃)$；

t_p——排风温度，$℃$；

t_s——送风温度，$℃$；

ρ——空气密度，可按下式计算

$$\rho = \frac{1.293}{1 + \frac{1}{273t}} \approx \frac{353}{T}$$ (4-4)

式中　1.293——0℃时干空气密度，kg/m^3；

t——摄氏温度，$℃$；

T——热力学温度，K。

当室内同时散放余热、余湿和有害物时，先分别计算消除或稀释各种温湿度或有害物的通风量，然后取其中最大通风量作为该建筑物全面通风量。

按卫生标准规定，当室内空气中同时含有苯及其同系物或醇类、醋酸类有害物时，或同时含有三氧化硫及二氧化硫或氟化氢及其盐类等多种刺激性气体时，室内全面通风量应该是各种有害物分别稀释到最高允许浓度时所需空气量的总和。

对于粉尘来说，一般很少采用全面通风的方式来控制和消除。因为单纯增加通风量并不一定能够有效降低室内空气中的含尘浓度，有时反而会扬起沉降或附着在室内物体表面上的粉尘，增加空气中粉尘浓度。

当散入室内有害物数量无法具体计算时，全面通风量可按类似房间换气次数的经验数据进行计算。换气次数 n 是指通风量 L（m^3/h）与通风房间体积 V（m^3）的比值，即：

$$n = L/V \text{（次/h）} \tag{4-5}$$

因此，全面通风量 $L = n \cdot V$（m^3/h）。通常换气次数如表 4-1 所示。

常用房间换气次数

表 4-1

房间名称	换气次数（次/h）	房间名称	换气次数（次/h）
住宅宿舍的居室	1.0	厨房的储藏室（米、面）	0.5
住宅宿舍的盥洗室	0.5～1.0	托幼的厕所	5.0
住宅宿舍的浴室	1.0～3.0	托幼的浴室	1.5
住宅的厨房	3.0	托幼的盥洗室	2.0
食堂的厨房	1.0	学校礼堂	1.5

全面通风的效果不仅与全面通风量有关，还与通风房间的气流组织有关。全面通风的进、排风应使室内气流从有害物浓度较低地区流向较高的地区，特别是应使气流将有害物从人员停留区带走。在通风房间的气流组织中，送风口应靠近工作区，使室外新鲜空气以最短的距离到达工作地点，减少在途中被污染的可能。排风口则应当布置在有害物的产生地点或有害物浓度较高的地方，以便迅速地排除污染过的空气。当有害气体的密度小于空气的密度时，排风口应布置在房间的上部，送风口布置在房间的下部；反之，当有害气体的密度大于空气的密度时，在房间的上、下位置都要设置排风口。但是，如果有害气体的温度高于周围空气的温度，或车间内有上升的热气流时，则不论有害气体的密度大于还是小于空气的密度，排风口都应布置在房间的上部，送风口应布置在房间的下部。

4.2.3 局部通风

通风的范围限制在有害物形成比较集中的地方，或是工作人员经常活动的局部地区的自然或机械通风，称为局部通风。局部通风是利用局部气流使工作地点不受有害物的污染。这种方式的通风既可以有效地防止有害物对人体的危害，又可以减少通风量。局部通风可分为局部排风、局部送风及局部送排风。

（1）局部排风

在局部工作地点排除被污染气体的系统称局部排风系统。该系统是为了尽量减少工艺设备产生的有害物对室内空气环境的直接影响，用各种局部排气罩（柜），在有害物产生时就立即随空气一起吸入罩内，最后经排风帽排至室外。局部排风是一种污染扩散小、通风量小的有效通风方式，如图 4-6 所示。

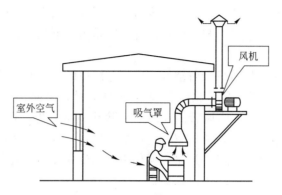

图 4-6　机械局部排风

（2）局部送风

为了保证工作区良好的空气环境而向局部工作地点送风的方式称为局部送风。这种直接向工作地或人体送风的方法又叫岗位吹风或空气淋浴。岗位吹风分集中式和分散式两种。图 4-7 是铸工车间浇注工段集中式岗位吹风示意图。风是从集中式送风系统的特殊送风口送出的，系统包括从室外取气的采气口、风道系统和通风机，送风需要进行处理时，还需有空气处理设备。分散的岗位吹风装置一般采用轴流风机，适用于空气处理要求不高，工作地点不是很固定的地方。

（3）局部送、排风

有时采用既有送风又有排风的局部通风装置，如图 4-8 所示，可以在局部地点形成一道"风幕"，利用这种风幕来防止有害气体进入室内。

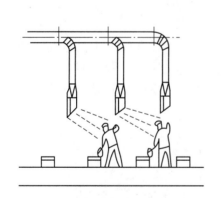

图 4-7　集中式岗位吹风示意图

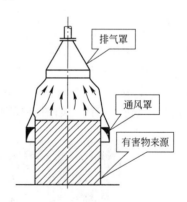

图 4-8　局部送、排风

4.3　通风系统及设备

4.3.1　机械送风系统的组成

机械送风系统的任务是将新鲜或经过适当处理的空气按一定的方向、速度送入室内或车间。室内送风口的布置原则是：在通风系统中室内送风口应布置在靠近工作地点，使新鲜空气以最短距离到达作业地带的位置，避免途中受到污染；应尽可能使气流分布均匀，减少涡流，避免有害物在局部空间积聚；送风处最好设置流量和流向调节装置，使之能按室内要求改变送风量和送风方向；尽量使送风口外形美观、少占空间，对清洁度要求高的房间送风应安装过滤净化装置。机械送风系统一般是由以下几部分组成：

（1）进风口

进风口的作用是采集室外的新鲜空气。室内进风口的形式有多种，构造最简单的形式是在风管上直接开设孔口送风。根据孔口开设的位置有侧向送风口和下部送风口，如图 4-9 所示。其中图 4-9（a）为风管侧送风口，除孔口本身外，送风口无任何调节装置，无法调节送风的流量和方向；图 4-9（b）为插板式风口，其中送风口处设置了插板，可以调节送风口截面积的大小来调节送风量，但仍不能改变和控制气流的方向。

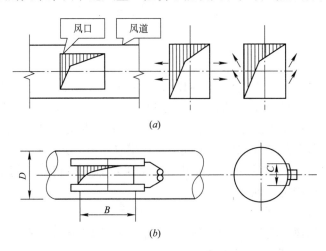

图 4-9　进风口示意图
（a）风管侧送风口；（b）插板式风口

进风口要求设在空气不受污染的外墙上。进风口上设有百叶风格或细孔的网格，以便挡住室外空气中的杂物进入送风系统。百叶风格式的进风口又称做百叶窗，百叶窗上可设置保温阀，其作用是：当机械送风系统停止工作时（特别是寒冷地区的冬季），可以防止大量室外冷空气进入室内，如图 4-10 所示。

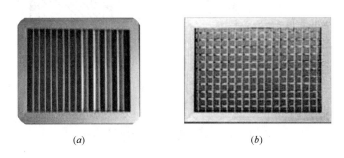

图 4-10　百叶式风口
（a）单层百叶风口；（b）双层百叶风口

（2）通风机

风机是输送气体的设备，通常分为通风机和鼓风机。

通风机是机械送风系统中的动力设备，产生的风压在 14700Pa 以下或压力比小于 1.1

的风机。通风机按照工作原理可分为离心式通风机、轴流式通风机和贯流式通风机。在工程中常用的风机是离心式风机。离心式风机的基本构造组成包括叶轮、机壳、吸入口、机轴等部分，其叶轮的叶片根据出口安装角度的不同，分为前向叶片叶轮、径向叶片叶轮、后向叶片叶轮。离心式风机的机壳呈蜗壳形，用钢板或玻璃钢制成，作用是汇集来自叶轮的气体，使之沿着旋转方向引至风机出口。风机的吸入口是吸风管段的首端部分，主要起着集气作用，又称作集流器。风机的机轴与电机相连。图 4-11 为离心式风机的六种传动方式，其中：（a）型为叶轮装在电机轴上；（b）型为叶轮悬臂，皮带轮在两轴承中间；（c）型为叶轮悬臂，皮带轮悬臂；（d）型为叶轮悬臂，轴承器直联传动；（e）型为叶轮在两轴承中间，皮带轮悬臂传动；（f）型为叶轮在两轴承中间，联轴器直联传动。图 4-12 为某型号方型风机。

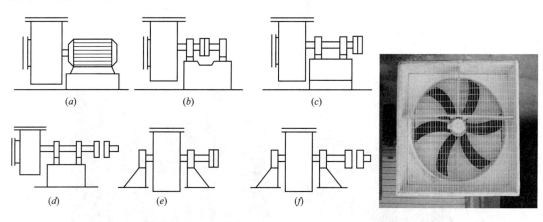

图 4-11　离心式风机六种传动方式　　　　图 4-12　方型风机

（3）送风管道

送风管道的作用是输送空气处理箱处理好的空气到各送风区域。送风管道的形状有矩形和圆形两种。通风的风管和部、配件有金属材料和非金属材料两种。金属薄板有普通酸洗薄钢板（俗称黑铁皮）、镀锌薄钢板（俗称白铁皮）、塑料复合钢板等黑色金属材料，当有特殊要求（如防腐、防火等要求）时，可用铝板、不锈钢板等材料；非金属材料有硬聚氯乙烯塑料板、玻璃钢（玻璃纤维增强塑料）。在建筑工程中采用混凝土、炉渣石膏板和木丝板等材料制作成风道和风口。

送风管道的连接是用相同材质的管件（弯头、三通、四通等）法兰螺栓连接，法兰间加橡胶密封垫圈。图 4-13 为矩形、圆形风管和管件，图 4-14 为某建筑实际送风管道。

（4）送风口

送风口是送风系统中风道的末端装置，它的作用是由送风道经过处理的空气通过送风口以适当的速度均匀地分配到各个指定的送风地点。送风口的种类较多，构造最简单的形式是在风管上直接开设孔口送风，但在一般的机械送风系统中多采用侧向式送风口，即将送风口直接开在送风管道的侧壁上，或使用条形风口及散流器。其中图 4-15（a）为风管侧送风口，除孔口本身外，送风口无任何调节装置，不能进行送风的流量和方向调节；图 4-15（b）为插板式风口，其中送风口处设置了插板，可以调节送风口截面积的大小，便于调节送风量，但仍不能改变和控制气流的方向。

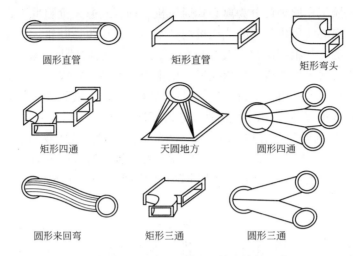

图 4-13　矩形、圆形风管和管件

图 4-14　某建筑实际送风管道

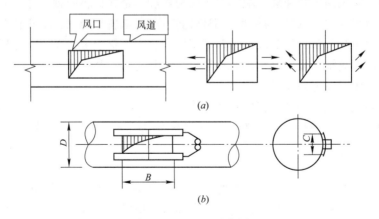

图 4-15　送风口示意图

　　室内送风口通常采用百叶式送风口，可以在风道、风道末端或墙上安装。如图 4-16 所示，对于布置在墙内或暗装的风道可采用这种送风口，将其安装在风道末端或墙壁上。百叶式送风口有单层、双层和活动式、固定式之分，一般由铝合金制成。其中双层百叶式送风口不仅可以调节控制气流速度，还可以调整气流的角度。

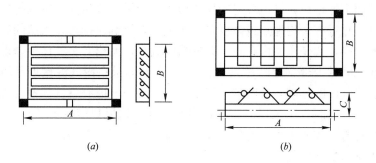

图 4-16　百叶式送风口

(a) 单层式百叶送风口；(b) 双层式百叶送风口

（5）风量调节阀

　　风量调节阀的作用是用于机械送风系统的开、关和进行风量调节。因为机械送风系统往往会有许多送风管道的分支，各送风分支管承担的风量不一定相等，所以在各分支管处需要设置风量调节阀，以便进行风量调节与平衡。在机械送风系统中，常用的风量调节阀有插板阀和蝶阀两种。插板阀一般用于通风机的出口和主干管上，作为开或关用；蝶阀主要设在分支管道上或室内送风口之前的支管上，用作调节各支管的送风量。图 4-17 为人字形风量调节阀（单位：mm）。图 4-18 为直插式调节阀。图 4-19 为单层回风口风量调节阀，又称蝶阀。

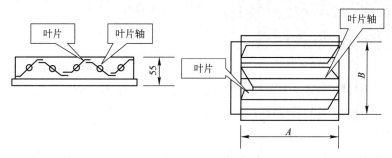

图 4-17　人字形风量调节阀

图 4-18　直插式调节阀

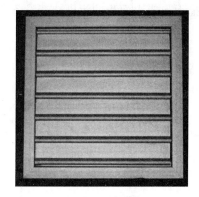

图 4-19　蝶阀

4.3.2　机械排风系统原理及组成

（1）工作原理

室外排风装置的任务是将室内被污染的空气直接排到大气中去。管道式自然排风系统通常是通过屋顶向室外排风，排风装置的构造形式与进风装置相同。室内排风口的布置原则是尽量使排风口靠近有害物地点或浓度高的区域，以便迅速排污；当房间有害气体温度高于周围环境气温时，或是车间内存在上升的热气流时，无论有害气体的密度如何，均应将排风口布置在房间的上部（此时送风口应在下部）；如果室内气温接近环境温度，散发的有害气体不受热气流的影响，这时的气流组织形式必须考虑有害气体密度大小。当有害气体密度小于空气密度时，排风口应布置在房间上部（送风口应在下部），形成下送上排的气流状态；当有害气体密度大于空气密度时，排风口应同时在房间的上、下部布置，采用中间送风上下排风的气流组织形式。

（2）系统组成

机械排风系统一般由排风罩、排风管道、风机、风帽等组成。

1）排风罩

排风罩的作用是将污浊或含尘的空气收集并吸入风道内。排风罩如果用在除尘系统中，则称作吸尘罩。排风罩的种类有：

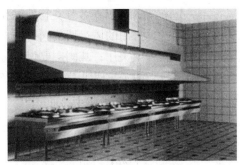

图 4-20　热源上的伞形罩

① 伞形罩

伞形罩一般设置在产生有害气体或含尘空气的设备及工作台的上方，这样可以直接将设备或工作台产生的有害气体或含尘空气由设备的上部吸走排出，避免有害气体或含尘空气在室内扩散，形成大范围内的空气污染。图 4-20 为热源上的伞形罩。

② 条缝罩

条缝罩（如图 4-21 所示）多用于电镀槽、酸洗槽上的有害蒸气的排除。因含有酸蒸气的空气不能直接排入大气，所以一般要设中和净化塔对含酸蒸气的空气进行净化处理，达标后才能排入室外的大气中。

③ 密闭罩

密闭罩主要用于产生大量粉尘的设备上。它是将产生粉尘的设备尽可能地进行全部密闭，以隔断在生产过程中造成的一次尘化气流与室内二次尘化气流的联系，防止粉尘随室内气流飞扬传播而形成大面积的污染。若设备密闭好，只需要较小的风量就能获得理想的防尘效果。图 4-22 为轮碾密闭罩。

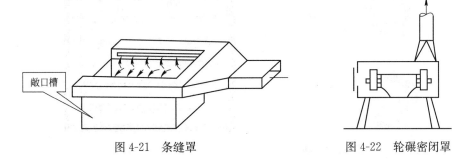

图 4-21　条缝罩　　　　　　　　图 4-22　轮碾密闭罩

④ 吹吸罩

由于受生产条件的限制，有时用单纯的吸气罩不能有效地将距离较远的有害物吸入罩内及时排出，这时采用吹吸罩能够达到较理想的效果。吹吸罩是利用射流能量密度高、速度衰减慢的特点，用吹出的气流把有害物吹向设在另一侧的吸风口，如图 4-23 所示。这种方式可以大大减小排风量，同时可以达到良好的控制污染的效果。

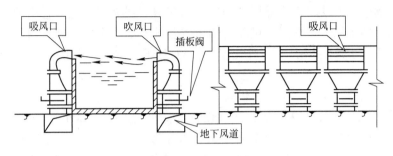

图 4-23 吹吸式排风罩

2) 排风管道

排风管道的作用是用来输送污浊或含尘空气。在一般的排风除尘系统中多用圆形风管，与矩形风管相比具有阻力条件好、强度高等特点。

3) 风机

风机是机械排风系统的动力设备，其结构性能如前所述。

4) 风帽

风帽是机械排风系统的末端设备，作用是直接将室内污浊空气或经处理达标后的空气排出室外大气中。机械排风系统常用的风帽是伞形风帽，如图 4-24 所示。

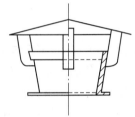

图 4-24 伞形风帽

4.3.3 机械通风系统附件

机械通风系统中常用的辅助性材料有垫料、紧固件及其他材料等。

（1）垫料

垫料主要用于风管之间、风管与设备之间的连接，用以保证接口的密封性。

垫料应为不招尘、不易老化，具有一定强度和弹性的材料。通常有橡胶板、石棉橡胶板、石棉绳、软聚氯乙烯板等。

1) 橡胶板

橡胶板弹性好，防水性能好，耐腐蚀，不易破裂；缺点是耐高温性能差。它是一种广泛应用的垫料。

2) 石棉橡胶板

石棉橡胶板是以石棉绒和橡胶为主料，经高温压制而成的密封用垫料，有较好的耐高温性能，也有着较好的耐腐蚀性能。

3) 闭孔海绵橡胶板

闭孔海绵橡胶板是由氯丁橡胶经发泡成型制成。构成闭孔泡沫的海绵体的弹性强、气密性好，不易永久变形。用于要求密封严格的部位，常用作洁净空调系统的密封垫料。

4) 耐酸橡胶板

耐酸橡胶板有较好的耐腐蚀性能，可在浓度为 20% 的硫酸中使用。

5) 石棉绳

石棉绳是由石棉纱、线编制而成的，按其形状或编制方法可分为石棉扭绳、石棉方绳和石棉松绳等类型。

6）软聚氯乙烯板

软聚氯乙烯板是由软聚氯乙烯树脂加稳定剂和增塑剂加工而成。它质地柔软、坚韧，可进行剪、切、钻等加工，常温下可随意加工成各种曲面，耐酸、碱、油等介质的侵蚀。一般用作工作压力 $P \leqslant 0.6\text{MPa}$，工作温度 $t \leqslant 45℃$ 的水、空气管路上的法兰垫料。

（2）紧固件

紧固件是指螺栓、螺母、铆钉、垫圈等。

1）螺栓、螺母通常用于法兰的连接和设备与支座的连接。螺栓的规格以公称直径乘以螺杆长度表示。如 M16×80 表示螺栓的公称直径为 16mm，螺杆长度为 80mm。

2）铆钉用于板材与板材、风管和部件之间的连接。常用的有半圆头铆钉、平头铆钉和抽芯铆钉等。

3）垫圈用于保护连接件表面免遭螺母擦伤，分为普通垫圈和弹簧垫圈。

4.4 高层民用建筑通风

4.4.1 建筑通风与防排烟

在现代高层建筑设计时除了要考虑通风还要特殊考虑防排烟问题。因为在高层建筑火灾事故中，死伤者大多数是由于烟气的窒息或中毒所造成。由于建筑物内部有大量的火源和可燃物、各种装修材料在燃烧时产生有毒气体，以及高层建筑中各种竖向管道产生的烟囱效应，使火灾产生的烟气更加容易迅速地扩散到各个楼层，不仅会造成人身伤亡和财产损失，而且由于烟气遮挡视线，还使人们在疏散时产生心理上的恐慌，给消防抢救工作带来很大困难。因此，在高层建筑的设计中，必须认真慎重地进行防火排烟设计，以便在火灾发生时顺利地进行人员疏散和消防灭火工作。

根据《建筑设计防火规范》GB 50016—2014（2018 年版）的规定，对于建筑高度超过 24m 的新建、扩建和改建的高层民用建筑（不包括单层主体建筑高度超过 24m 的体育馆、会堂、影剧院等公共建筑以及高层民用建筑中的人民防空地下室）及与其相连的裙房，都应进行防火设计。其中，需要设置防烟排烟设施的部位有：

1）一类高层建筑和建筑高度超过 32m 的二类高层建筑的下列部位：①长度超过 20m 的内廊；②面积超过 100m^2，且经常有人停留或可燃物较多的房间；③高层建筑的中厅和经常有人停留且可燃物较多的地下室。

2）防烟楼梯间及其前室，消防电梯前室或合用前室。

3）封闭避难层（间）。

高层建筑防排烟系统通常分为自然排烟、机械防烟和机械排烟系统。

（1）高层建筑的自然排烟

1）自然排烟原理

自然排烟是利用风压和热压做动力的排烟方式。自然排烟的优点有：①结构简单；②不需要电源和复杂的装置；③运行可靠性高；④平常可用于建筑物的通风换气。根据《建筑设计防火规范》GB 50016—2014（2018 年版）规定，除建筑高度超过 50m 的一类公共建筑和建筑高度超过 100m 的居住建筑外，靠外墙的防烟楼梯间及其前室、消防电梯间前室和合用前室宜采用自然排烟方式。

为了保证火灾发生时人员顺利疏散和消防扑救工作的开展，高层建筑的防烟楼梯间和消防电梯间应设置前室或合用前室，其目的是：①阻挡烟气直接进入防烟楼梯间或消防电梯间；②作为疏散人员的临时避难场所；③降低建筑物竖向通道产生的烟囱效应，以减小烟气在垂直方向的蔓延速度；④作为消防人员到达着火层开展扑救工作的起始点和安全区。

自然排烟方式的主要缺点是排烟效果受风压、热压等因素的影响，排烟效果不稳定，设计不当时会适得其反。因此，要使自然排烟设计能够达到预期的防灾减灾目的，需要了解影响自然排烟的主要因素以及在自然排烟设计中如何减小和利用这些影响因素。

2）高层建筑的自然排烟方式

高层建筑自然排烟的方式主要有两种：

① 外窗或排烟窗排烟

这是利用高温烟气产生的热压和浮力，以及室外风压造成的抽力，把火灾产生的高温烟气通过阳台、凹廊，或在楼梯间外墙上设置的外窗和排烟窗排至室外，这种自然排烟方式如图 4-25 所示。

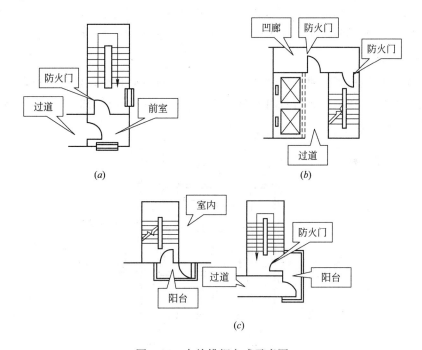

图 4-25　自然排烟方式示意图
(a) 靠外墙的防烟楼梯间；(b) 带凹廊的防烟楼梯间；(c) 带阳台的防烟楼梯间

采用自然排烟时，热压的作用较稳定，而风压受风向、风速和周围遮挡物的影响变化较大。若自然排烟口的位置处于建筑物的背风侧（负压区），烟气在热压和风压造成的抽力作用下，迅速排至室外。但自然排烟口若位于建筑物的迎风侧（正压区），自然排烟的效果会视风压的大小而降低。当自然排烟口处的风压大于或等于热压时，烟气将无法从排烟口排至室外。因此，采用自然排烟方式时应结合相邻建筑物对风的影响，将排烟口设在建筑物常年主导风向的负压区内。

采用自然排烟的高层建筑前室或合用前室，如果在两个或两个以上不同朝向上有可开启的外窗（或自然排烟口），火灾发生时，通过有选择地打开建筑物背风面的外窗（或自然排烟口），则可利用风压产生的抽力获得较好的自然排烟效果，图 4-26 中是前室自然排烟外窗的建筑平面示意图。

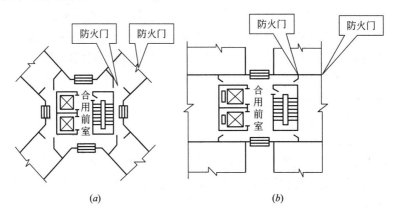

图 4-26　在多个朝向上有可开启外窗的前室示意图
（a）四周有可开启外窗的前室；（b）两个不同朝向有开启外窗的前室

② 排烟竖井排烟

排烟竖井排烟是在高层建筑防烟楼梯间前室、消防电梯前室或合用前室设置专用的排烟竖井和进风竖井，利用火灾时室内外温差产生的热压和室外风力的抽力进行排烟，其排烟原理如图 4-27 所示。

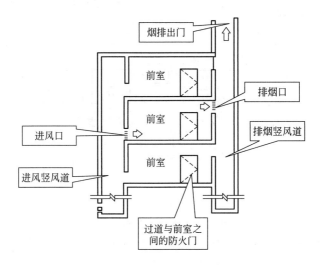

图 4-27　排烟竖井排烟示意图

竖井排烟方式在着火层与排烟口的高度差较大时有较好的排烟效果，其主要缺点是所需要的排烟竖井的截面较大。采用竖井排烟时，前室排烟竖井的截面积应不小于 $6m^2$（合用前室不小于 $9m^2$），排烟口的开口面积不小于 $4m^2$（合用前室不小于 $6m^2$）；前室进风竖井的截面积应不小于 $2m^2$（合用前室不小于 $3m^2$），进风口面积不小于 $1m^2$（合用前室不小于 $1.5m^2$）。这种排烟方式由于需要两个截面很大的竖井，不但占用了较多的建筑面积，还给建筑设计布置造成较大的困难，因而在实际工程中很少采用。

（2）机械防烟

机械防烟是利用风机造成的气流和压力差来控制烟气流动方向的一种防烟技术。它是在火灾发生时用气流造成的压力差阻止烟气进入建筑物的安全疏散通道内，从而保证人员疏散和消防扑救的需要。机械加压防烟技术具有系统简单、可靠性高、建筑设备投资比机械排烟系统少等优点，近年来在高层建筑的防排烟设计中得到了广泛的应用。根据《建筑设计防火规范》GB 50016—2014（2018 年版）规定，高层建筑的下列部位应设置独立的机械加压防烟设施：

① 不具备自然排烟条件的防烟楼梯间、消防电梯前室或合用前室；

② 采用自然排烟措施的防烟楼梯间，其不具备自然排烟条件的前室；

③ 封闭避难层（间）。

1）烟气控制原理

烟气控制是利用风机造成的气流和压力差结合建筑物的墙、楼板、门等挡烟物体来控制烟气的流动方向，其原理如图 4-28 所示。图 4-28（a）中的高压侧是避难区或疏散通道，低压侧则暴露在火灾生成的烟气中，两侧的压力差可阻止烟气从门周围的缝隙渗入高压侧。当门等阻挡烟气扩散的物体开启时，气流就会通过打开的门洞流动。如果气流速度较小，烟气将克服气流的阻挡进入避难区或疏散通道，如图 4-28（b）所示；如果气流速度足够大的话，就可防止烟气的倒流，如图 4-28（c）所示。

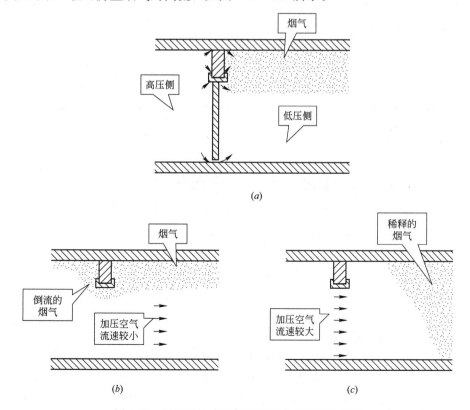

图 4-28　用风机造成的气流和压力差隔烟示意图

（a）隔烟幕墙上的门关闭；（b）隔烟幕墙上的门开启，空气流速较小；（c）隔烟幕墙上的门开启，空气流速较大

由于烟气控制是利用风机造成的气流速度和压力差来防烟，它具有以下优点：

① 不依靠挡烟物体的严密性，对通过挡烟物体的合理渗透，可在设计中留有余地。

② 可较好地克服热压、风压和浮力的影响。如果没有烟气控制措施，这些作用力就会使烟气通过渗漏途径流动到建筑中的任何地方。

③ 可利用气流来阻挡开敞门洞处的烟气流。因为在人员疏散和火灾扑救期间，挡烟幕墙上的门是打开的，如果没有烟气控制措施，烟气就会通过这些开启的门洞扩散到建筑中的其他地方。

根据烟气控制原理，建筑物的烟气控制方式有机械排烟自然进风、机械排烟机械送风、机械加压送风等方式，这里介绍机械加压送风的防烟方式。

2）机械加压送风系统

在各种烟气控制方法中，应用最广泛的是机械加压送风方式。它通常用于与外墙不相邻的防烟楼梯间及其前室、消防电梯间及其前室或合用前室的防烟。机械加压送风的主要优点是：①防烟楼梯间、消防电梯间、前室或合用前室处于正压状态，可避免烟气的侵入，为人员疏散和消防人员扑救提供了安全区；②如果在走廊等处设置机械排烟口，可产生有利的气流流动形式，阻止火势和烟气向疏散通道扩散；③防烟方式较简单、操作方便、可靠性高。高层建筑中常用的一些机械加压送风方式如图 4-29 所示。

图 4-29 中（a）是仅对防烟楼梯间加压送风，前室不加压送风的情况；（b）是仅对消防电梯前室加压送风的情况；（c）是对防烟楼梯间及其前室分别加压送风的情况；（d）是对防烟楼梯间及有消防电梯的合用前室分别加压送风；（e）是当防烟楼梯间具有自然排烟条件时仅对前室或合用前室加压送风的情况。

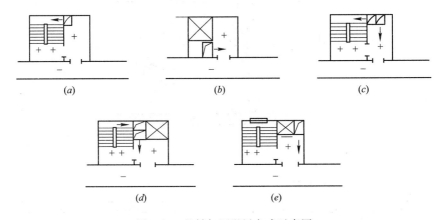

图 4-29 机械加压送风方式示意图

（3）高层建筑的机械排烟

1）机械排烟系统特点

机械排烟就是使用排烟风机进行强制排烟，以确保疏散时间和疏散通道安全的一种排烟方式。机械排烟可分为局部排烟和集中排烟两种方式。局部排烟是在每个房间内设置排烟风机进行排烟，适用于不能设置竖风道的空间或旧建筑。集中排烟是将建筑物分为若干个区域，在每个分区内设置排烟风机，通过排烟风道排出各房间内的烟气。通常，对于重要的疏散通道必须排烟，以便在火灾发生时保证对疏散时间和疏散通道安全的要求。根据《建筑设计防火规范》GB 50016—2014（2018年版）的规定，一类高层建筑和建筑高度超过32m的二类高层建筑的下列部位应设置机械排烟设施：

① 无直接自然通风且长度超过20m的内过道；或虽然有直接自然通风，但长度超过60m的内过道。

② 面积超过100m²，且经常有人停留或可燃物较多的地上无窗房间或设固定窗的房间。

③ 不具备自然排烟条件或净空超过12m的中庭。

④ 除了利用窗井等开窗进行自然排烟的房间外，各房间总面积超过200m²或一个房间面积超过50m²，且经常有人停留或可燃物较多的地下室。

机械排烟的主要优点是：①不受排烟风道内温度的影响，性能稳定；②受风压的影响小；③排烟风道断面小、可节省建筑空间。

主要缺点是：①设备要耐高温；②需要有备用电源；③管理和维修复杂。

2）机械排烟系统

进行机械排烟设计时，需根据建筑面积的大小，水平或竖向分为若干个区域或系统。过道的机械排烟系统宜竖向布置；房间的机械排烟系统宜按防烟分区设置。面积较大、过道较长的排烟系统，可在每个防烟分区设置几个排烟系统，并将竖向风道布置在几处，以便缩短水平风道，提高排烟效果，如图4-30所示。对于房间排烟系统，当需要排烟的房间较多且竖式布置有困难时，可采用如图4-31所示的水平式布置。在高层或超高层建筑中，若把竖向排烟风道作为一个系统，为了避免风机因为烟囱效应产生的超负荷危险，这时需要沿竖向分为几个排烟系统。排烟风机应设在各个排烟系统最高排烟口的上部，并位于防火分区的机房里。排烟风机外壳距墙壁和其他设备要有600mm以上的维修距离。

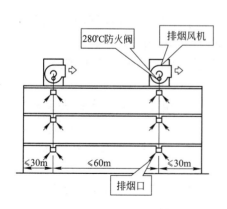

图4-30 竖式布置的走廊排烟系统

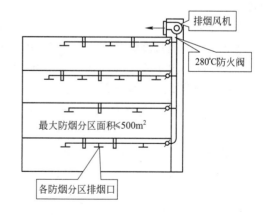

图4-31 水平布置的房间排烟系统

3）中庭的机械排烟

中庭是指与两层或两层以上的楼层相通且顶部是封闭的简体空间。火灾发生时，通过在中庭上部设置的排烟风机，把中庭作为失火楼层的一个大的排烟通道排烟，并使失火楼层保持负压，可以有效地控制烟气和火灾，如图4-32所示。中庭的机械排烟口应设

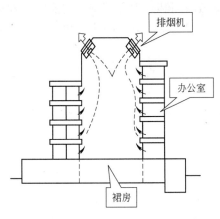

图 4-32　中庭的机械排烟示意图

在中庭的顶棚上，或靠近中庭顶棚的集烟区。排烟口的最低标高应位于中庭最高部分门洞的上边。当中庭依靠下部的自然进风进行补风有困难时，可采用机械补风，补风量按不小于排风量的50％确定。

4.4.2　地下车库的通风和防火排烟

随着人们生活水平的提高，汽车的使用已经越来越普遍。汽车的增多，地面面积的紧缺，要求现代高层民用建筑必须建设地下车库供本住宅小区居民停放汽车。地下车库对室内的温、湿度没有严格要求，通常能够使夏季不高于30℃，冬季不低于5℃既可。但因汽车在地下车库内行驶或启动时，会排出大量的一氧化碳、一氧化氮等有害气体，这些有害气体的浓度都大大地超过了国家《工业企业设计卫生标准》GBZ 1—2010 中最高允许浓度的规定，如不及时排出，会对人体健康产生危害。因此，从保证人体健康的角度出发，地下车库必须设置机械通风系统。另外，地下车库一旦发生火灾，往往会造成严重的经济损失和人员伤亡事故，而火灾中产生的大量烟气对人员的危害有时会超过火灾本身。因而高层建筑地下车库的防火排烟设计是通风设计中必不可少的组成部分。

（1）通风排烟系统的设计原则

地下车库既有通风系统，又有排烟系统，如果两者分开设置，会使地下车库通风和排烟系统的管路难以布置。此外，由于排烟系统只是在火灾发生时使用，常年不用，不仅易出故障，而且造成浪费。因此，在可能的情况下应当尽量把两者结合起来使用。平时运行机械排风功能，火灾发生时启动机械排烟设备，把排烟功能叠加上去，实现排烟功能。

为了防止火灾发生时，地下车库内的烟气通过通风空调系统的竖向管道向上部楼层传播，地下车库的通风排烟系统应当与上部建筑的通风空调系统分开，单独设置。

根据我国《汽车库、修车库、停车场设计防火规范》GB 50067—2014 的规定，在通风设计时，应遵循以下各条款要求：

1）地下车库防火分区最大允许建筑面积为 2000m²，当库内设有自动灭火系统时，该值可增加一倍。

2）面积超过 2000m² 的地下车库应设置机械排烟系统，机械排烟系统可与人防、卫生等排气、通风系统合用。

3）防烟分区应在防火分区内划分，分区之间用隔墙、挡烟垂壁或从顶棚下突出不小于 0.5m 的梁进行分隔，每个防烟分区建筑面积不宜超过 2000m²。

4）每个防烟分区应设排烟口，排烟口应设在顶棚上或靠近的墙面上。防烟分区内的排烟口距最远点的水平距离不应超过 30m。

5）排烟风机排烟量应按换气次数不小于 6 次/h 计算确定。

6）排烟风机可采用排烟轴流风机或离心风机，并应在排烟支管上设置烟气温度超过 280℃时能自行关闭的排烟防火阀。排烟风机应保证在 280℃时能连续工作 30min。排烟防火阀应联锁关闭相应的排烟风机。

7）车库内无直接通向室外的汽车疏散出门的防火分区，若设置机械排烟系统时，应同时设置送风系统，且送风量不宜小于排烟量的50％。

8）排烟口的风速不宜大于10m/s。

9）系统风道内的风速，金属材料风道内不应大于20m/s；内表面光滑非金属材料风道内不应大于15m/s。

（2）通风排烟系统形式的确定

1）面积在2000m²以下时，只考虑车库的通风，系统设计相对简单；2）当面积超过2000m²时，在设计排风系统的同时，还要考虑排烟问题，即要设计复合系统。复合系统以每2000m²设置一个为好。排风机选择时可考虑最大和一般情况下运行。这样，风机可采用双速变风量风机，既方便管理，又具有较好的节能效果。但因排风时一般要上下同时设置排风口，而排烟时，要求在上部设置排烟口，所以系统的设计可有以下两种方案供选择。

① 多支管系统

车库上部设置系统总管，由总管均匀地接出向下的立管，总管上部与立管下部均设有排风口。总管上的排风口兼做排烟口，设置普通排风口（常开），支管上的排风口仅作排风口用，设置防烟防火阀（常开），如图4-33所示。正常时，上下排风口同时排风；火灾时，下部排风口的防烟防火阀自动关闭，上部排风口作为排烟口排除烟气。总管接出多个立管，每个立管的尺寸很小，因而占用有效空间少。但每个立管上均设置防烟防火阀，不仅初投资大，且由于阀门多，易出现失控和误控，影响系统运行。

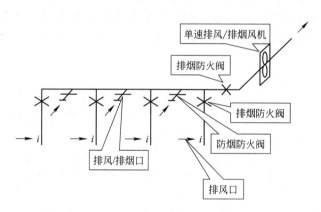

图 4-33　车库排风排烟的多支管系统

② 单支管系统

车库上部设置系统总管，由总管接出一根支管，该支管在下部形成水平管。总管与立管均设有普通排风口（常开），在支管靠近总管处设置防烟防火阀（常开），如图4-34所示。正常时，上下排风口同时排风；火灾时，支管上的防烟防火阀自动关闭，上部排风口作为排烟口排出烟气。总管只接出一个立管，则只设一个防烟防火阀就可满足火灾时的排烟需求。其特点是控制简单、初投资少，但是占用的有效空间大。

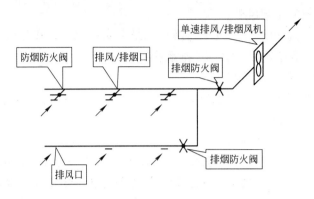

图 4-34　车库排风排烟的单支管系统

4.4.3　人民防空地下室的通风和防排烟

人民防空地下室是战时用于人员掩蔽的场所。较大的人防工程，还应划分为若干防护单元，每个防护单元的建筑面积应小于或等于 $800m^2$，其出入口不少于 2 个。为了减少不必要的浪费，人防工程通常按照平战结合的原则设计，既具有战时人员掩蔽的功能，又可用于平时使用。因此，人防地下室的通风和防排烟系统的设计也应当满足平时和战时的使用要求。

（1）人防地下室的通风

人防地下室战时的防护通风包括进风系统和排风系统，其功能包括：清洁式通风、滤毒式通风和隔绝式通风。

图 4-35 为防护通风的进风系统。滤毒式通风时，打开阀门 1 和 2，关闭阀门 3 和 4。进风空气在风机抽力作用下，经初效过滤器和过滤吸收器送入掩蔽区。换气堵头的作用是在更换过滤吸收器之后打开，把可能残存在滤毒室的毒气吸入过滤吸收器吸收掉。

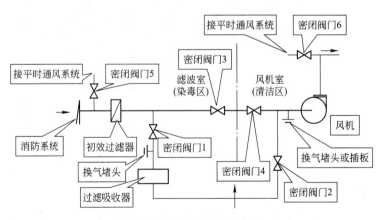

图 4-35　进风系统示意图

清洁式通风时，关闭阀门 1 和 2，打开阀门 3 和 4，进风空气在风机抽力作用下，经初效过滤器过滤后直接送入掩蔽区。

采用隔绝式通风时，关闭所有的阀门，打开换气堵头，空气通过换气堵头吸入风机循环使用。

1）人防进风口

为了保证人防地下室在战时的密闭防护要求，防护通风系统的进排风口应当符合规范的规定。对于平战结合的进风口，当战时和平时进风系统分开设置时，人防进风口平面的布置如图 4-36 所示。

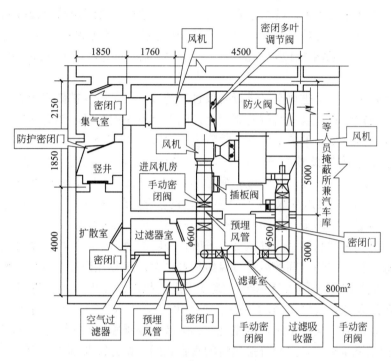

图 4-36　人防进风口平面布置示意图

进风竖井是用于战时和平时进风。竖井截面应满足战时和平时的通风量要求，宜按风速不大于 6m/s 确定，竖井的进风口应设在距室外地面 2m 以上的清洁区，靠在建筑物外围护结构的墙壁上或单独设置，如图 4-37 所示。进风口应装设防雨百叶和防止垃圾等进入的不锈钢丝网，百叶窗的进风速度宜小于 4m/s。

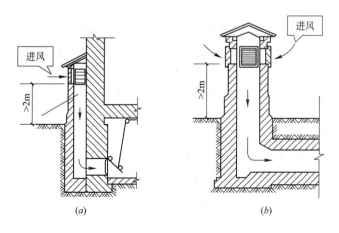

图 4-37　室外进风口示意图

（a）进风口依靠墙壁设置；（b）进风口单独设置

扩散室的作用是缓冲从竖井进入的冲击波，其长度应为宽度的 2～3 倍。竖井与扩散室之间的通道应设消波装置，可采用悬摆式防爆活门或胶管活门。活门开口面积通过的风量应能满足平时通风的要求。如果防排烟设计中要把进风竖井兼作为平时使用的排烟井，就不可采用胶管活门做消波装置。

集气室是用于平时通风系统的进风。进风竖井与集气室之间隔墙上设战时关闭的防护密闭门，密闭门的尺寸可按 6～8m/s 的进风速度确定。如果平时通风系统的进风量很大（大于 $6×10^4 m^3/h$），则不用设防护密闭门，而采用临战时把平时通风系统的进风口封堵死的措施。

过滤器室用于安装对进风空气进行初效过滤的过滤器，应与扩散室相邻。过滤器前后侧堵上需装设密闭门，过滤器后端密闭门上部隔墙应预埋钢套管，钢套管的直径与外接风管的直径相同。过滤器室的最小平面尺寸宜为 3000mm×1750mm。

常用的过滤吸收器型号为 SR78—1000，风量 1000m³/h，外形尺寸为长×宽×高＝1165mm×832mm×508mm。每台过滤吸收器的进、出口管上应设手动密闭阀。当一个 800 人的掩蔽部，滤毒通风量取 2400m³/h 时，宜选用 3 台 SR78—1000 型的过滤吸收器并联安装。此时，滤毒室的最小平面尺寸在 4500mm×3000mm 左右。

进风机房是安装战时和平时进风机的场所。战时的清洁式通风机、滤毒式通风机以及平时使用的通风机，它们之间的风量、风压相差很大，宜分开设置。因此，平战结合的进风机房需要安装战时的清洁式进风机、滤毒式进风机以及平时通风的进风机。对于一个 800 人的掩蔽部来说，进风机房的最小平面尺寸在 6250mm×5000mm 左右。此外，滤毒室是污染区，进风机房是清洁区，两室之间的隔墙上要预埋连接风管的钢套管，钢套管的直径根据防护通风量确定，并与外接风管的直径相同。钢套管两端的风管上均应装设手动密闭阀。

人防进风口部各房间的平面布置形式可根据具体情况确定，但各室的相邻次序必须满足空气流向的要求。战时进风时，室外空气进入掩蔽部的先后顺序是：进风竖井—扩散室—过滤器室—滤毒室—进风机房—掩蔽部。平时进风时，室外空气进入掩蔽部的先后顺序是：进风竖井—集气室—进风机房—掩蔽部。

2）人防排风口

用于平战结合的排风口，平时使用的通风、排烟系统的排风、排烟口，在战时需采取密闭防护措施。因此，人防的排风口需根据具体情况设置排风竖井、扩散室、集气室、排风机房、防毒通道、洗消间等，其平面布置如图 4-38 所示。

洗消间是战时专供染毒人员通过并清除有害物质的房间。通常由脱衣室、淋浴室和检查穿衣室组成。

防毒通道是由防护密闭门与密闭门之间或两道密闭门之间所构成的、具有通风换气条件、依靠正压排风、阻挡毒剂侵入室内的作用。规范规定防毒通道应保证有每小时 30～40 次换气次数的通风量。由于防毒通道只是在滤毒室通风时使用，为了阻止室外有毒气体进入掩蔽部，规范要求掩蔽部内应当保持 30～50Pa 的室内正压。因此，可利用自动排气活门使室内的正压排风通过防毒通道排出，来满足防毒通道要求的通风换气量。对于图 4-38 布置的排风口，滤毒室通风的排风途径为：掩蔽部—YF 型自动排气活门—FCS 型防爆超压排气活门—扩散室—HK602 型防爆波活门—排风竖井—室外。

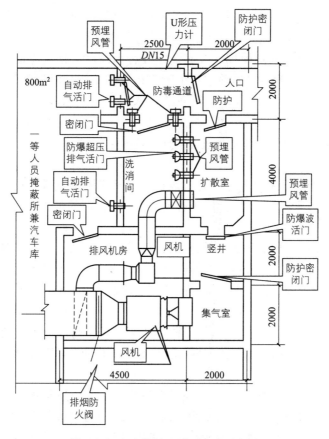

图 4-38　人防排风口平面布置示意图

通常，装在竖井、扩散室或其他邻外墙上的排气活门应采用防爆超压自动排气活门，以代替抗力不大于 0.3MPa 的排风消波设施；而装在内隔墙上的排气活门宜采用结构较简单、外形尺寸较小、造价较便宜的自动排气活门。自动排气活门和防爆超压自动排气活门的数量应按照滤毒通风的排风量确定。

排风机房是安装战时和平时排风机的场所。平战结合的排风机房需要安装战时清洁式通风的排风机、平时的排风机和火灾时的排烟风机。清洁式通风的排风机风量可等于或略小于进风机的风量。平时通风系统的排风量通常小于火灾时的排烟量，对此可采用一台双速排烟风机，平时低速运行排风，火灾发生时自动切换到高速运转，满足排烟风量的要求；或采用 2 台离心风机并联，平时开 1 台，发生火灾时开 2 台。排风、排烟风机的入口处应安装排烟防火阀，风机出口处装止回阀。对于 800 人的掩蔽部来说，排风机房的最小平面尺寸约为 4500mm×4000mm。

洗消间与扩散室之间的隔墙上要预埋连接风管的钢套管，钢套管的直径根据清洁式通风的排风量确定，并与外接风管的直径相同。洗消间一侧的风管上应装设手动密闭阀，在采用滤毒式通风时关闭。

（2）人防地下室的防排烟

1）人防地下室的防烟设计

为了使人防地下室的防烟设计达到预期的防灾减灾效果，应满足以下要求：

① 避难过道的前室、防烟楼梯间及其前室或合用前室的机械加压送风系统宜分别设置。当采用合用系统时，应当在支风管上设置压差自动调节装置。

② 避难过道的前室、防烟楼梯间及其前室或合用前室的排风应设置余压阀。余压阀的整定值：防烟楼梯间及避难过道前室不小于 50Pa；前室或合用前室不小于 25Pa。

③ 避难过道前室的加压送风口应正对前室入口的门，送风口的宽度应大于门洞的宽度。

④ 机械加压送风系统送风口的风速不宜大于 7m/s，采风口与排烟口的水平距离宜大于 15m。

⑤ 机械加压送风机可采用普通离心式风机、轴流式风机或斜流式风机。风机的全压应包括最不利环路的压力损失，以及加压送风场所要求保证的正压值。

2）人防地下室的排烟设计

人防地下室的排烟宜与地下室平时的机械通风系统合并设置，以节省投资及便于管道的布置。机械排烟系统平时用于地下室的通风换气。火灾发生时，通过控制装置，自动切换到机械排烟系统进行排烟。排烟系统的设计和处理方法可参考地下车库通风排烟系统的做法。此外，还应符合下列要求：

① 设置机械排烟设施的部位，应划分防烟分区，每个防烟分区的建筑面积不应大于 500m²；但当从室内地坪至顶棚或顶板的高度在 6m 以上时，可不受此限制。防烟分区不应跨越防火分区。

② 机械排烟系统每个防烟分区内必须设置排烟口，并应位于顶棚或墙面上部能有效排烟的部位，排烟口与疏散出口的水平距离应大于 2m，且与该防烟分区最远点的水平距离不超过 30m。排烟口平时处于关闭状态，可采用手动或自动开启方式。手动开启装置的位置应当便于操作。

③ 排烟风机可采用离心式风机或排烟轴流式风机，并能在温度为 280℃的烟气中连续工作 30min。排烟风机与排烟口应设有联动装置，当任一个排烟口开启时，排烟风机都能自动启动。在排烟风机的入口处，应设置烟气超过 280℃能自动关闭的排烟防火阀，并与排烟风机联锁。排烟风机宜设置在排烟区的同层或上层，排烟管道顺气流方向向上或水平设置。

由于排风量和排烟井的要求不同，排烟量通常要比排风量大得多，为了满足排风和排烟的不同要求，可采用变速风机。平时排风时，风机按低速挡转速运行，发生火灾时，自动切换到高速挡转速运行，以增大排烟风量。

④ 机械排烟和加压送风管道的风速，采用金属风道时不应大于 20m/s；采用内表面光滑的混凝土等非金属风道时，不应大于 15m/s。排烟口的风速不宜大于 10m/s；

⑤ 排烟口、排烟阀门和排烟管道必须采用非燃烧材料制作，并与可燃物的距离不应小于 150mm。

⑥ 排烟区内应设有补风措施。当补风通路的空气阻力小于 50Pa 时，可采用自然补风；当补风通路的空气阻力大于 50Pa 时，应设置机械补风系统，且补风量应不小于排烟风量的 50%。

当人防地下室的排烟系统与平时的机械通风系统合并设置时，如果排烟口和风道的尺寸是按照排风量的需要设计，在发生火灾时，由于排烟量很大，若仅用支管上部的排风口排烟，排烟口和风道中的风速都会超过规范允许范围。为了减小排烟口的风速，可在上部风道的支管上多设置 2～3 个截面较大的排烟口，排烟口上设置排烟防火阀（常闭）。在发生火灾时，装设在这几个排烟口上常闭的排烟防火阀，随着起火点所在防烟分区消防报警联锁控制装置自动开启，进行排烟。为了防止风道中的排烟风速过大，在确定风道截面尺寸时，应按照排烟量和规范允许的烟气流速计算确定。

4.5　地铁通风排烟系统

与地面建筑相比，地铁工程结构复杂，环境密闭、通道狭窄，连通地面的疏散出口少，逃生路径长。发生火灾，不仅火势蔓延快，而且积聚的高温浓烟很难自然排除，并迅速在地铁隧道、车站内蔓延，给人员的疏散和灭火抢险带来困难，严重威胁乘客、地铁职工和抢险救援人员的生命安全，这是造成地铁火灾人员伤亡的最大原因。国内外地铁火灾的历史充分证明：地铁车站、客车和隧道不仅会发生火灾，而且一旦发生火灾将很难进行有效的抢险救援和火灾扑救，极易造成群死群伤的重大灾害事故。根据国内外地铁火灾资料统计，地铁发生火灾时造成的人员伤亡，绝大多数是因为烟气中毒和窒息所致。因此地铁车站的通风排烟设计至关重要。

4.5.1　地铁通风系统

地铁通风系统分为开式系统、闭式系统和屏蔽门式系统。根据使用场所和使用标准的不同，又分为车站通风系统、区间隧道通风系统和车站设备管理用房通风系统。

1）开式系统

开式系统是应用机械或"活塞效应"的方法使地铁内部与外界交换空气，利用外界空气冷却车站和隧道。这种系统多用于当地最热月的月平均温度低于 25℃ 且运量较少的地铁系统。

当列车的正面与隧道断面面积之比（称为阻塞比）大于 0.4 时，由于列车在隧道中高速行驶，如同活塞作用，使列车正面的空气受压，形成正压，列车后面的空气稀薄，形成负压，由此产生空气流动。利用这种原理通风，称之为活塞效应通风。

活塞风量的大小与列车在隧道内的阻塞比、列车行驶速度、列车行驶空气阻力系数、空气流经隧道的阻力等因素有关。利用活塞风来冷却隧道，需要与外界有效交换空气，因此对于全部应用活塞风来冷却隧道的系统来说，应计算活塞风井的间距及风赶时井断面授尺寸，使有效换气量达到设计要求。实验表明：当风井间距小于 300m、风道的长度在 25m 以内、风道面积大于 10m² 时，有效换气量较大。在隧道顶上设风口效果更好。由于设置许多活塞风井对大多数城市来说很难实现，因此现金建设的地铁多设置活塞通风与机械通风的联合系统。

当活塞式通风不能满足地铁除余热与余湿的要求时，要设置机械通风系统。根据地铁系统的实际情况，可在车站与区间隧道分别设置独立的通风系统。车站通风一般为横向的送排风系统；区间隧道一般为纵向的送排风系统。这些系统应同时具备排烟功能。区间隧道较长时宜在区间隧道中部设中间风井。对于当地气温不高，运量不大的地铁系统，可设置车站与区间连成一起的纵向通风系统，一般在区间隧道中部设中间风井，但应通过计算确定。

2）闭式系统

闭式系统使地铁内部基本上与外界大气隔断，仅供给满足乘客所需的新鲜空气量。车站一般采用空调系统，而区间隧道的冷却是借助于列车运行的"活塞效应"携带一部分车站空调冷风来实现。

这种系统多用于当地最热月的月平均温度高于25℃且运量较大、高峰时间内每小时的列车运行对数和每列车车辆数的乘积大于180的地铁系统。

3）屏蔽门系统

在车站的站台与行车隧道间安装屏蔽门，将其分隔开，车站安装空调系统，隧道用通风系统。若通风系统不能将区间隧道的温度控制在允许值以内时，应采用空调或其他有效的降温方法。安装屏蔽门后，车站成为单一的建筑物，它不受区间隧道行车时活塞风的影响。车站的空调冷负荷只需计算车站本身设备、乘客、广告、照明等发热体的散热及区间隧道与车站间通过屏蔽门的传热和屏蔽门开启时的对流换热。此时屏蔽门系统的车站空调冷负荷仅为闭式系统的22%～28%，且由于车站与行车隧道隔开，减少了运行噪声对车站的干扰，不仅使车站环境较安静、舒适，也使旅客更为安全。

地铁环控系统一般采用屏蔽门制式环控系统或闭式环控系统。屏蔽门制式系统即：站台和轨行区分开，车站为独立的制冷、除湿区，因此有安全、节能和美观等优点。由于屏蔽门的隔断，屏蔽门制式环控系统形成了两个相对独立的车站空调通风系统和隧道通风系统。

4.5.2 隧道通风系统

地铁隧道通风系统区间隧道通风系统主要负责两个车站之间隧道的通风与排烟，包括自然通风（活塞通风）和机械通风。地铁隧道正常通风应采用活塞通风，但活塞效应所产生的换气量是有限的，而且在地铁的实际建设中，由于环境条件的限制，可能导致活塞风道无法修建或者由于风亭出口位置的关系致使活塞风道过长，以致活塞效应失效。因此，根据隧道通风系统的要求以及节能要求，在条件允许的情况下，车站两端上下行线路应设一个活塞风道以及相应的风井，作为正常运行时依靠列车活塞作用实现隧道与外界通风换气的通道，同时，在隧道与其相对应的活塞风井之间还应设置一套隧道风机系统，该系统在无列车活塞作用时对隧道进行机械通风。而且在设置上要求车站每端上下行线的两套隧道风机可相互为备用。通过对活塞通风风道以及机械通风风道上的各个组合风阀的开闭与隧道风机启停的各种组合，构成多种运行模式，满足不同的运营工况要求，达到节能效果。

4.5.3 排烟系统

排烟系统借用通风系统的消音器、风道、风机以及风亭构成。系统的排烟或送风要依靠风机的风叶反转或者正转来实现，站台与隧道中的烟气流动方向为站台水平方向流动或者顺着隧道方向流动。

排烟系统的运行应根据地下铁道防灾系统的指令进行，由防灾中心统一安排。一般是根据不同的火灾地点决定不同的运行方式，如：

1）车站站台着火时，应在站台排烟，由站厅送风，使站台的楼梯口处形成一股由站厅流向站台的气流，其速度应大于3m/s。乘客由站台向站厅方向撤离；

2）站厅着火时，由站厅排烟，站台送风，使站台保持一定的正压。新鲜空气由站厅的出入口进入站厅，乘客迎着新鲜空气流进方向，由出入口向地面撤离；

3）列车在区间隧道内着火时，应尽可能将列车驶至车站，让乘客撤离。此时由该车站站端的风机排烟，并按站台着火的方式运行。一旦列车不能驶至车站，出现下列 3 种情况时，采取不同的运行方式：

① 列车头部着火时：列车因故停留在单线区间隧道内时，乘客不可能从列车的侧向撤出，只能由尾部安全门进入隧道向出站方向的车站撤离。此时由列车进站方向的事故风机排烟，由出站方向的事故风机送风引导乘客迎着新风撤离；

② 列车尾部着火时：乘客的撤离方向与排烟的运行模式恰好与列车头着火时相反；

③ 列车中部的车厢着火：此时乘客由车头和车尾的安全门同时进入隧道。排烟运行方式为：进站方向的事故风机送风、出站方向的事故风机排烟。从车头安全门下车的乘客迎着新风迅速向车站撤离。从车尾安全门下车的乘客要顺着烟气流动的方向迅速撤到连通两孔隧道的联络通道处，由联络通道进入另一孔隧道，迎着送风方向撤离。虽然有一小段路程乘客的撤离方向与烟气流动方向相同，有被烟气熏倒的可能，但由于着火的初期，隧道中心区域尚未被烟气侵入，只要有组织的、争分夺秒的、争取在烟气充满隧道前撤离，就不会被烟气熏倒，否则就相当危险。

本 章 小 结

本章介绍了通风系统的通风方式、系统的原理及组成设备，阐述了通风系统的任务及特点，介绍了通风量的计算方法，重点阐述了高层民用建筑通风与防排烟的工作原理和特点，介绍了地铁通风及排烟系统要求。

习　题

4-1　通风系统的分类有哪些？

4-2　局部通风分为哪几种？

4-3　简述机械送风系统的组成。

4-4　简述机械排风系统的组成。

4-5　高层建筑自然排烟的优缺点有哪些？

4-6　简述高层建筑机械防烟控制原理。

4-7　简述机械排烟系统的优缺点。

第 5 章 空 调 系 统

【知识结构】

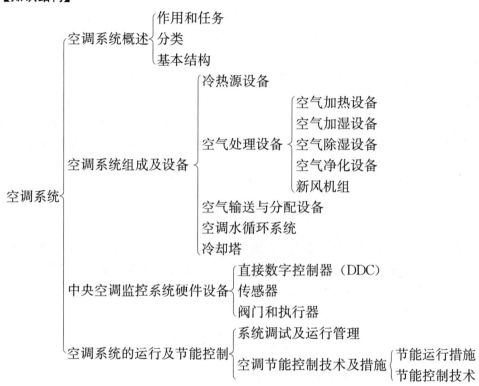

5.1 空 调 系 统 概 述

5.1.1 空调系统的作用及任务

随着国民经济的高速发展和人民生活水平的不断提高,各种高层建筑、写字楼、娱乐场所及购物中心等普遍采用空调系统,对室内温、湿度进行调节,它已成为现代建筑中必不可少的设备,对改善工作条件、提高生活质量、保证产品质量、提高劳动生产率以及维护人体健康,都有十分重要的意义。

建筑物内的空气品质一般受到建筑物内部或外部两个方面的干扰。建筑物内部的干扰来自各种生产工艺设备、电气设备、照明设备、人体等产生的热、湿和其他有害物质。建筑物外部的干扰来自由于太阳辐射进入的热量和室内外空气温差经围护结构传入的热量。

在空调系统中,当室内空气环境受到干扰而产生热湿负荷波动时,其空气处理容量(冷量、热量、风量、加湿量)应随之进行调节,以保证为建筑物提供舒适、低能耗的室内环境,这种调节过程需要由空调系统完成。空调系统的任务是通过对空气进行调节和控制，使之达到所要求的室内温、湿度等空气环境，具体任务如图 5-1 所示：

空调系统的具体任务 {
创造出适合人体的室内空气环境
满足工艺生产或某些特殊场所（如医院、博物馆等）所要求的室内空气环境
排除室内有害气体、调节室内的温度和湿度
}

图 5-1　空调系统的任务

5.1.2　空调系统的分类

空调系统有许多分类方法，常见的空调系统分类如表 5-1 所示。

空调系统的分类　　　　　　　　　　　　　表 5-1

分类	空调系统		系统特征	系统应用
按空气处理设备的设置情况分类	中央空调系统	集中系统	集中进行空气的处理、输送和分配	单风管系统 双风管系统 变风量系统
		半集中系统	有集中的中央空调器，并在各个空调房间内分别设有处理空气的"末端装置"	末端再热式系统 风机盘管机组系统 诱导式系统
	全分散系统		每个房间的空气处理分别由各自的整体式空调器承担	单元式空调系统 窗式空调系统 分体式空调系统 半分体式空调系统
按负担室内空调负荷所用的介质分类	全空气系统		全部由处理过的空气和水共同负担室内空调负荷	一次回风系统 一、二次回风系统
	空气-水系统		由处理过的空气和水共同负担室内空调负荷	再热系统和诱导式系统并用，全新风系统和风机盘管系统并用
	全水系统		全部由水负担室内空调负荷，一般不单独使用	风机盘管系统
	冷剂系统		制冷系统蒸发器直接吸收余热余湿	单元式空调系统 窗式空调系统 分体式空调系统
按集中系统处理的空气来源分类	封闭式系统		全部为再循环空气，无新风	再循环空气系统
	直流式系统		全部用新风，不使用回风	全新风系统
	混合式系统		部分新风，部分回风	一次回风系统 一、二次回风系统
按风管中空气流速分类	低速系统		考虑节能与消声要求的矩形风管系统，风管截面积较大	民用建筑主风管风速低于 8m/s；工业建筑主风管风速低于 15m/s
	高速系统		考虑缩小管径的圆形风管系统，耗能多，噪声大	民用建筑主风管风速高于 10m/s；工业建筑主风管风速高于 15m/s

除上述的分类方式以外，其他的一些分类方式如图 5-2 所示。

5.1.3　空调系统的基本结构

（1）全空气方式

全空气方式是利用空调机送出冷风，使室内空气的温、湿度等达到控制要求。系统组成如图 5-3 所示。一般需配备风道及送、回风口，是较常采用的一种方式。

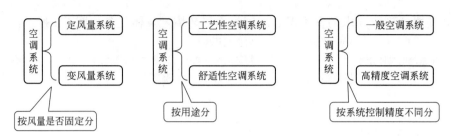

图 5-2　空调系统的其他分类方式

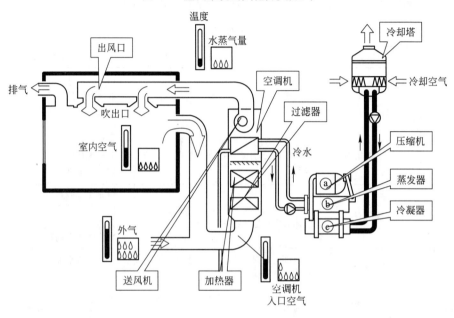

图 5-3　全空气系统组成

（2）全水方式

全水方式利用冷冻机制造出的冷水（或锅炉制出的热水），通过空调房间的风机盘管，使室内空气的温、湿度适宜，系统组成如图 5-4。这种方式多用于饭店的客房系统或商场的空调场合。

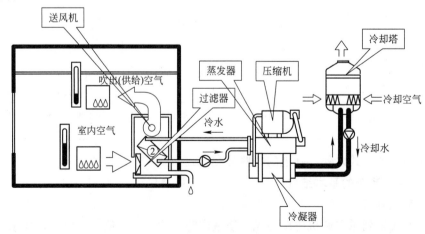

图 5-4　全水系统组成

（3）空气—水方式

风机盘管加新风系统是典型的空气—水方式，其系统组成如图 5-5 所示，它利用空调机、冷水机组锅炉和风机盘管对房间进行空气调节。风机盘管是末端装置，可吹送出冷、热风。

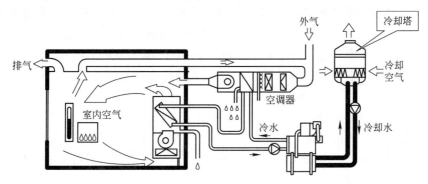

图 5-5　空气水系统组成

（4）直接冷却方式

这是利用直接蒸发式表面冷却器和热交换器中的制冷剂来冷却室内空气的一种方式，所以叫直接冷却方式，这种方式广泛应用在各种房间空调器（窗式、分体式）和小型中央空调系统。

直接冷却（或加热）方式如图 5-6 所示。当热交换器内通以锅炉房来的热水或低压蒸汽时，热交换器对空气加热，从而达到冬季供暖的目的。

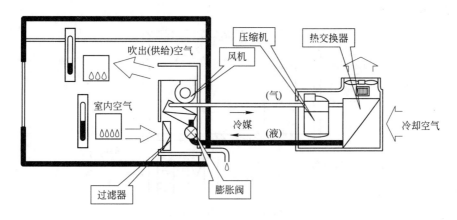

图 5-6　直接冷却（或加热）方式

（5）集中式空调系统

这种系统的所有空气处理设备如风机、加热器/冷却器、过滤器、加湿器等，都集中在一个空调机房内，其冷、热源一般也集中设置。

集中式空调系统按送风量是否变化可分为定风量系统与变风量系统两种。

1）定风量系统

定风量系统的总送风量不随室内热湿负荷的变化而变化，其送风量按空调房间的最大热湿负荷设计，而实际空调区域的热湿负荷不可能总是处于最大工况。当室内负荷变化时，定风量系统仅依靠调节该房间送风末端装置的再热量来控制室内温度，这样既浪费了为提高温度所加的热量，也浪费了再热量抵消掉的冷量，对节能不利。

2）变风量系统

变风量系统也称作 VAV（Variable Air Volume）系统，其送风量随室内热湿负荷的变化而变化，热湿负荷大时送风量就大，热湿负荷小时送风量就小。这种送风装置通常设在房间的送风口处，它可以根据室温自动调节房间的送风量，并相应调节送风机的总风量。变风量系统的优点是在大多数非高峰负荷期间不仅节约了再热热量与被再热热量抵消了的冷量，还由于处理风量的减少，降低了风机电耗，运行经济，具有明显的节能效果。

（6）半集中式空调系统

采用半集中式空调系统时，在空调机房中经过集中处理的部分或全部空气，将送到各空调房间或空调区域后再由末端装置进行补充处理。半集中式空调系统主要包括诱导式空调系统和风机盘管空调系统。

1）诱导式空调系统

诱导式空调系统是指诱导器加新风的混合系统，如图 5-7 所示。该系统由一次空气处理设备（新风机组）、诱导器（送风末端装置）、风道和风机组成。诱导式空调系统依靠经过处理的一次空气通过喷嘴高速喷出气流的引射作用，在诱导器内形成负压，从而使室内二次空气流通过装在诱导器内的热交换器被冷却或加热，然后与一次空气混合向房间送风。如果热交换器盘管内的热媒或冷媒是水，就称为空气-水诱导式系统；若空调系统诱导器内不装设换热器盘管，而直接将诱导室内的二次空气与一次空气混合后送入室内，就称为全空气诱导式系统。

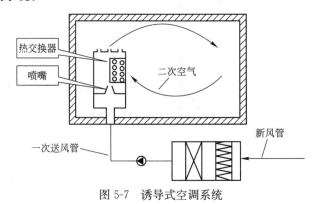

图 5-7　诱导式空调系统

2）风机盘管空调系统

在风机盘管空调系统中，风机盘管机组是空调系统中的末端装置，它将风机与表面式换热器盘管机组装在一起，置于每个空调房间内，负担空调房间的冷热负荷。换热器盘管通常与冷水机组（夏）或热水系统（冬）组成供冷或供热系统，其风机电动机多为单向调速电动机，通过调节电压使风量分为高、中、低三档，因而可以调节风机盘管的供冷（热）量。除风量调节外，风机盘管的供冷（热）量也可通过水量调节阀进行自动调节，这种空调系统应用广泛。

（7）分散式空调系统

分散式空调系统是将空气处理设备分散在被调房间内的空调系统。这种系统把空气处理设备、风机和冷热源设备都集中在一个箱体内，形成一个整体（整体式空调器）置于空调房间内。也有将空气处理设备与制冷设备分开组装的空调器，称为分体式空调器。分散式空调系统主要用于需要分户使用和控制的场合。

5.2　空调房间的气流组织

经过空调系统处理的空气，由送风口进入空调房间，与室内空气进行热质交换后从回风口排出，必然引起室内空气的流动，形成某种形式的气流流型和速度场。速度场往往是其他场（如温度场、湿度场和浓度场）存在的基础和前提，所以不同恒温精度、洁净度和不同使用要求的空调房间，往往也要求不同形式的气流流型和速度场。所以空调的气流组织就是组织空气在空调室内的合理流动与分布。

气流组织的设计任务是合理地组织室内空气的流动，使室内工作区空气的温度、湿度、速度和洁净度能更好地满足工艺要求及人们的舒适感要求。空调间气流组织是否合理，不仅直接影响房间的空调效果，而且也影响空调系统的能耗量。

5.2.1　气流组织的形式

按照送风口位置的相互关系，气流组织的送风方式一般分为以下几种。

（1）上送下回形式

由空间上部送入空气，由下部排出，这种形式是传统的基本方式。图 5-8 表示了三种不同的上送下回方式，其中图（a）可根据空间的大小扩大为双侧，图（b）根据需要可增加散流器的数目。上送下回送风气流不直接进入工作区，有较长的与室内空气混掺的距离，能够形成比较均匀的温度场和速度场，方案图（c）尤其适用于温湿度和洁净度要求高的场合。

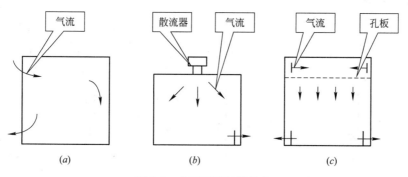

图 5-8　上送下回气流分布
(a) 侧送侧回；(b) 散热器送风；(c) 孔板送风

（2）上送上回形式

上送风上回风的几种形式如图 5-9 所示。图（a）为单侧上送上回式；图（b）和图（c）为双侧外送上回式和双侧内送上回式，适合于房间进深较大的情况。这三种方式送回风管叠置在一起，明装在室内，施工比较方便，但影响房间净空的使用。如果房间净高允许，则可设置吊顶，将管道暗装，如图（d）所示。或者采用图（e）的送吸式散流器，这种布置比较适用于有一定美观要求的民用建筑。

（3）下送上回形式

图 5-10 示出的三种"下送上回"的气流方式，其中图（a）为地板送风，图（b）为

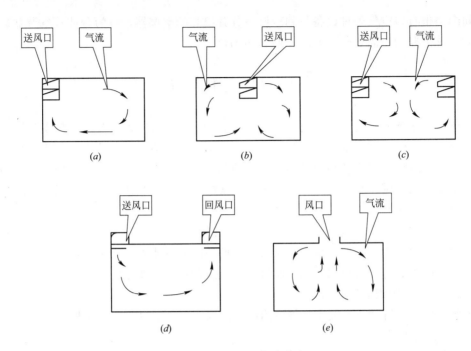

图 5-9　上送上回气流分布

（a）单侧上送上回式；（b）双侧外送上回式；（c）双侧内送上回式；（d）吊顶上送上回式；（e）送吸式散流器

末端装置送风，图（c）为下侧送风。下送方式除图（b）外，要求降低送风温差，控制工作区内的温度，但其排风温度高于工作区温度，故具有一定的节能功效，同时有利于改进工作区的空气质量。

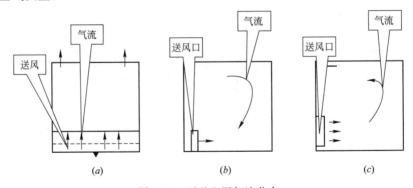

图 5-10　下送上回气流分布

（a）地板送风；（b）末端装置送风；（c）下侧送风

（4）中送风形式

在某些高大的空间内，若实际工作区在下部，则不需要将整个空间都作为控制调节的对象，采用如图 5-11 的中送风方式可节省能耗。但这种气流分布会造成空间的竖向温度分布不均匀，存在温度"分层"现象。

上述各种气流分布形式的具体应用要考虑空间对象的要求和特点，同时还应考虑实现某种气流分布的现场条件。

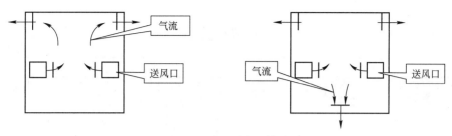

图 5-11　中送风气流分布

5.2.2　风口布置

（1）室内送、回风口布置

对室内气流流场起决定作用的是送风口形式的选择与布置，它应根据房间的大小、使用功能要求来选择。回风口的布置方式应符合下列要求：

1）对于侧送风方式，回风口一般设在送风口同侧下方。

2）采用孔板和散流器送风形式，回风口也设在下侧。

3）回风口的底边距地面 0.2～0.3m。

4）为防止杂物被吸入，在回风口上应安装过滤网。

5）送风口布置间距：办公室为 2.5～3.5m，商场、娱乐场所为 4～6m。

6）回风口一般布置在人不经常停留的地方、房间的边和角。

7）空调房内，在与走廊邻接的门或内墙下侧，宜设置可调百叶栅口，走廊两端门口也应设置密闭性能较好的门。

（2）建筑物外墙新风口、排风口布置

新风口是指通风空调系统从室外吸取新风的入口；排风口是指室内空气排至室外的风口。建筑设计时，均需在外围护结构上预留孔洞。

新风口设置通常要满足以下要求：

1）应避开周围建筑的排风口，并设在室外空气比较洁净的地方，宜设在北墙上。

2）应尽量设在本楼排风口的上风侧，且应低于排风口，并尽量保持不小于 10m 的距离。应避免新风、排风短路。

3）进风口底边距离室外地面不宜小于 2m，当进风口布置在绿化带时，则不宜小于 1m。

4）排风口的布置除应考虑与本楼新风口的间距和朝向外，还应考虑对周围环境的影响及排除空气的性质，应符合当地有关环保部门的有关规定。对于普通排气，保持排风口距室外地面 2m 以上较为合理；如果是有害气体，应提高排风口高度。有条件时，排风口最好设置在建筑屋面等不影响人员活动的场所。

5.3　中央空调系统的组成及主要设备

中央空调系统主要由冷热源系统、空气热湿处理系统、空气输送与分配系统、空调水循环系统、冷却塔以及电气控制系统等几部分组成，由它们来共同完成室内空气的温湿度调节和通风等任务。不同种类的空调系统上述各部分的组合方式也不同。

中央空调系统的基本组成如图 5-12 所示。

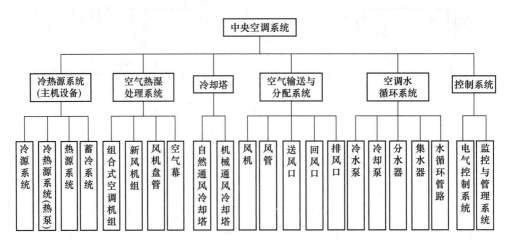

图 5-12　中央空调系统的基本组成

5.3.1　冷热源设备

为实现空调系统室内温湿控制的要求，夏季必须要有充足的冷源，而冬季又必须要有充足的热源。中央空调冷热源设备有纯制冷的制冷机组、单纯供热的热源系统、既能制冷又能供热的直燃机组及热泵系统等不同类型，可根据不同的条件及环境要求，选择不同类型的冷热源设备。

（1）冷热源设备的分类

冷热源设备分类方法如下：

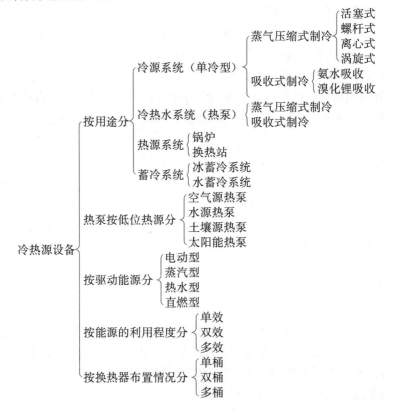

（2）蒸气压缩式制冷系统

1）工作原理

根据热力学第二定律，在自然界中，热量总是自发地从高温物体传向低温物体或从物体的高温部分传向低温部分，这一过程称为热过程的正循环。为了达到人工制冷的目的，就需要通过消耗一定量的驱动能源方式，使热量从低温物体传向高温物体，这一过程称为热过程的逆循环。目前，无论是制冷机组还是热泵机组，从热力学原理上说是相同的，都是按照热机的逆循环工作的，并且都是利用某些液体（即制冷剂）在气化时会从周围环境中吸收大量热量这一性质制成的。

蒸气压缩式制冷机组的工作原理如图5-13所示。

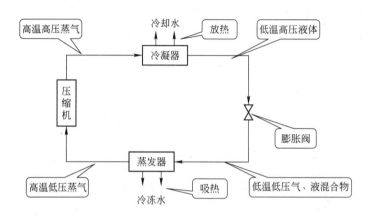

图5-13 蒸气压缩式制冷系统工作原理图

在图5-13中，制冷压缩机将蒸发器中的制冷剂高温低压蒸气吸入压缩机内，经过压缩机的压缩做功，使制冷剂变成压力和温度升高的蒸气进入冷凝器，在冷凝器内，由冷却水吸收制冷剂气体的热量，送入冷却塔并释放到大气中，使高温高压制冷剂蒸气冷凝为低温高压液体，该低温高压液态制冷剂经膨胀阀后体积增大，变为低温低压气液混合物，膨胀阀与蒸发器相连，制冷剂进入蒸发器后体积进一步增大，压力骤降，制冷剂立即气化，并从冷水中大量吸热，使冷水温度降低并提供给用户，蒸发器中制冷剂吸热后成为高温低压蒸气再进入压缩机，如此往复循环，完成蒸气压缩制冷循环过程。

从以上分析可以看出，冷却水所吸收的热量等于压缩机做功消耗的能量和从冷水吸收热量的总和。通过压缩机做功，完成热力学逆循环过程，冷却水所吸收的热量大部分来自于冷水。如果将冷水管路与地下水连接，而把冷却水管路作为供热管路连接到用户，就会成为热泵系统的制热过程，这种方法比普通锅炉单纯消耗燃料热能供给用户要更加节能。

2）系统类型

蒸气压缩式制冷系统分为活塞式、螺杆式、离心式和涡旋式四种类型。

① 活塞式

活塞式压缩机结构图及实物图如图5-14和图5-15所示。该冷水机组主要包括压缩机、冷凝器、蒸发器、热力膨胀阀、开关箱和控制柜等几部分。其工作原理是：制冷剂在蒸发器内蒸发后，由回气管进入压缩机吸气腔，经压缩机压缩后，进入冷凝器，蒸气冷凝成液体后，进入气液交换器中，被来自蒸发器的蒸气进一步过冷，过冷后的液体，流经干燥过滤器及电磁阀，并通过热力膨胀阀内节流，达到蒸发压力后，进入蒸发器。制冷剂液体在蒸发器中气化，吸收冷媒水的热量，蒸发的蒸气又重新进入压缩机。

活塞式冷水机组具有体积小、重量轻、适应性强的特点，广泛应用于各类空调系统。

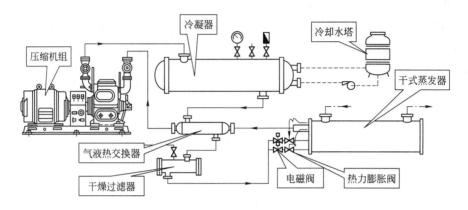

图 5-14　活塞式压缩机结构示意图

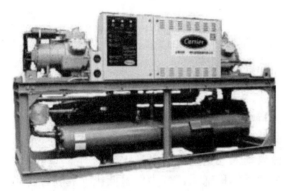

图 5-15　活塞式冷水机组实物图

② 螺杆式

螺杆式冷水机组结构图和实物图分别如图 5-16 和图 5-17 所示。

该冷水机组主要由压缩机、冷凝装置、润滑处理装置、过滤装置、各种阀门、电气控制箱等组成。其工作原理是：机组由蒸发器出来的气体冷媒，经压缩机绝热压缩后变成高温高压状态。被压缩后的气体冷媒，在冷凝器中等压冷却冷凝，经冷凝后变化成液态冷媒，再经节流阀膨胀到低压，变成气液混合物。

其中低温低压下的液态冷媒，在蒸发器中吸收被冷却物质的热量，重新变成气态冷媒。气态冷媒经管道重新进入压缩机，开始新的循环。

螺杆式冷水机组具有以下优点：

结构简单、运动部件少、无往复运动的惯性力、转速高、运行平稳、振动小；机组质量轻、单机制冷量大；缸内无余隙容积和吸、排气阀片，具有较高的容积效率；易损部件少，运行可靠，易于维修；对湿度不敏感，无液击危险；调节方便，制冷量可通过滑阀进行无级调节。

螺杆式冷水机组具有以下缺点：

加工的精度和装配精度高；单机容量比离心式冷水机组小；部分负荷下的调节性能较差。

③ 离心式

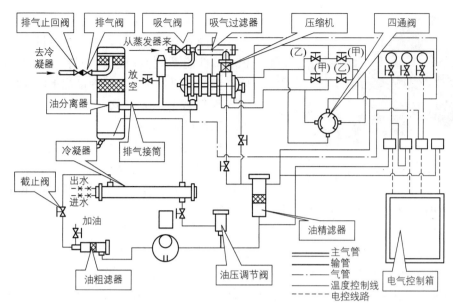

图 5-16　螺杆式冷水机组结构图

离心式冷水机组的原理图和实物图如图 5-18 和图 5-19 所示。该冷水机组主要由压缩机、冷凝器、蒸发器、节流装置及控制箱等组成。其工作原理是利用电作为动力源，氟利昂制冷剂在蒸发器内蒸发吸收冷水的热量进行制冷，蒸发吸热后的氟利昂湿蒸气被压缩机压缩成高温高压气体，经冷凝器冷凝后变成液体，通过膨胀阀进行流量控制，进入蒸发器再循环。

图 5-17　螺杆式冷水机组实物图

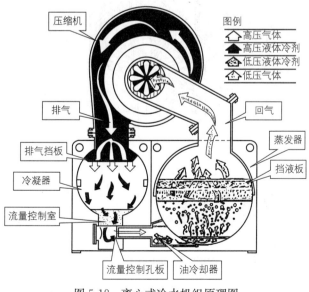

图 5-18　离心式冷水机组原理图

图 5-19 离心式冷水机组实物图

离心式冷水机组具有以下优点：

结构紧凑，重量轻，单位制冷量小，占地面积小；性能系数高；运动平稳，振动小，噪声低；调节方便，在较大的冷量范围内能较经济地实现无级调节；无气阀、填料、活塞环等易损件，工作可靠。

离心式冷水机组具有以下缺点：

由于转速高，对材料强度、加工精度和制造质量要求严格；当运行工况偏离设计工况时，效率下降较快；单机压缩机在低负荷时易发生喘振。

④ 涡旋式

涡旋式冷水机结构如图 5-20 所示。它主要由静涡盘和动涡盘组成。其工作原理示意如图 5-21 所示，图（a）、图（b）、图（c）、图（d）分别表示了涡盘转动不同位置的工作状态，当动涡盘位置出于 0°［图（a）］时，涡线体的啮合线在左右两侧，由啮合线组成了封闭空间，此时完成了吸气过程；当动涡盘顺时针方向公转 90°（图（b））时，啮合线也移动 90°，处于上、下位置，封闭空间的气体被压缩，与此同时，涡线体的外侧进行吸气过程，内侧进行排气过程；动涡盘公转 180°［图（c）］时，涡线体的外、中、内侧分别继续进行吸气、压缩和排气过程；动涡盘继续公转至 270°［图（d）］，内侧排气过程结束，中间部分的气体压缩过程也随之结束，外侧吸气过程仍然继续进行；当动涡盘转至最初的位置时，外侧吸气过程结束，内侧排气过程仍在进行。如此反复循环。

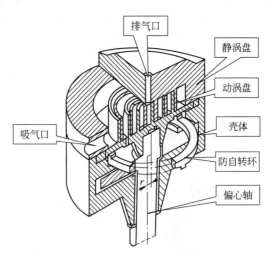

图 5-20 涡旋式冷水机结构图

涡旋式冷水机组具有以下特点：

由于吸气、压缩、排气过程是同时连续进行，压力上升速度较慢，因此转矩变化幅度小、振动小；无吸、排气阀，效率高，可靠性高，噪声低；涡线体型线加工精度非常高，所以，对密封要求高，必须采用专用的精密加工设备。

（3）吸收式制冷系统

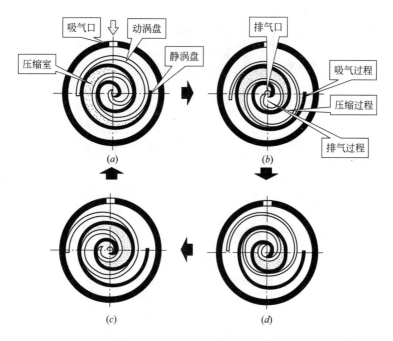

图 5-21　涡旋式冷水机工作原理图

1）工作原理

吸收式制冷系统由发生器、冷凝器、蒸发器和吸收器等四个热交换设备组成，简单吸收式制冷系统的原理图如图 5-22 所示。

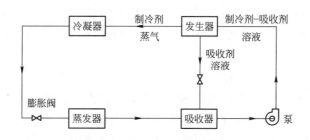

图 5-22　简单吸收式制冷系统

四个热交换设备组成了两个循环环路：制冷剂环路和吸收剂环路。左半部分为制冷剂环路，属于逆循环，由冷凝器、膨胀阀和蒸发器组成，图中右半部分为吸收剂环路，属于正循环，由吸收器、溶液泵和发生器组成。在吸收器中，用液态吸收剂吸收蒸发器产生的低压气态制冷剂，以达到维持蒸发器内低压的目的；吸收剂吸收了制冷剂蒸气而形成的制冷剂—吸收剂溶液，经溶液泵升压后进入发生器，在发生器中该溶液被加热、沸腾，其中沸点低的制冷剂气化形成高压气态制冷剂，又与沸点高的吸收剂分离，然后气态制冷剂进入冷凝器液化、放热，液态吸收剂返回吸收器再次吸收低压气态制冷剂。对于制冷剂循环来说，吸收器相当于压缩机吸入侧，发生器相当于压缩机的压出侧。

2）系统分类

溴化锂吸收式冷水机组类型很多，根据使用的热源不同可分为蒸气型、热水型和直燃型几种，具体分类如下：

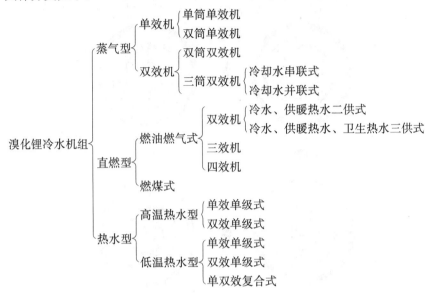

（4）热泵机组

热泵是夏季能制冷，冬季又能供热的设备，是以消耗部分能量作为补偿条件，使热量从低温物体转移到高温物体的装置。热泵的节能性和环保性优势明显，近年来发展较快。它能够把空气、土壤、水中所含不能直接利用的热能、太阳能、工业废热等转换为可以利用的热能。在空调系统中，可以用热泵作为空调系统的热源提供100℃以下的低温用能。

热泵与制冷机都是按热机的逆循环工作的，但有两点主要区别：其一，两者使用目的不同，制冷机单纯用于制冷，而热泵既能制冷，又能供热；其二，为适应上述特点，两者的工作温度范围不同。

热泵有各种类型，其分类方法也各不相同。热泵按低温热源所处的几何空间不同可分为大气源热泵和地源热泵两大类，地源热泵又进一步分为地表水热泵、地下水热泵和地下耦合热泵；按热泵机组工作原理分类可以分为机械压缩式热泵、吸收式热泵、热电式热泵和化学式热泵；按驱动能源的种类不同热泵又可分为电动热泵、燃气热泵和蒸气热泵；按低位热源分类，可分为空气源热泵系统、水源热泵系统、土壤源热泵系统和太阳能热泵系统。

1）空气源热泵

空气源热泵系统原理图及机组实物图如图5-23和图5-24所示。

空气源热泵系统的制热与制冷功能切换是通过换向阀改变热泵工质的流向来实现的。冬季按制热循环运行时，工质—水换热器是冷凝器，为空调系统提供热水作热源用。夏季按制冷循环运行时，工质—水换热器是蒸发器，为空调系统提供冷水作冷源用。其工作原理是：冬天热泵以制冷剂为热媒，在空气中吸收热能，经压缩机将低温热能提升为高温热能；夏天热泵以制冷剂为冷媒，在空气中吸收冷量，经压缩机将高位热能降为冷能，制冷系统循环水，从而使不能直接利用的热能或冷能再生为可直接利用的热能或冷能。

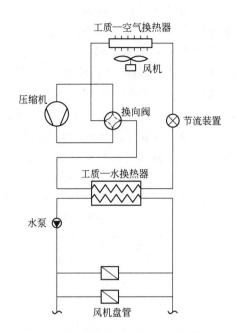

图 5-23　空气源热泵系统原理图　　图 5-24　空气源热泵机组实物图

2）水源热泵

水源热泵工作原理如图 5-25 所示。

水源热泵系统以地下水（或湖水、海水）作为热源。冬天制热工况时，阀门 2、3、7、6 关闭，阀门 1、4、5、8 开启，水泵将地下水送到蒸发器，被吸取热量的地下水经阀门 8 再排回地下，从空调用户来的循环水在冷凝器中被加热到 45～50℃，再经阀门 5 送到空调用户中。夏天制冷工况时，阀门 1、4、5、8 关闭，阀门 2、3、7、6 开启，水泵将地下水送到冷凝器，地下水成为机组的冷却水，从空调用户来的循环水在蒸发器中吸热成为空调冷水再供给空调用户使用。

5.3.2　空气处理设备

（1）空气加热设备

在空调系统中，需要使用空气加热设备对送风进行加热处理，空气加热设备主要有表面式空气加热器和电加热器两种。前者主要用于

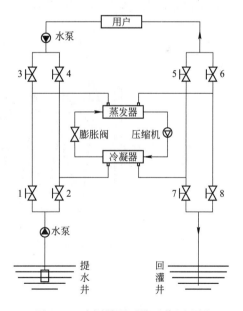

图 5-25　水源热泵系统工作原理图

各种集中式空调系统的空气处理室和半集中式空调系统的末端装置中，后者主要用于各空调房间的送风支管上。

1）表面式空气加热器

表面式空气加热器如图 5-26 所示。

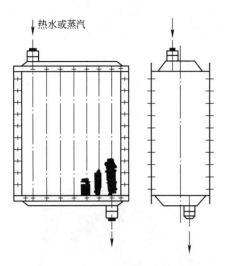

图 5-26　表面式空气加热器

表面式空气加热器以热水或蒸汽作为热源，是通过金属表面传热的一种加热设备。在进行空气加热处理时，工作介质不与被处理的空气直接接触，而是通过换热器的金属表面与被处理的空气进行热湿交换，当表面式加热器中通入热水或蒸汽时，根据热交换原理，利用边界的温度与周围空气温度差，实现热能交换，从而可以实现对空气的加热。

不同型号的加热器其材料和构造也不相同，根据肋、管加工的不同可分为穿片式、螺旋翅片管式、镶片管式、轧片管式等不同的空气加热器。管式加热器构造简单，易于加工，但散热、湿交换表面积小，占用空间大，金属耗量较大，适合于空气处理不大的场合；肋片式加热器强化了外侧的交换，交换面积大，换热效果好，在空调系统中应用普遍。

2）电加热器

电加热器是利用电能加热空气的设备，其工作原理是：在电阻丝两端输入交流电，则电阻丝产生电流而使电阻丝发热，通过热传导对空气加热。电加热器可分为裸线电加热器和管式电加热器两种。

裸线电加热器结构如图 5-27 所示。它结构简单、加热迅速，但由于电阻丝容易烧断，使用安全性差，因此采用这种加热器时，必须有可靠的安全措施。

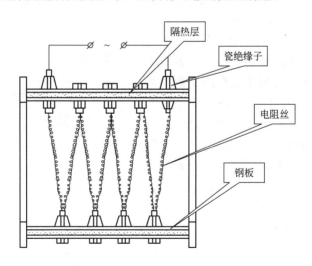

图 5-27　裸线电加热器结构图

管式电加热器结构如图 5-28 所示。它是把电阻丝装在特制的金属套管内，套管中填充有导热性好，但不导电的材料，这种电加热器具有加热均匀、热量稳定、安全可靠、结构紧凑、使用寿命长等特点，但是热惰性大，构造复杂。

（2）空气加湿设备

空气加湿方式有两种：一种是在空气处理室或空调机组中进行的集中加湿方式；另一

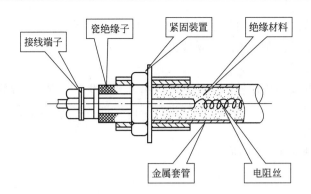

图 5-28　管式电加热器结构图

种是在房间内直接加湿的局部补充加湿方式。

在实际工程中常用的集中加湿方式有两种。

1）干蒸汽加湿器

干蒸汽加湿器结构如图 5-29 所示。它将锅炉等加热设备生产的蒸汽通过蒸汽喷管引入到加湿器中，对空气进行加湿处理。为防止蒸汽喷管中产生凝结水，蒸汽先进入喷管外套，对管中的蒸汽加热，然后经过导流板进入加湿器筒体，分离出凝结水后，再经过导流箱和导流管进入加湿器内筒体，最后进入喷管，喷出干蒸汽。

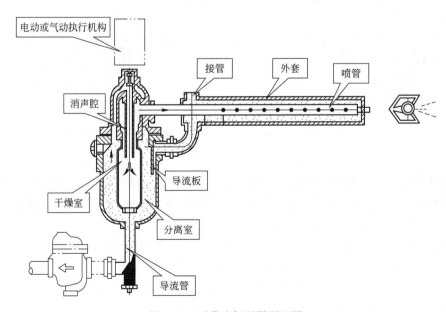

图 5-29　干蒸汽加湿器原理图

2）电加湿器

电加湿器是使用电能产生蒸汽来对空气加湿的装置。主要有电热式加湿器、电极式加湿器、红外线加湿器等。图 5-30 是电极式加湿器原理图。它是利用三根铜棒或不锈钢棒做电极，将其插入水中，当电极通电后，电流从水中流过，电能转换成热能，水被加热直到沸腾，产生大量蒸汽，通过蒸汽管散到空气中，从而加湿空气。这种加湿器的特点是：结构紧凑，加湿量易于控制，但耗电量较大。

（3）空气除湿设备

在气候比较潮湿或环境比较潮湿的地方，由于某些生产工艺、产品储存、书画保管等要求空气干燥的场合，因此，需要对空气进行减湿处理。常用的除湿方法有两种。

1）冷冻除湿设备

冷冻除湿机原理如图5-31所示。

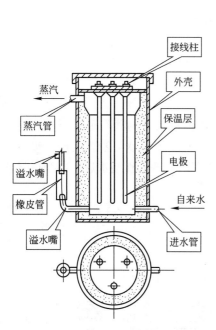

图 5-30　电加热蒸发加湿原理图

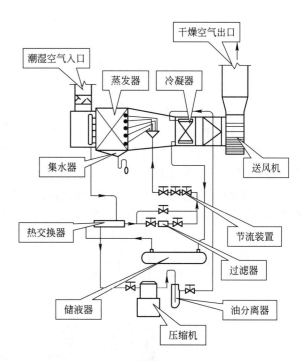

图 5-31　冷冻除湿机原理

冷冻除湿机主要由制冷压缩机、蒸发器、冷凝器、膨胀阀（节流装置）以及送风机、风阀等部件组成。整个除湿过程可分为内循环和外循环两个循环过程，从而使能量转换，完成整个特定空间的除湿过程。

冷冻除湿机的外循环，一共分为三个过程：第一个过程是通过风机把空间里的常温潮湿空气吸进机器；第二个过程是吸进来的常温潮湿空气中的水蒸气通过蒸发器液化成水滴后，通过软管排出；第三个过程是被蒸发器冷却处理后的干燥空气再经过冷凝器升温至常温通过出风口排出，如此循环往复，使空气降湿。

冷冻除湿机的内循环，压缩机把低温低压的冷媒气体吸进来压缩成高温高压的气体，高温高压的气体经过冷凝器散热后变成中温高压的气体，中温高压的气体经过毛细管节流后变成低温低压的液体，低温低压的液体经过蒸发器变成低温低压的气体，然后再被压缩机吸入压缩成高温高压的气体，如此循环往复形成一个内循环。

2）固体除湿

固体除湿是利用固体吸湿剂吸湿。固体除湿剂有两种类型：一种是具有吸附性能的多孔材料，如硅胶、铝胶等，吸湿后，材料的固体形态并不改变；另一种是具有吸收能力的固体，如氯化钙等，这种材料吸湿后，由固态变为液态，最后失去吸湿能力。固体吸湿剂的吸湿能力不是固定不变的，使用一段时间后会失去吸湿能力，需要进行再生处理，即用高温空气将吸附的水分带走或用加热蒸煮法使吸收的水分蒸发掉。

（4）空气净化设备

1）用途

室内新风和室内循环回风是空调系统中空气的来源，由于室内外环境中的尘埃或空调房间内环境影响均会造成不同程度的污染，所以需要采用空气净化处理设备除去空气中的尘埃，以及对空气进行消毒、除臭和离子化处理。净化处理技术除了应用于一般的工业与民用建筑空调系统中外，还应用于电子、精密仪器以及生物医学科学等方面。在空调系统中，送风的除尘处理，通常使用空气过滤器。空气过滤除尘方法主要有过滤分离、离心分离、重心分离、电力分离和洗涤分离五种。

2）空气过滤器的分类

根据过滤效率的高低，可将空气过滤器分为粗效过滤器、中效过滤器、亚高效过滤器和高效过滤器四种类型，空气过滤器的分类如表 5-2 所示。

空气过滤器的分类

表 5-2

类别	有效的捕集尘粒直径（μm）	适应的含尘浓度（mg/m³）	过滤效率（%）（测定方法）
粗效	≥5	<10	<60（大气尘计重法）
中效	>1	<1	60～90（大气尘计重法）
亚高效	<1	<0.1	90～99.9（对粒径为 0.1μm 的尘粒计数法）
高效	<1	<0.1	≥99.9（对粒径为 0.1μm 的尘粒计数法）

过滤效率是指在额定风量下过滤前后空气含尘浓度之差与过滤前空气含尘浓度之比的百分数，即

$$\eta = \frac{c_1 - c_2}{c_1} \times 100\% \tag{5-1}$$

式中　c_1、c_2——过滤前后空气的含尘浓度。

当含尘浓度以重量浓度（mg/m³）表示时，得到的效率为计重效率，而以大于和等于某一粒径的颗粒浓度（个/L）表示时，则为计数效率。

① 粗效过滤器

图 5-32 所示为自动卷绕式人字形粗效过滤器结构原理图。粗效过滤器主要由上料箱、下料箱、立框、挡料栏、传动机构及滤料卷组成。该过滤器是空气净化系统除尘空气的第一级过滤，同时也作为中效过滤器前的预过滤，对后级过滤器起到一定的保护作用。

其工作原理是：新过滤材料装在上料箱，当空调进风带有高浓度含尘空气通过卷绕式过滤器后，过滤器前后压差随滤尘增加而逐步上升，当过滤器阻力上升到设定的阻力值时，压差开关开始动作，控制器接收到运转信号后，立即接通电机电源，启动电机，带动下料箱内卷轴转动，从而将脏的滤料卷起来，同时过滤截面上更换成干净的滤料。

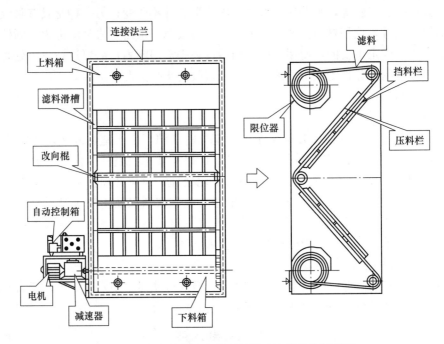

图 5-32　自动卷绕式人字形粗效过滤器结构原理图

　　② 中效过滤器

　　图 5-33 为泡沫塑料中效过滤器的外形图。该过滤器在净化系统中用作高效过滤器的前级预过滤，对高效过滤器起到保护作用，也可以在一些要求较高的空调系统中单独使用，以提高空气的洁净度。

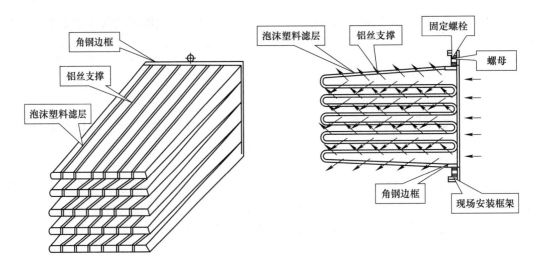

图 5-33　泡沫塑料中效过滤器的外形图

　　③ 高效过滤器

　　高效过滤器的外形如图 5-34 所示。高效过滤器（包括亚高效过滤器）主要用于过滤 $0.1\mu m$ 以下的微粒，同时还能有效地滤除细菌，以满足超净化和无菌净化要求，主要由过

滤器的箱体、接管、扩散孔板等组成。高效过滤器
在净化系统中作为三级过滤器的末级过滤器。高效
过滤器的滤料一般是超细玻璃纤维或合成纤维加工
而成的滤纸。

（5）组合式空调机组

组合式空调机组结构如图 5-35 所示。该空调机
组是将各种空气处理设备、风机、阀门等组合成一
个整体的箱形设备，箱内的各种设备可以根据空气
调节系统的组合顺序排列在一起，以实现加热、冷
却、加湿、净化、喷水、混风、过滤等各种空气的
处理功能。

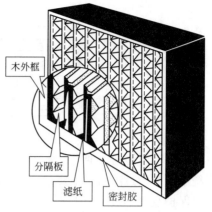

图 5-34　高效过滤器的外形图

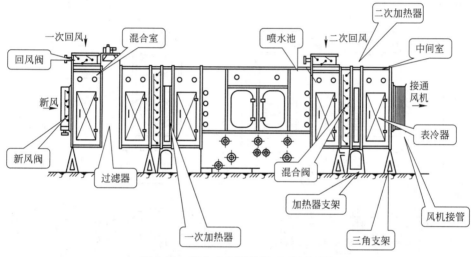

图 5-35　组合式空调机组（二次加风）

　　组合式空调机组其工作过程主要分为：回风段、混风段、过滤段、喷淋段、表冷段和送
风段等。在回风部分，内装轴流风机，以克服回风风道内阻力，保证回风量；混风部分是将
新风和回风通过有效控制，达到要求的空气清新度；过滤部分完成对送风的过滤；喷淋部分
可以使空气加湿、降温和除尘；表冷器的作用是当送风温度高时，通过表冷器对空气降温。

（6）新风机组

新风机组是提供新鲜空气的一种空气调节设备，主要由风机、加热器、表冷器、过滤
器等组成，其工作原理是：在室外抽取新鲜空气，经过除尘、除湿（或加湿）、降温（或
升温）等处理后，通过风机送到室内，替换室内原有空气，从而提高室内空气质量。一般
新风机组通常做成卧式，其结构如图 5-36 所示。

新风机组的控制主要包括：送风温度控制、送风相对湿度控制、防冻控制、CO_2 浓度
控制等。

（7）风机盘管系统

图 5-37 和图 5-38 分别为风机盘管系统结构图和实物图。该系统主要由风机、电动机、
盘管、空气过滤器、控制器和箱体等组成，其工作原理是：风机不断循环所在房间的空

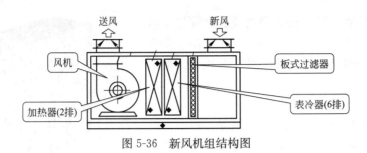

图 5-36　新风机组结构图

气，使之不断地通过通有冷水或热水的盘管冷却或加热，以保证房间的温度，在风机盘管系统中安装的过滤器，主要是过滤室内循环空气的灰尘，以改善房间的空气质量，同时还可以保护盘管不被灰尘阻塞，确保风量和换热效果。

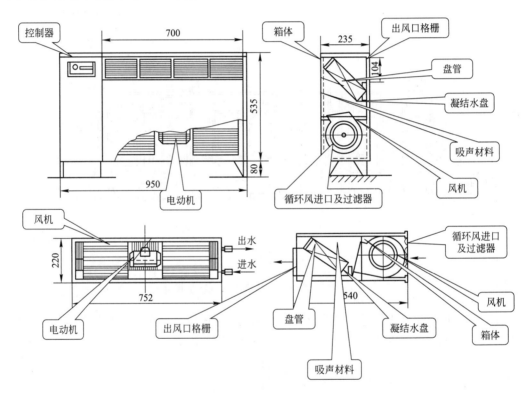

图 5-37　风机盘管系统结构图

风机盘管系统的主要特点是：噪声较小、易于系统分区控制、布置安装方便。

（8）空气幕

空气幕是由空气处理设备、通风机、风管系统及空气分布器组成，也被称为风幕机或风幕。该装置是利用条形空气分布器喷出一定速度和温度的幕状气流，借以封闭建筑物的大门、门厅、通道、门洞和柜台等特殊通风系统和设备。空气幕近年来已广泛用于中央空调和通风系统的局部封闭场所，以

图 5-38　风机盘管实物图

维持室内舒适性和洁净性环境条件，并减少系统的冷（热）能耗。

其作用如下：减少或隔绝外界气流的侵入，以维持室内或工作区域的封闭环境条件，具有隔热、隔冷作用。阻挡外界尘埃、有害气体及昆虫等进入室内，具有隔尘、隔害作用。

5.3.3　空气输送和分配设备

（1）风机

风机是输送空气的动力装置，在空调系统中常用的风机有离心式、轴流式、贯流式三种。图 5-39 为风机的实物图。

（2）风口

送风口是空气分配设备，它对室内空气状态的分布影响很大。常用的送风口名称与适用范围见表 5-3。

图 5-39　风机外形图

送风口名称及适用范围　　　　　　　　表 5-3

送风口类型	送风口名称	适用范围
侧送风口	格栅送风口	要求不高的一般空调系统
	单层百叶送风口	用于一般精度空调系统
	双层百叶送风口	公共建筑的舒适性空调，精度较高的工艺性空调系统
	条缝形百叶送风口	风机盘管出风口，一般空调系统
散流器	圆（方）形直片式	公共建筑的舒适性空调，精度较高的工艺性空调系统
	流线型	公共建筑的舒适性空调，精度较高的工艺性空调系统
	方（矩）形	净化空调系统
	条缝（线）形	公共建筑的舒适性空调系统
喷射式送风口	圆形喷口	公共建筑和高大厂房的一般空调系统
	矩形喷口	公共建筑和高大厂房的一般空调系统
	圆形旋转风口	空调和通风岗位送风
无芯管旋流送风口	圆柱形旋流风口	公用建筑和工业厂房的一般空调系统
	旋流吸顶散流器	公用建筑和工业厂房的一般空调系统
	旋流凸缘散流器	公用建筑和工业厂房的一般空调系统
条形送风口	活叶条形散流器	公共建筑的舒适性空调系统
扩散孔板送风口	扩散孔板送风口	洁净室的末端送风装置，净化系统送风口

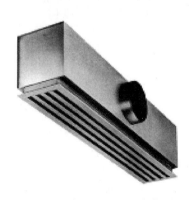

图 5-40　条缝形送风口实物图

在空调系统中，除单层百叶风口、固定百叶直片条缝风口等作回风口外，还有以下四种回风口：活动篦板式回风口、篦孔回风口、网板/孔板回风口、蘑菇形回风口。图 5-40 是一条缝形送风口实物图。

5.3.4　空调水循环系统

空调水循环系统主要由冷水泵、冷却水泵、分水器、集水器、除污器、水过滤器及水管等构成。其中冷水泵用于向用户供给冷水，冷却水泵将冷却水送至冷却塔，分水器向用户分配冷却水，集水器收集用户冷却回水返回制冷机组。冷水泵、冷却水泵、集水器和分水器的外形结构分别如图 5-41～图 5-44 所示。

图 5-41　冷水泵

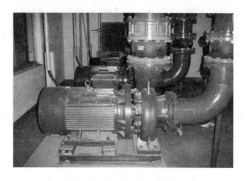

图 5-42　冷却水泵

图 5-43　集水器

图 5-44　分水器

空调水系统有多种类型，具体类型划分见表 5-4。

空调水系统类型

表 5-4

序号	类型	特征	优点	缺点
1	闭式	管路系统不与大气相接触（仅在系统最高点设置膨胀水箱）	管道与设备的腐蚀少；不需克服静水压力，水泵压力、功率低；系统简单	如果需要与蓄热水池连接，则比较复杂
	开式	管路系统与大气相通（设有水池）	与水池连接比较简单	水中含氧量高，管路与设备的腐蚀多；需要增加克服静水压力的额外能量；输送能耗大
2	同程式	供、回水干管中的水流方向相同，经过每一环路的管路长度相等	水量分配和调节较方便；水力平衡性能好	需设回程管，管道长度增加；初投资较高
	异程式	供、回水干管中的水流方向相反，每一环路的管路长度不等	不需回程管，管道长度较短，管路简单；初投资省	水量分配和调节较难；水力平衡较麻烦
3	两管制	供冷、供热合用同一管路系统	管路系统简单；初投资省	无法同时满足供冷、供热的要求
	三管制	分别设置供冷、供热管路与换热器，但冷、热水的管路共用	能满足同时供冷、供热的要求；管路系统较四管制简单	有冷、热混合损失；投资高于两管制；管路布置较复杂

续表

序号	类型	特征	优点	缺点
3	四管制	供冷、供热的供、回水管均分开设置，具有冷、热两套独立的系统	能灵活实现同时供冷和供热；没有冷、热混合损失	管路系统复杂；初投资高；占用建筑空间较多
4	定流量	系统中的循环水量保持定值（负荷变化时，通过改变供水或回水温度来匹配）	系统简单，操作方便；不需要复杂的自控设备	配管设计时，不能考虑同时使用系统；输送能耗始终处于设计的最大值
	变流量	系统中的供、回水温度保持定值，负荷改变时以供水量的变化来适应空调需要	输送能耗随负荷的减少而降低；配管设计时，可以考虑同时使用系统，管径相应减少；水泵容量、电耗也相应减少	系统较复杂；必须配备自控设备
5	单式泵	冷、热源侧与负荷侧合用一组循环水泵	系统简单；初投资省	不能调节水泵流量；难以节省输送能耗；不能适应供水分区压降较悬殊的情况
	复式泵	冷、热源侧与负荷侧分别配备循环水泵	可以实现水泵变流量；能节省输送能耗；能适应供水分区不同压降；系统总压力低	系统较复杂；初投资稍高

5.3.5　冷却塔

根据冷却塔内空气流动的动力不同，冷却塔可分为自然通风冷却塔和机械通风冷却塔两种。根据空气与水的相对流向不同，冷却塔又可分为逆流式冷却塔（水和空气平行流动，但方向相反）和横流式冷却塔（水和空气互相垂直流动）。

机械通风式冷却塔的典型结构如图5-45所示。它主要由塔体、风机、电动机和风叶片减速器、布水器、淋水装置、填料、进出水管和塔体支架等组成。塔体一般由上塔体、中塔体及进风百叶窗组成，其材料为玻璃钢，风机为立式全封闭防水电动机，圆形冷却塔的风叶直接装于电动机轴端，而对于大型冷却塔风叶则采用减速装置驱动，以实现风叶平稳运转。

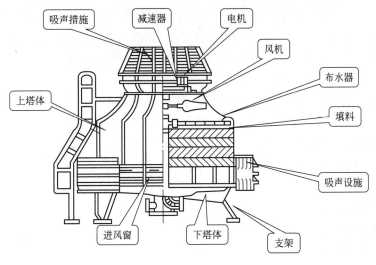

图 5-45　冷却塔结构图

图 5-46 是逆流式冷却塔实物图。

图 5-46　逆流式冷却塔实物图

5.4　中央空调监控系统的硬件设备

中央空调监控系统的硬件设备主要包括传感器、控制器、执行器、控制与信息网络及中央管理工作站，其中控制器主要采用直接数字控制器（DDC），中央管理工作站安装有监控管理软件。

5.4.1　直接数字控制器（DDC）

直接数字控制器（Direct Digital Controller，简称 DDC）又称下位机，是一种特殊的计算机，其基本结构与普通计算机相同，同样有中央处理器 CPU、存储设备和输入、输出设备，具有可靠性高、控制功能强、可编写程序等优点，既能独立监控有关设备，又可通过通信网络接受中央管理计算机的统一管理与优化管理。

目前国内楼宇自控市场中汇集了许多国际知名楼宇自控产品厂商，其中最著名的楼控三大品牌公司分别为美国的霍尼韦尔（Honeywell）公司、江森自控（Johnson Controls）公司和德国的西门子楼宇科技（Simens）公司，占有楼控市场近 90％的份额。此外，还有英国的英维思（Invensys）公司、法国的 TAC（Tour & Andersson）公司、美国的奥莱斯（Automated Logic）公司，以及国内的清华同方、海湾公司等。

（1）霍尼韦尔（Honeywell）公司 Excel5000 系统的 DDC

霍尼韦尔公司提供的 IBMS 建筑集成管理平台被称为 EBI 系统。EBI 系统是基于客户机/服务器和浏览器/服务器网络结构的控制网络软件，用于完成网络组建、网络数据传送、网络管理和系统集成等功能。EBI 平台除了服务器（含数据库）软件、客户机软件、开放系统接口软件以外，还有其他应用软件系统：

1）建筑设备监控系统；

2）节能管理系统；

3）火灾报警和消防联动系统；

4）安全防范系统；

5）数字视频监控系统。

霍尼韦尔 EBI 系统中的建筑设备监控系统被称为 Excel5000 系统，该系统是典型的三层网络控制系统，包括管理层网络、控制层网络、现场层网络，各层网络之间使用不同的网络设备把三层网络连接成为一个整体，层次关系如下：

$$
\text{Excel5000}
\begin{cases}
\text{管理层}
\begin{cases}
\text{PC 机} \\
\text{服务器} \\
\text{各种网络设备及管理软件}
\end{cases} \\
\text{控制层}
\begin{cases}
\text{Excel1000、Excel500} \\
\text{Excel500 等不同型号的 DDC 控制器}
\end{cases} \\
\text{现场层}
\begin{cases}
\text{微控制器} \\
\text{分布式输入输出模块} \\
\text{传感器} \\
\text{执行器} \\
\text{变频器} \\
\text{变送器}
\end{cases}
\end{cases}
$$

在楼控系统中 DDC 控制器是系统的核心部件，该系列各种 DDC 实物如图 5-47 所示。

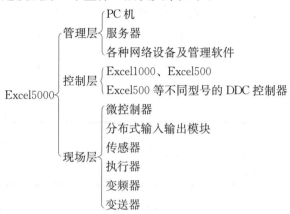

模块化Excel 500控制器

Excel 500 XCL 5010控制器
与分布式I/O模块

带人机操作界面的
Excel 50控制器

Excel 50控制器

图 5-47　DDC 控制器外形图

（2）西门子楼宇科技（Simens）公司 APOGEE 顶峰系统的 DDC

西门子楼宇科技公司推出的楼宇控制系统是 APOGEE 顶峰系统，该系统是基于现代控制论中分布式控制理论而设计的集散型系统，是具有集中操作、管理和分散控制功能的综合监控系统。系统的目标是实现建筑物内的空调、变配电、给水排水、冷热源、照明、电梯、扶梯及其他各类系统机电设备管理自动化、智能化、安全化、节能化，同时为大楼内的工作人员提供最为舒适、便利和高效的环境。

1）APOGEE 系统组成

① 管理平台：Insight，Windows NT/2000/XP；

② DDC 控制器：MBC/MEC/PXC/FLNC 等；

③ 传感器：温度/湿度/压力/流量/CO_2 浓度等；

④ 执行器：阀体/阀门驱动器/风门驱动器等。

一个典型的 APOGEE 系统架构如图 5-48 所示，由三层网络组成，包括管理级网络（MLN），自控层网络（ALN）和现场层网络，现场层网络包括现场总线（FLN）和点扩展总线（EXP）。

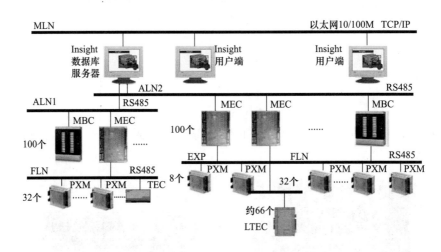

图 5-48 APOGEE 的三层网络结构

2）Insight 监控软件

Insight 监控软件是以动态图形为界面，向用户提供楼宇管理和监控的集成管理软件，其三大功能如下。

① 监视功能：用户可通过动态图形（动画功能）、趋势图等应用程序对 APOGEE 系统控制设备的运行状态、被控对象的控制效果进行实时和历史的监视。

② 控制功能：用户可通过控制命令、程序控制和日程表控制等应用程序控制楼宇自控设备的启停或调节。

③ 管理功能：包括用户账户管理、系统设备管理、程序上下载管理，用户还能通过系统活动记录、报表等应用程序了解 APOGEE 系统状态。

3）DDC 控制器

DDC 控制器是 APOGEE 系统的核心，主要包括：模块化楼宇控制器（MBC）、模块化设备控制器（MEC）、紧凑型 PXC 控制器、楼层网络控制器（FLNC）和远程楼宇控制器（RBC）。西门子各种 DDC 控制器如图 5-49 所示。

（3）江森自控（Johnson Controls）公司 Metasys 系统的 DDC

Metasys 楼宇自控系统是由中央操作站（OWS）、网络控制器（NCU）、直接数字控制器（DDC）等组成。Metasys 系统属于两层网络系统，通过 Ethernet 网将中央操作站及网络控制器各节点连接起来，Ethernet/IP 使用标准的网络硬件在网络控制器与用户操作站之间传递信息。同时安装在建筑物各处的直接数字控制器（DDC），将通过现场总线连

模块化楼宇控制器(MBC)

MBC的点终端模块

MBC的搭扣式模块
便于安装和替换

模块化设备控制器
(MEC)

安装到控制器
箱体中的MEC

为MEC提供控制点
扩展的点扩展模块

紧凑型PXC控制器

楼层网络控制器(FLNC)

远程楼宇控制器(RBC)

图 5-49　西门子各种类型 DDC 控制器

接到网络控制器上，与其他网络控制器上的直接数字控制器及中央操作站保持紧密联系。现场监控设备上的传感器及执行器等连接至以上各直接数字控制器上，从而实现分散控制、集中管理。

Metasys 楼宇自控系统组成及各部分的功能如下：

Metasys 楼宇自控系统组成
- 中央操作站
  - 多屏显示
  - 现存图形的重复利用
  - 动画界面
  - 采用颜色梯度的动态信号
  - 动态趋势
- 网络控制器
  - 模块式、智能化的控制器，实现网络化控制
  - 通过多个网络控制器，实现网络综合的管理
- 直接数字控制器
  - 直接与大楼内有关的设施连接，对楼宇设备实施控制
  - 通过总线，实现网络控制和远程控制

Metasys 监控系统对建筑物进行集中监控的系统主要包括：

$$Metasys 监控系统 \begin{cases} 制冷及空调系统 \\ 供电及照明系统 \\ 给水排水系统 \\ 保安及巡更系统 \\ 消防系统 \\ 电梯及扶梯系统 \end{cases}$$

江森自控公司 Metasys 系统 DDC 及网络控制器如图 5-50 所示。

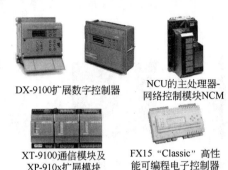

DX-9100扩展数字控制器　　　NCU的主处理器-
网络控制模块NCM

XT-9100通信模块及　　　FX15 "Classic" 高性
XP-910x扩展模块　　　能可编程电子控制器

图 5-50　江森自控公司 Metasys
系统 DDC 及网络控制器

5.4.2　传感器

传感器是一种能把非电信号转化为电信号的器件，它是控制系统的重要前端设备之一，主要用于输入信号的检测。传感器的工作原理如图 5-51 所示。

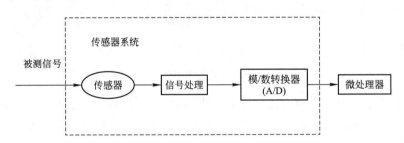

图 5-51　传感器工作原理图

常见传感器类型及工作原理见表 5-5。

常见传感器类型及工作原理　　　　　　　　　　　　　　表 5-5

传感器类型	工作原理	可被测定的非电学量
力敏电阻、热敏电阻	阻值变化	力、质量、压力、加速度、温度、湿度、气体
电容传感器	电容量变化	力、质量、压力、加速度、液面、湿度
感应传感器	电感量变化	力、质量、压力、加速度、旋进数、转矩、磁场
霍尔传感器	霍尔效应	角度、旋进度、力、磁场
压电传感器、超声波传感器	压电效应	压力、加速度、距离
热电传感器	热电效应	烟雾、明火、热分布

（1）温、湿度传感器

1）温度传感器

温度传感器用于测量室内、室外、风管及水管的平均温度，通常以铂、镍、热电阻或热电偶作为传感元件。在工程上往往需要将 4 个、9 个、16 个或更多的传感器以串联或并联的形式连接起来，获取整个网络的平均温度。图 5-52 是几种常用温度传感器的实物图。

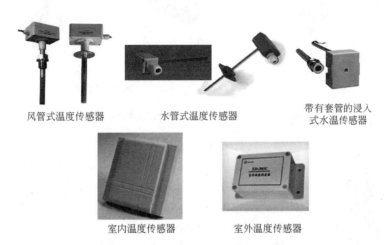

风管式温度传感器　　水管式温度传感器　　带有套管的浸入式水温传感器

室内温度传感器　　室外温度传感器

图 5-52　几种常用温度传感器的实物图

2）湿度传感器

湿度传感器用于测量室内、室外和管道的相对湿度。通常采用的阻性疏松聚合物技术，可为测量相对湿度提供良好的线性度和长期的稳定度。另外需匹配二极管温度补偿，以保证相对湿度测量范围内的精度。

（2）压力、压差传感器及压差开关

压力、压差传感器是将流体压力转换为电信号的装置，压差开关是随着空气或液体的流量、压力或压差引起开关动作的装置。压力、压差传感器及压差开关主要用于空气压力、液体压力和流量的监测。压差开关主要有水压压差开关、风压压差开关等。

风压压差开关常用于检测空调过滤器是否堵塞；水压压差开关常用于检测供回水压力是否平衡或水泵工作状态；水流开关用于检测水泵启动后管路中水是否开始流动；水流量传感器常用于检测制冷站回水流量是否正常。图 5-53 是几种常用压差开关的实物图。

水压压差开关　　　　风压压差开关

图 5-53　几种常用压差开关的实物图

图 5-54 是常用水流开关和水流量传感器的实物图。

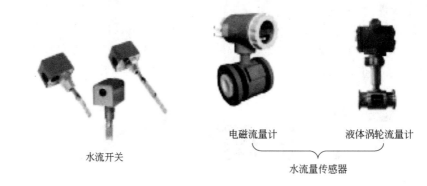

电磁流量计　　　　液体涡轮流量计

水流开关　　　　　　　　　水流量传感器

图 5-54　水流开关和水流量传感器实物图

（3）防冻开关

防冻开关应用于北方地区空调机组或新风机组在冬季运行时的防冻保护。在机组送风温度过低时报警，同时联动保护动作，以防止机组中的盘管冻裂，图 5-55 是防冻开关实物图。

5.4.3　阀门和执行器

阀门和执行器在楼宇控制系统中总是成对出现，阀门是用来控制流体的方向、压力和流量的装置；执行器是接受控制信息并对被控对象施加控制的装置。

（1）阀门的分类

图 5-55　防冻开关实物图

阀门有多种分类方式，具体见图 5-56。

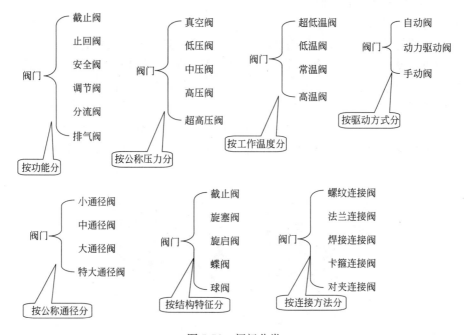

图 5-56　阀门分类

（2）常用的阀门

在楼宇控制系统中常用的阀门有电磁阀、电动阀、蝶阀和球阀。

1）电磁阀

电磁阀是用来控制流体流动的元件，属于执行器。按原理不同，电磁阀分为三类，如图 5-57 所示。

2）电动阀

电动阀由电动执行机构和阀门组成，由执行机构控制阀门实现阀门的开和关，通常在自动化程度较高的设备上配套使用。电磁阀多用于液体、气体和风系统管道介质流量的调节。

电磁阀 { 直动式电磁阀 / 分布直动式电磁阀 / 先导式电磁阀

图 5-57 电磁阀分类

3）蝶阀

也叫翻板阀，是一种结构简单的调节阀，可用于低压管道的开关控制。蝶阀的分类如图 5-58 所示。

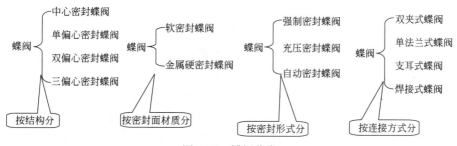

图 5-58 蝶阀分类

4）球阀

球阀由旋塞阀演变而来，有旋转 90°的动作，旋塞体是球体。球阀在管路中主要用来做切断、分配和改变介质的流动方向，是近年来广泛采用的一种新型阀门，其价格低廉，操作、维修方便。球阀按结构分类如图 5-59 所示。

球阀 { 浮动球球阀 / 固定球球阀 / 弹性球球阀

图 5-59 球阀分类

几种常见的阀门和执行器如图 5-60 所示。

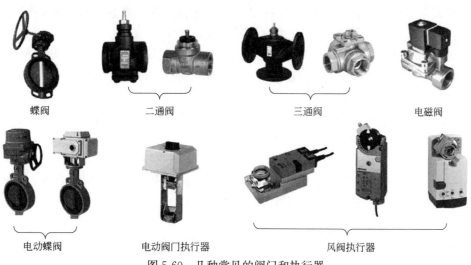

蝶阀　　二通阀　　三通阀　　电磁阀

电动蝶阀　　电动阀门执行器　　风阀执行器

图 5-60 几种常见的阀门和执行器

5.5 空调系统的运行操作

5.5.1 空调系统调试及运行管理

（1）空调系统调试

空调系统安装完，必须进行系统的试运转与调试，以检查系统的制作安装质量，保证系统正常使用。检测及调试的主要内容包括：设备单机试运转及调整，如风机、水泵、空调机、制冷机、冷却塔、带有动力的除尘器及过滤器；系统无负荷联合试运转的测定与调试，包括通风机风量、风压及转数的测定、系统与风口风量的平衡，制冷系统压力、温度的测定数据应符合要求。另外调试的内容还包括：室内温度及相对湿度的测定与调整；室内气流组织的测定与调整；室内噪声级的测定与调整；送回风口空气状态参数的测定与调整；空气调节机组性能参数及各功能段性能的测定与调整；对气流有特殊要求的空调区域的气流速度的测定；防排烟系统测试、模拟状态下安全正压变化测定及烟雾扩散试验等。

（2）空调系统的运行管理

主要对系统的运行进行调节。全年运行的空调系统，一年四季室内的热、湿负荷是变化的，室外的气象参数也不大相同，空调系统不能都按满负荷运行。为保证室内温度、湿度的要求，必须依据负荷和季节的变化进行运行调节。

1）在夏季，空调系统首先要启动风机，然后按制冷装置操作、管理方法启动制冷装置。为防止风机电机超负荷，在启动风机前，最好先关闭风管阀门，待风机启动运行后再逐步开启。当停止时，应先关闭制冷装置，然后再关闭风机。

2）在冬季，空调系统应先开启引入阀或热水阀，接通空气加热器，然后再启动风机，最后开启加湿器。停止时，先关闭蒸汽加湿器，再关闭蒸汽或热水加热器，最后关闭风机。

此外还需要注意以下几个环节。

1）启动前要检查风机、水泵等设备有无异常，冷热水温度是否合适，检查供水、供电等设备是否正常。

2）空调系统启动后，应定期巡视机房各设备运行情况，观察电机、压缩机、风机、水泵的运行情况。若发现问题及时处理、及时报告。

3）定期巡查系统的各温度、压力、电压、电流等控制仪表指示，发现异常及时处理。此外，这些仪表在使用期间应做定期标定，以保证空调系统的运行可靠性。

5.5.2 空调系统的维护

空调系统的维护主要有空调机房、制冷机房及设备的维护，主要包括灰尘的清理、巡回检查、仪表检定及系统检修四个方面。

（1）空调机组的维护

空调机组维护一般在停机时进行。检查主要包括：机组内的过滤网、盘管、风机叶片及箱底的污垢、锈蚀程度和螺栓紧固情况，发现问题及时处理。

（2）风机盘管的维护

空气过滤器一般每月用水清洗一次；盘管肋片管和风机的叶轮一般每半年清洗一次；风管一般根据实际情况进行修理。

（3）换热器的维护

主要是对换热器表面翅片进行清洗和除垢，可采用压缩空气吹污、机械或手工除污及化学清洗等方法。

（4）风机的检修

主要包括小修和大修。小修包括清洗轴承、紧固螺栓、调整皮带松紧度与联轴器间隙、更换润滑油及密封圈等；大修包括对设备解体清洗检查、更换轴承和叶轮等。

（5）制冷机组的维护

不同类型的制冷机组维护重点不同。若制冷机组采用的是氟利昂制冷剂，重点检查制冷剂是否有泄漏；若采用氨制冷剂，制冷机房中要有可靠的安全措施，如事故报警装置、事故排风装置等。

5.6　空调系统节能控制技术及措施

我国是一个能源紧缺的国家，特别是电能已不能满足当前社会发展的需求。改变目前中央空调低效、高耗能状态，需要有科学合理的运行措施和先进的控制技术。

5.6.1　空调系统的节能运行措施

（1）启停的最佳控制

根据不同场所和不同的环境，对空调负荷进行详细的调查分析，寻求最佳启停控制方式，既满足对空调的需求，又符合节能的要求。如凌晨开机时间早些，此时户外的空气干、温度较低，受太阳辐射小，这样的环境工况对冷却塔的工作有利，制冷主机的运行效率较高。

（2）针对具体负荷选择运行主机

空调系统的绝大部分时间是在部分负荷下运行的，改善空调主机及输送系统的性能，必须使系统能够在空调部分负荷条件下高效运行，在不同负荷条件下合理配置运行设备对降低能耗至关重要。因此，空调机组运行时，要根据负荷的变化进行适时调整，在负荷较大时启动"大型"的机组，在负荷较小时启动"小型"机组，这样可以保证主机的高效率运行，达到节能的目的。

（3）输送过程的节能措施

1）做好输送冷、热量的水管、风管的保温

2）采用输送效率高的载能介质

一般情况下，用水输送冷热能的耗能量比空气输送的要小，而且输送相同冷热能所用水管的管径要比风管小，占用的建筑物空间也小。

3）采用变频风机、变频水泵调节流量

这种方式不装调节阀门，在末端靠风机水泵补充不足的扬程，而不是靠阀门消耗多余的扬程，就可以完全避免阀门调节的能耗。

4）采用大温差

大温差是指冷水、冷却水温差和送风温差比常规系统大，从而减少水流量和送风量，降低输送过程的能耗，同时减少了管路的断面，从而降低了管路系统投资。在满足空调精度、舒适性和工艺要求的前提下，尽可能采用大温差。

5）采用减阻技术

聚合物添加剂减阻技术，适合输送热水及冷水管道系统。该技术的应用可以进一步降低供热与空调水输配系统水泵的能耗，同时可以提高水输送热量（冷量）的能力，减少输配管网投资。

6）添加相变材料提高携带热量能力

以水为媒介的输送系统，将相变温度在系统工作范围内的相变材料微粒掺混于水中，制成所谓"功能性热流体"，可以相变吸收和释放热量，从而可在小温差下输送大量热能。这就可以大大减少循环水量，从而使输送能耗降低到原来的 25％～35％。

5.6.2 空调系统节能控制技术

空调系统耗能除了与系统运行工艺、现场设备有关外，还与控制技术有关。因此，采用新的控制技术，使空调系统达到最佳运行工况是降低能耗的关键。下面主要从空调冷水系统节能控制、空调冷却水系统节能控制和变风量空调系统三部分论述。

（1）空调冷水系统节能控制

1）常规控制方法

冷水系统是空调系统的重要组成部分，承担着空调冷、热量的输送功能。冷水在空调末端吸收热量，使需要制冷的房间降温。通常，冷水变流量控制方式主要有恒压差变频控制和恒温差变频控制两种。

① 恒压差变频控制

在变流量空调水系统中，末端盘管使用电动二通调节阀，该调节阀可根据负荷的变化调整其开度或状态，引起冷水系统流量的变化，从而使系统分配环路的流量变化，形成供、回水之间的压力差变化。空调控制器可根据实测压差值与设定压差值进行比较，采用相应的控制策略，控制变频器，驱动水泵变速运行，实现流量调节。

这种控制方式的最大缺点在于冷水系统的负荷与压差之间没有直接的关系，空调负荷的变化不能准确地通过压差的变化来描述。所以通过压差对冷水控制不能保证冷水流量准确地跟随负荷变化而变化。

② 恒温差变频控制

恒温差变频控制是指在冷水的供、回水干管上分别装设温度传感器，检测供、回水温度，并传送至控制器，将实测的温差值与设定的温差值相比较，采用相应的控制策略，控制变频器，驱动水泵变速运行，实现流量调节。

恒温差变频控制也存在一定的缺点，由于空调管路通常比较长，冷水循环周期长达几分钟至几十分钟，因为冷水系统的热容量大、惰性大，温度反应慢，存在控制滞后问题，控制的实时性差。

2）节能控制—负荷预测模糊控制策略

冷水系统的恒压差控制与恒温差控制都是定值控制，通过 PID 控制来实现。该控制方式主要是根据压差及温差进行控制，不能根据空调系统的负荷状况进行工程参数动态修正或在线调节，以达到控制输出能量与载荷所需能量的匹配，实施有效的节能控制。所以，需要采用新的控制技术—智能控制技术，负荷预测模糊控制技术是节能控制的有效方法。图 5-61 所示是负荷预测模糊控制原理结构图。

① 系统组成

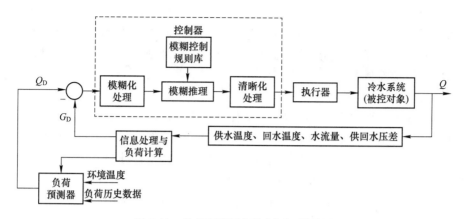

图 5-61　负荷预测模糊控制原理结构图

系统主要由控制器、负荷预测器、执行器、被控对象等组成。

控制器：采用模糊控制技术，利用计算机实现控制要求。它是一种基于知识、经验推理和决策的智能控制器。在控制过程中，以语言描述人类知识，并把它表示成模糊规则或关系，通过推理、利用知识库，把知识与过程状态结合起来，以实现空调系统被控参量的优化控制。该控制方法适合于中央空调这种具有时滞性、非线性、时变性、不确定性及强耦合性的复杂系统控制。

负荷预测器：空调系统负荷预测是控制系统控制性能的关键部分，负荷预测器预测准确与否，直接影响空调系统的控制效果。该负荷预测器输入是与空调负荷相关的数据（环境温度、空调负荷的历史数据及当前负荷计算数据），经预测器进行未来空调负荷预测，以此作为控制器的控制输出的依据，从而使控制器输出有效地根据未来预测负荷变化情况进行优化控制。

② 系统的控制原理

系统的控制原理主要包括：数据采集、数据处理与预测、控制输出三部分。

数据采集：通过各种传感器采集与控制相关的各运行参量并传送至信息处理器，采集的数据包括从冷水机组蒸发器流出来的冷水供水温度，从末端换热器流回冷水机组蒸发器的冷水回水温度，冷水流量，冷水供、回水压差等。

数据处理与预测：将采集的数据进行信息处理及运算，完成各种信息的综合处理及当前空调系统负荷的计算，并将其分别传送比较端和负荷预测器；负荷预测器依据系统的历史负荷数据、当前负荷数据和影响负荷的室外环境温度等，根据空调负荷预测模型，预测出空调系统未来时刻冷冻水循环的负荷（需冷量），传送给模糊控制器。

控制输出：模糊控制器通过比较，得到被控负荷变量的偏差及偏差变化量，利用模糊控制规则库中的推理规则进行模糊逻辑推理，并进行清晰化（反模糊）处理，输出控制量，驱动执行器动作，从而实现空调冷水控制。

（2）空调冷却水系统节能控制

1）空调冷却水系统的工作原理及特点

冷水系统的功能是将室内环境的热量吸收进入空调系统；而冷却水系统的功能是将空调系统的热量排放到室外环境中去。

空调制冷工程中应用最广泛的是蒸气压缩式制冷和吸收式制冷。前者利用制冷剂产生潜热，通过压缩、冷凝、节流、蒸发 4 个过程组成封闭循环实现制冷；后者由吸收剂和制冷剂组成二元工质对溶液，利用热能驱动，通过发生、冷凝、节流、蒸发、吸收等几个过程组成封闭循环实现制冷。

2）节能控制-自适应模糊控制技术

为了保证冷水机组在冷水温度变化时能保证较高的性能，一个有效方法是使冷却水温度自动地进行优化调节，使制冷系统始终保持在最佳的平衡状态下运行。即采用一种先进的控制技术，在任何负荷情况下都能找到一个相应的冷却水最佳温度值，使中央空调制冷系统运行在最佳的工作状态，达到节能的目的。

采用自适应模糊控制技术是一种有效的控制方法，其原理结构如图 5-62 所示。

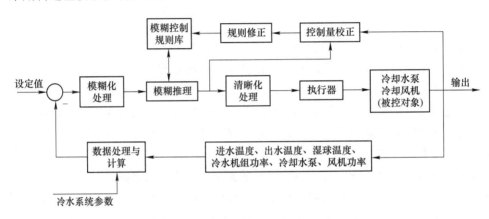

图 5-62　自适应模糊控制原理结构图

自适应模糊控制系统采用计算机技术和模糊控制技术，通过冷却水系统的自适应模糊优化控制，实现中央空调制冷系统的性能整体优化。其核心是模糊控制器，主要完成输入量（偏差量及偏差变化量）的模糊化、模糊关系运算、模糊决策以及决策结果的非模糊化处理等。

控制系统的执行机构主要由变频调速功能的水泵、智能控制柜和风机智能控制柜组成，可以根据控制器输出的要求动态调节冷却水的流量和冷却塔风机的风量，以保证获得所需要的冷却水最佳温度。

为了提高系统的鲁棒性，减少被控过程的非线性、时变性和随机干扰影响，增加了自校正模糊控制器，主要包括控制量校正和规则修正两个功能模块。自校正模糊控制器通过在线调节控制参数和控制规则，优化模糊控制规则，更新和丰富系统知识库，从而提高控制系统的控制性能，以实现空调冷却水系统的自适应优化调节。

（3）变风量空调系统节能控制技术

变风量空调系统与定风量空调系统相比有很大的优越性，该系统能根据空调系统负荷的变化实时调节房间的送风量和系统总送风量，以使空调系统输出能量与房间所需能量匹配，提高节能效果。变风量空调系统主要包括：室内温度控制（包括变风量末端装置控制和送风机控制）、新风量控制、送风温度控制等，其各种控制方式既相对独立，又相互关联。

1）变风量空调系统控制方式

① 室内温度控制

a. 变风量末端装置控制

由于变风量末端装置的送风量不仅取决于风阀的开度，还与入口处风道内的静压有关。当风阀的开度不变，若风道入口静压增加，则使送风量增大；当风道入口静压不变，风阀开度越大，则送风量越大。所以，变风量末端装置的基本控制模式有两种。

压力相关型：变风量末端装置的风阀的开度直接由温控器根据室内实测温度与设定值之间的偏差进行控制，实际送风量由入口处风道内的静压来确定。

压力无关型：变风量末端装置的风阀的风量传感器检测风管内风量（风速），室内温控器根据室内温度的变化重新修正控制器的风量设定值，控制器根据实测温度值和设定值之间的差值调节风阀的开度，送风量与管内压力无关。

b. 变风量系统送风量控制

变风量空调系统的室内温度控制主要是通过变风量末端装置对风量的控制并结合改变送风机转速的方法来实现的。变风量末端装置控制的基本模式可分为两类：即压力相关型和压力无关型。具体的控制方法有定静压法、变静压法和总风量控制法。

定静压法：该方法是在送风系统管网的适当位置设置静压传感器，测量该点静压，根据测量的静压值和设定值，通过不断地调节空调机组送风机的送风量以保持该点静压固定不变。该方法的不足之处是在管网复杂时，静压传感器的设置位置和数量很难确定，现场安装调试费用增加，可靠性也较低。而且当空调系统处于低负荷时，消耗在末端装置上的静压会增加，对节能不利。

变静压法：该方法是采用带风阀开度传感器、风量传感器和室内温控器的变风量末端装置，根据风阀的开度，经系统控制器计算判断，控制送风机的变频器，使任何时候系统中至少有一个变风量末端装置的风阀处于全开状态。变静压法是最节能和现在最常用的控制方法，具有广阔的发展前景。其缺点主要是末端装置增加了初期投资成本；系统复杂，需要高水平的管理人员。

总风量控制法：这种方法是采用计算机直接数字控制（DDC）技术控制总风量的方法。其原理是，由传感器直接读取各变风量末端装置的送风量，通过加权平均的方法进行叠加计算，再根据计算值去调整送风机的风量。由于空调系统读入的参数是送风量，为了取得良好的控制效果，需要将系统的调节性能曲线程序写入该系统的调节程序。而要取得某个系统的调节性能曲线，就需要进行较长时间的仔细调试。目前该方法也正处于不断发展和完善之中。

② 新风量控制

空调系统除了对室内温湿度控制外，还需要对室内的空气质量进行控制，良好的室内空气品质，对保证室内人员的舒适度和身体健康具有重要意义。变风量空调系统在运行过程中，其送风量随着负荷减小而不断减小，如不进行控制，会造成室内空气品质下降，所以必须对新风量实施控制。新风量的控制主要是通过送风机向室内输送新风，从而改善室内空气品质。通常，变风量空调系统的新风量控制方法主要有：新风量直接测量法、风机跟踪法、新风风机风量控制法、二氧化碳浓度控制法和多风机变风量新风风量控制法。

无论是哪种新风量控制法，都是以提高室内空气品质为目标，保证室内良好的空气质量及舒适感。

③ 送风温度控制

通常变风量空调系统采用定送风温度、变风量控制方式，室内温度的调节通过变风量末端装置改变送风量进行调节。这种方式如果送风温度设置不合理很可能造成末端装置噪声过大，耗能过高。因此，近年来在变风量空调系统研究中，强化了送风温度控制研究，这种方法使其送风量和送风温度都是可调量，室内温度通过送风量和送风温度的协调配合，实现空调系统的最优控制。

2）节能控制-变风量空调系统智能控制策略

空调系统在全年运行中，空调房间室内的热湿负荷和空气品质会随着气候和室内人员的变化而有所不同，从而导致空调末端对新风量的需求也不同。因此，新风机在全年运行期间不能一成不变地按最大设计风量运行，而必须根据末端负荷和空气品质的变化进行相应的调节，才能既保证室内的舒适性要求，又实现经济节能运行。新风控制策略近年来发展很快，在变风量空调系统中不断引进新的控制策略，以使空调系统运行在最佳工作状态。下面介绍几种变风量空调系统的节能控制策略。

① 模糊 PID 控制策略

传统的 PID 控制器比例 K_p、积分 K_i、微分 K_d 三个参数一旦整定之后，不能在线实时整定，由于空调系统具有非线性，时变、大滞后的特点，这种控制方式不能根据外界环境的变化实时调整其控制策略。因此，这种控制方式很难达到理想的控制效果。图 5-63 为模糊 PID 控制原理结构图。该系统采用模糊 PID 控制策略，系统的控制原理是：由检测装置（温度传感器）实时检测室内温度，并与温度设定值比较，将温度的误差和误差变化量作为输入，经过模糊化处理，再通过模糊控制规则进行模糊决策，最后通过逆模糊化处理，输出控制量，在线调整 PID 比例 K_p、积分 K_i、微分 K_d 三个参数，可以满足不同时刻对 PID 参数自整定的要求，对变风量空调的末端装置进行控制，使系统达到良好的工作状态，提高系统的控制性能。

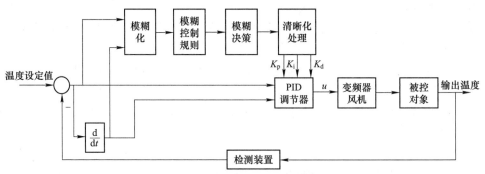

图 5-63　模糊 PID 控制原理结构图

② 神经网络 PID 控制

图 5-64 是神经网络 PID 的控制系统原理结构图。系统采用神经网络与 PID 控制相结合的控制方法。根据神经网络自组织、自学习，逼近能力强等特点，利用神经网络辨识系统的结构参数，实时逼近理想的输入输出特性，由神经网络辨识器输出调节 PID 控制器的三个参数，实现 PID 参数自整定，从而使系统能根据外界环境的干扰，自动调节控制策

略，实现对变风量空调的末端装置有效控制。

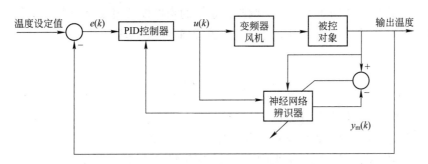

图 5-64　神经网络 PID 控制原理结构图

③ 模糊神经网络多变量预测控制

图 5-65 是多变量空调系统预测控制原理结构图。变风量空调系统是一个多变量、非线性、不确定性的时变系统，根据空调系统的特点，采用神经网络预测控制方法，以提高空调系统的控制性能。控制器主要由神经网络预测器和神经网络控制器两部分组成。神经网络预测器利用神经网络对非线性、时变、不确定性系统控制的有效性的特点，预测被控对象的未来输出，根据未来的输出在线修正控制器参数，调整控制策略，实现空调系统的优化控制。

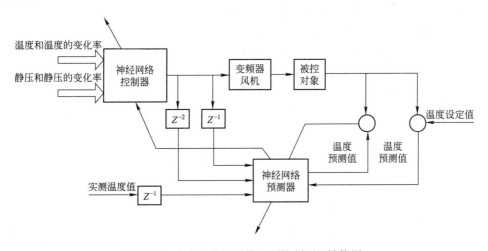

图 5-65　多变量空调系统预测控制原理结构图

综上所述，空调控制系统智能控制策略核心思想是：根据空调系统的特点，自动调节控制器参数，以适应各种环境的变化对系统的影响，使空调系统控制输出能量与所需要的能量达到匹配，节约电能，并使系统达到最佳的状态。近年来，随着智能建筑技术的不断发展，空调系统的智能控制技术已经成为学术界研究的热点问题，也有成功应用的案例，但应用并不普及，因此空调系统的控制理论研究和工程实践应用技术还需不断总结完善。

本 章 小 结

本章介绍了空调系统作用、分类、基本结构以及空调房间的气流组织，阐述了中央空调系统组成，重点介绍了冷热源设备、空气处理设备、空气输送设备以及空调水循环系统的组成及工作原理，并阐述了中央空调监控系统的硬件设备组成及特点，并介绍了空调系统的调试、运行管理，以及空调系统的节能运行和节能控制技术。

习　题

5-1　空调系统的任务是什么？

5-2　定风量空调系统和变风量空调系统的主要区别是什么？

5-3　空调房间常用的气流组织的送风方式有哪几种？各自有什么特点？

5-4　中央空调系统主要由哪几部分组成？

5-5　活塞式冷水机组主要由哪几部分构成？其特点是什么？

5-6　离心式冷水机组有哪些特点？有哪些不足？

5-7　热泵与制冷机主要区别是什么？

5-8　什么是组合式空调机组？其特点是什么？

5-9　什么是空气幕？空气幕有哪些作用？

5-10　空调水循环系统主要由哪几部分组成？其各部分的作用是什么？

5-11　中央空调监控系统的主要硬件设备有哪些？DDC 的含义是什么？

5-12　风压压差开关和水压压差开关的作用是什么？

5-13　空调系统的维护主要包括哪些方面？

5-14　空调系统的节能运行主要包括哪些？

第6章 热水供应系统

【知识结构】

热水供应系统
- 室内热水供应系统
  - 热水用水量标准
    - 热水用水量定额
    - 热水水质
    - 热水水温要求
  - 热水供应系统
    - 热水供应系统的组成
    - 热水供应系统的分类
    - 热水供应系统的加热方式和加热设备
    - 热水管布置与敷设的基本原则
- 高层建筑热水供应系统
  - 集中加热分区热水供应方式
  - 分散加热热水供应方式
- 热水供应系统在实际中的应用
  - 太阳能热水供应系统在住宅中的应用
  - 双热源热泵热水系统在学生公寓中的应用

6.1 室内热水供应系统

室内热水供应是对水的加热、贮存和输配的总称。室内热水供应系统主要供给生产、生活用户洗涤及盥洗用热水，并能保证用户随时可以得到符合设计要求的水量、水温和水质。

6.1.1 热水用水量标准

（1）热水用水量定额

高层建筑的热水用水量标准分生产、生活两类。生产热水用水量定额应按工艺要求或同类型企业实际数据确定。生活热水用水量定额应根据建筑物种类、卫生设备完善程度、当地气候条件、热水供应时间、水温、生活习惯等因素，调查后确定。根据《建筑给水排水设计标准》GB 50015—2019 规定，各类建筑的热水用水量定额见表 6-1。

使用热水量定额　　　　　　　　　　　　　　　　　　　　表 6-1

序号	建筑物名称	单位	60℃最高日用水量（L）	使用时间（h）
1	住宅			24
	有自备热水供应和淋浴设备	人·日	40～80	
	有集中热水供应和淋浴设备	人·日	60～100	
2	别墅	人·日	70～100	
3	酒店式公寓	人·日	80～100	24
4	招待所、培训中心、普通旅馆			24 或定时供应
	设公用盥洗室	人·日	25～40	
	设公用盥洗室、淋浴室	人·日	40～60	
	设公用盥洗室、淋浴室、洗衣房	人·日	50～80	
	设单独卫生间、公用洗衣房	人·日	60～100	

序号	建筑物名称	单位	60℃最高日用水量（L）	使用时间（h）
5	宾馆客房			
	旅客	床·日	120～160	24
	员工	人·日	40～50	
6	医院住院部			
	设公用盥洗室	床·日	60～100	24
	设公用盥洗室、淋浴室	床·日	70～130	
	设单独卫生间	床·日	110～200	
	医务人员	人·班	70～130	
	门诊部、诊疗所	病人·次	7～13	8
	疗养院、休养所住房部	床·日	100～160	24
7	养老院	床·日	50～70	24
8	托儿所、幼儿园			
	有住宿	儿童·日	20～40	24
	无住宿	儿童·日	10～15	10
9	公共浴室			
	淋浴	顾客·次	40～60	
	淋浴、浴盆	顾客·次	60～80	12
	桑拿浴	顾客·次	70～100	
10	理发室、美容院	顾客·次	10～15	12
11	洗衣房	kg 干衣	15～30	8
12	餐饮业			
	营业餐厅	顾客·次	15～20	10～12
	快餐店、职工及学生食堂	顾客·次	7～10	11
	酒吧、咖啡厅、茶座	顾客·次	3～8	18
13	办公楼	人·班	5～10	8
14	健身中心	人·次	15～25	12
15	体育馆			
	运动员淋浴	人·次	17～26	4
16	会议厅	座·次	2～3	4

（2）热水水质

生活用热水的水质标准除了应该符合我国现行的生活饮用水标准外，对集中热水供应系统加热前水质是否需要软化处理，应根据水质、水温和使用要求等因素进行经济技术比较后确定。热水供应系统中管道和设备的腐蚀和结垢是两个比较普遍的问题，它直接影响管道的使用寿命与投资维修费用。其中腐蚀的主要原因是水中溶解氧的含量，水垢的形成主要与水的硬度有关。对于水质的要求，可以归纳为如下几点：

1）为了保证锅炉、热交换器等设备和管道内壁不致结垢，影响安全和运行，必须基本上去除水的硬度。对于不同类型的锅炉，可以有不等的允许残余硬度。

2）热水系统中设备和部件的制作材料绝大部分应是钢、不锈钢和铁，但也有少数设备，例如空气加热器、热水加热器等热交换器，部分部件采用黄铜和青铜之类的非铁金属。

3）必须从水中除去所有的气体，特别是氧气和二氧化碳。水中溶有的氧和二氧化碳会对锅炉的受热面产生化学腐蚀。腐蚀到一定阶段，常形成穿孔，造成事故。

（3）热水水温要求

生活用热水的水温一般为 $25 \sim 60℃$，综合考虑水加热器到配水点系统管路不可避免的热损失，水加热器的出水温度一般不应超过 $75℃$。水温过低可能导致某些用水点不能得到温度合适的用水；水温过高，管道易结垢，易发生人体烫伤事故。各种卫生器具的热水用水温度见表 6-2。

卫生器具一次和一小时热水用水量和水温   表 6-2

序号	卫生器具名称	一次用水量（L）	一小时用水量（L）	水温（℃）
1	住宅、旅馆、别墅、宾馆			
	带有淋浴器的浴盆	150	300	40
	无淋浴器的浴盆	125	250	40
	淋浴器	70～100	140～200	37～40
	洗脸盆、盥洗槽水龙头	3	30	30
	洗涤池	10	180	50
2	集体宿舍、招待所、培训中心、营房			
	淋浴器：有淋浴小间	70～100	210～300	37～40
	淋浴器：无淋浴小间		450	37～40
	盥洗槽水龙头	3～5	50～80	30
3	餐饮业			
	洗涤池	10	250	50
	洗脸盆：工作人员用	3	60	30
	顾客用		120	30
	淋浴器	40	400	37～40
4	幼儿园、托儿所			
	浴盆：幼儿园	100	400	35
	浴盆：托儿所	30	120	35
	淋浴器：幼儿园	30	180	35
	淋浴器：托儿所	15	90	35
	盥洗槽水龙头	15	25	30
	洗涤池	10	180	30
5	医院、疗养院、休养所			
	洗手盆		15～25	35
	洗涤池	10	300	50
	浴盆	125～150	250～300	40

续表

序号	卫生器具名称	一次用水量（L）	一小时用水量（L）	水温（℃）
6	公共浴室			
	浴盆	125	25	40
	淋浴器：有淋浴小间	100～150	200～300	37～40
	淋浴器：无淋浴小间		450～540	37～40
	洗脸盆	5	50～80	35
7	办公楼			
	洗手盆	10	50～100	35
8	理发室、美容院			
	洗脸盆		35	35
9	实验室			
	洗涤盆	3	60	50
	洗手盆	5	15～25	30
10	剧院			
	淋浴器	60	200～400	37～40
	演员用洗脸盆	5	80	35
11	体育场（馆）			
	淋浴器	30	300	35
12	工业企业生活间			
	淋浴器：一般车间	40	360～540	37～40
	淋浴器：脏车间	60	180～480	40
	洗脸盆或盥洗槽水龙头：一般车间	3	90～120	30
	洗脸盆或盥洗槽水龙头：脏车间	5	100～150	35
13	净身盆	10～15	120～180	30

6.1.2 热水供应系统

（1）热水供应系统的组成

热水供应系统的组成应根据使用对象、建筑物特点、热水用量、用水规律、用水点分布、热源情况、水加热设备、用水要求、管网布置、循环方式以及运行管理条件等的不同而有所不同。一般的室内热水供应系统主要由热媒系统、热水供应系统和附件三部分组成。

1）热媒系统：又称第一循环系统，由热源、换热器和热媒管网组成。锅炉生成的蒸汽经热媒管道送入换热器，与被加热冷水进行交换后使热蒸汽变成冷凝结水，冷凝结水靠余压排入凝结水箱，再经凝结水泵送入蒸汽锅炉重新加热生成蒸汽，完成热媒的循环和换热过程。

2）热水供应系统：又称第二循环系统，由热水配水管网和循环管网组成。在加热器中被加热到所需温度的热水经配水管网送到各配水点使用，消耗的冷水由高位水箱或给水管网补给。各立管、水平干管处设循环管，目的是使一定量的热水流回到加热器重新加热，补偿配水管网的热损失，保证各配水点处的温度。

3）附件：包括各种控制附件和配水附件，如疏水器、排气阀、安全阀等。

① 疏水器

疏水器是一种装在蒸汽间接加热设备凝结回水管上的器材。它可以保证蒸汽凝结水及时排放，同时防止蒸汽漏失。图 6-1 为吊桶式疏水器。动作前吊桶下垂阀孔开启，吊桶上的孔眼也开启。当凝结水开始进入时，吊桶内外的凝结水及冷空气都由阀孔排出。一旦凝结水中混有蒸汽进入疏水器，吊桶内双金属片受热膨胀而把吊桶上的孔眼关闭。蒸汽进入疏水器中越多，吊桶内充气也越多，疏水器内逐渐增多的凝结水会浮起吊桶。吊桶上浮，会关闭阀孔，则又阻止蒸汽和凝结水排出。在吊桶内蒸汽因散热降低温度为凝结水，吊桶内双金属片又收缩而打开吊桶孔眼，充气被排放，浮力再一次减少会使吊桶下落而开启阀孔排水。如此间歇工作，起到阻气排水作用。

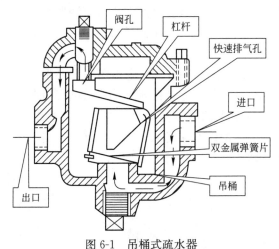

图 6-1　吊桶式疏水器

② 排气阀

在闭式热水系统中，应设置如图 6-2 所示的自动排气阀。当管中气体不断进入排气阀后，阀体内水面受压逐渐下降，水面的浮钟靠自重也相应下降，浮钟下降到一定位置，通

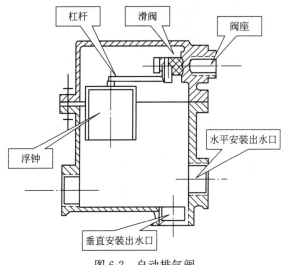

图 6-2　自动排气阀

过杠杆拨动滑阀，打开排气孔排气。阀体内气体排放后，压力减少，水面重新升起，抬起浮钟，排气孔重新关闭。依次重复作用能够及时排出管道中的气体。装自动排气阀的地点必须便于检修和有泄水措施。因热水横管一般安装在建筑闷顶内，对于泄水、排气出口管的设置，既不可破坏建筑装饰，又要方便接管。在开式热水系统中，最简单且安全可靠的排气措施是在管网最高处设置排气管，向上伸出，超过屋顶冷水箱的最高水位以上一定距离排气，此种排气管也是该系统的膨胀管。

③ 安全阀

在闭式热水供应系统、承压热水锅炉等压力容器上应设安全阀，宜选用微启式弹簧安全阀。热水系统的压力如果超过安全阀设定压力的 10% 时，则排出一部分热水，使压力降低，压力一减小就恢复原状。安全阀应直立安装在水加热器顶部，其排水口应设导管，将排泄的热水引至安全地点。安全阀与设备之间，不得安装取水管、引气管或阀门，大型水加热器应设置两个规格相同的安全阀。安全阀的直径应比计算值放大一级。安全阀灵活度低，动作可靠性差。

图 6-3 为集中热水供应系统的一种方式，它由第一循环系统（包括热源、热媒管网及水加热器等设备）和第二循环系统（包括配水和回水管网等设备）组成。工作流程为：由锅炉生成的蒸汽，经热媒管送入加热器把冷水加热；蒸汽凝结水由凝结水管排至凝结水池；锅炉用水由凝结水池旁的凝结水泵送入；水加热器中所需冷水由给水箱供给，加热后的热水由配水管送到各用水点。

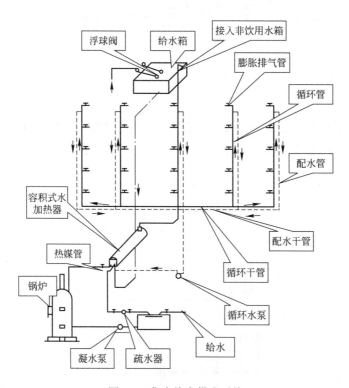

图 6-3 集中热水供应系统

为了保证热水温度，循环管和配水管中还循环流动着一定数量的循环热水，用以补偿配水管路在不配水时的热损失。

（2）热水供应系统的分类

热水供应系统的分类方法很多，常按以下方法进行分类：

1）按供应范围的大小分类

① 局部热水供应系统。供水范围较小，是在用水点处采用小型加热器就地加热冷水的方式，供局部范围内的一个或几个点使用的热水供应系统。该系统热水输送管道较短、系统简单、造价低、维护方便但是设备热利用率低、热水成本高。适用于热水用水量小且分散的建筑，如理发店、饮食店等。在一些大型的建筑中，也可以采用多个局部热水供应系统分别供应热水。热源可以采用蒸汽、燃气、燃油、锅炉余热、太阳能和电能等。

② 集中热水供应系统。供水范围较大，是利用锅炉或换热器将冷水集中加热向一栋或几栋建筑物输送热水的方式。该系统热水输送管道较长，设备系统复杂，建设投资较高，适用于热水用量大，用水点多且比较集中的建筑物，如医院、住宅等。

③ 区域热水供应系统。供水范围比集中热水供应系统还要大得多，常利用热电厂或区域锅炉房将冷水集中加热后，通过室外热水管网向建筑群供应热水，适用于建筑多且较集中的城镇住宅区和大型工矿企业。

2）按热媒的种类分类

① 蒸汽热媒的热水供应系统。发热设备为蒸汽锅炉，由蒸汽锅炉提供蒸汽，再进行汽—水换热，使冷水变成热水后进入热水供应系统。

② 高温水热媒的热水供应系统。发热设备为热水锅炉，由热水锅炉直接提供热水，或热水锅炉产生的高温水进行水—水换热使冷水变成热水后进入热水供应系统。

3）按冷水的加热方式分类

① 直接加热的热水供应系统。把热媒直接与冷水混合而成热水再输配至热水供应系统。用蒸汽加热有：直接进入加热、多孔管直接加热、水射器方式。其中多孔加热器如图6-4所示。

② 间接加热的热水供应系统。蒸汽或高温水的热量通过金属传热面传递给冷水，使冷水间接受热变成热水。

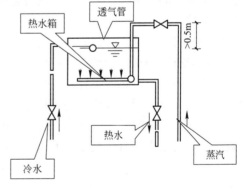

图6-4　多孔加热器

4）按热水供应系统管路有无循环管的布置分类

① 无循环热水供应系统。

该系统是将发热器中流出的热水经热水供应管道至用水设备，热水管道的水不能返回发热器，供水干管分为上行下给式、下行上给式等。

② 循环式热水供应系统。系统中部分水能够通过循环管返回发热器重新加热再流回热水供应管道内，起到补充加热的作用。

5）按热水供应系统有无分区分类

① 无分区的热水供应系统。无分区热水供应系统只有一套热水供应系统，一般低层

建筑常采用无分区热水供应系统。

② 分区的热水供应系统。分区热水供应系统指在同一建筑物内按建筑分区设有两套以上的热水供应系统，一般高层建筑常采用分区热水供应系统。

（3）热水供应系统的加热方式与加热设备

1）热水供应系统的加热方式

水的加热方式很多，在局部热水供应系统中可利用电、燃气、太阳能来加热水，在集中热水供应系统中，常见的有蒸汽直接加热和间接加热两大类。选用时应根据热源种类、热能成本、热水用量、设备造价以及经济费用等进行经济技术比较后确定。在有条件的工厂，应尽量利用废热、余热，以节省燃料。

① 直接加热法

此法是利用燃料直接烧锅炉将水加热或利用清洁的热媒（如蒸汽）与被加热水混合进行加热。在燃料缺少时，如果当地电力充足或有供电条件时，也可采用电力加热水。在太阳能丰富的地区可采用太阳能加热。直接加热方式具有加热方式直接简单、热效率高的特点。但要设置热水锅炉或其他水加热器，占有一定的建筑面积，增加维护管理工作，有条件时宜采用自动控制的水加热设备。

② 间接加热法

此法是被加热水不与热媒直接接触，而是通过加热器中的传热面的传热作用，利用热媒的热能来加热水。如利用蒸汽或热网水等来加热水，热媒放热后，温度降低，仍可回流到原锅炉房复用。因此，热媒不需要大量补充水，既可节省用水，又可保护锅炉不生水垢，提高热效能，此种系统的热水不易被污染，无噪声，热媒和热水在压力上无联系。间接加热法所用的热源，一般为蒸汽或过热水，如当地有废热或地热水时，应先考虑作为热源的可能性。

2）热水供应系统的加热设备

加热设备应根据使用特点、耗热量、热源、维护管理等因素进行选择。同时，要求设备具有热效率高、换热效果好、节能、占地小、有利于整个系统冷、热水压力平衡，安全可靠、结构简单、操作维修方便等特点。

当采用自备热源时，可采用以燃气、燃油等为燃料的热水机组或常压热水锅炉等水加热设备，也可采用自带热交换器的热水机组或外配容积式水加热器的热水机组等水加热设备。同时，热水机组还应具备燃料燃烧完全、消烟除尘、自动报警等功能。当采用蒸汽、高温热水等热媒时，应结合用水均匀性、给水水质硬度、热媒供应能力、可靠性等综合因素比较后选择间接水加热设备。

常用的加热设备有以下几种：

① 常压热水锅炉：如图6-5所示。常压热水锅炉使用的燃料有煤、天然气、液化石油气和轻柴油等。常压热水锅炉分立式和卧式，采用炉膛直接加热水，因此要求冷水硬度低，否则会产生结垢现象。常压热水锅炉的优点是：设备及管道系统简单、投资小、热效率高、运行费用低，采用开式系统时无危

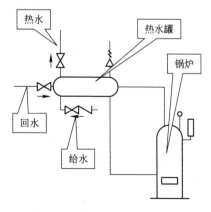

图6-5　热水锅炉的直接加热方式

险，适用于用水均匀、耗热量不大的高层建筑。

②容积式水加热器：这是一种间接加热设备，分立式和卧式两种。蒸汽通过热水罐内的盘管，与冷水进行热交换而加热冷水，如图 6-6 所示。这种加热器供水温度稳定，噪声低，能承受一定的水压，凝结水可以回收，水质不受热媒影响，并有一定的调节容量，但热效率较低，占地面积大，维修管理复杂。这种热水器较广泛地用于高层宾馆、医院、耗热量较大的公共浴室、洗衣房等。

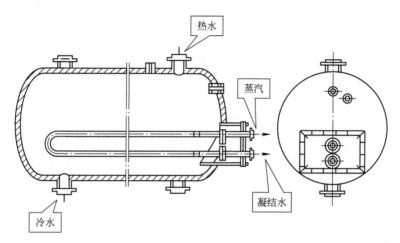

图 6-6　容积式水加热器

③半即热式热水器：它是介于即热式加热器和容积式水加热器之间的新型换热器，兼有容积式具有一定调节容积和即热式传热效率高、换热速度快的优点，还具有体积小、节约占地面积、外壳温度低、辐射热损失极小、热效率高、维护简单等特点。如图 6-7 所示。

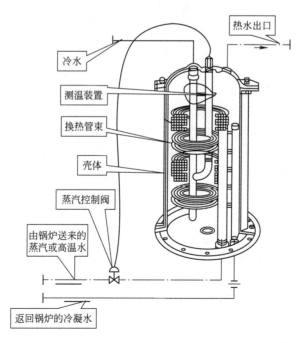

图 6-7　半即热式热水器

半即热式热水器由上下端盖、筒体、热媒进气干管、冷凝回水干管、螺旋盘管式换热管束、温控装置、安全装置、热媒过滤器、冷水进水管、热水出水管、排污水管等组成。热媒进气干管从换热器的下部进入壳体，自下而上安装并接出多组加热盘管。加热盘管呈悬臂状态，并在平面上多次变向后进入冷凝回水干管，从换热器下部接出。加热盘管的换热器筒体间留有少量空隙，过水面积小，水流速度大。设有预测管，冷水管在接入热水器前，接出分支管，分支管从水加热器上部进入体腔，分支管冷水出口靠近感温器，该分支管被称为预测管。自动温度调节阀的感温器，设置在水加热器上部热水管出口处，用以检测热水温度，并随热水温度的变化而发出信号，控制热媒管道调节阀门的开启度，进而控制热媒的进入流量，使热水出水温度确保在用户要求设定值的范围内。

④ 太阳能热水器：如图 6-8 所示。太阳能热水器是利用阳光辐射把冷水加热的一种光热转换器，通常由太阳集热器、保温水箱、连接管道、支架、控制器和其他配件组合而成。基本原理是将阳光释放的热源通过集热器（吸收太阳辐射能并向水传递热量的装置）的高效吸热使水温升高，利用冷水密度大于热水的特点，形成冷热水自然对流、上下循环，使保温水箱的水温不断升高，完成生产热水的目的，适用于日照时间较长的地区。

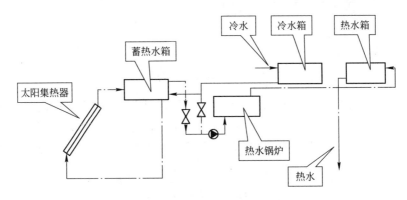

图 6-8 太阳能热水器原理图

⑤ 空气源热泵热水器：热泵（Heat Pump）是一种将低温热源的热能转移到高温热源的装置，是近年来备受世界关注的新能源技术。热泵按热源获取来源的种类可分为：水源热泵、地源热泵、空气源热泵、双源热泵（水源热泵和空气源热泵结合）。

热泵热水器就是利用逆卡诺原理，通过介质，把热量从低温物体传递到高温水里的设备。目前市场上热泵热水器种类很多，主要有太阳能助推型热水器、水源热水器和空气源热水器三种系列。由于空气源热泵热水器是通过空气获得热量来加热水，受条件限制最小，发展空间最大。

空气源热泵热水器也称"空气能热泵热水器""空气能热水器"等。空气源热泵热水器中的热泵能把空气中的低温热能吸收进来，经过压缩机压缩后转化为高温热能，加热水温。这种热水器具有高效节能的特点，其耗电量是同等容量电热水器的1/4，是燃气热水器的1/3。空气源热泵热水器的初期投资是煤气、天然气、电热水器的三至五倍，但其日常运行成本较低。

空气源热泵热水器主要是由压缩机、热交换器、轴流风扇、保温水箱、水泵、储液罐、过滤器、电子膨胀阀和控制器等组成。它的基本工作原理如图 6-9 所示。

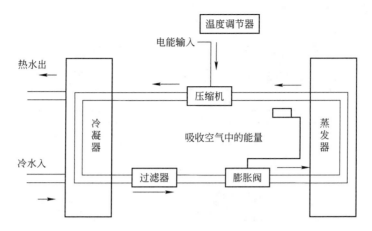

图 6-9　空气源热泵热水器原理图

接通电源后，轴流风扇开始运转，室外空气通过蒸发器进行热交换，温度降低后的空气被风扇排出系统，同时蒸发器内部的工质吸热汽化被吸入压缩机，压缩机将这种低压工质气体压缩成高温、高压气体送入冷凝器，被水泵强制循环的水也通过冷凝器，被工质加热后送去供用户使用，而工质被冷却成液体，该液体经膨胀阀节流降温后再次流入蒸发器，如此反复循环工作，空气中的热能被不断"泵"送到水中，使保温水箱里的水温逐渐升高，最后达到需要温度。

空气源热泵热水器是当今世界上最先进的能源利用产品之一。它的供热原理与传统的太阳能热水器截然不同。空气源热泵热水器以空气为低温热源，以电能为动力从低温侧吸取热量来加热生活水，热水通过循环系统直接送入用户作为热水供应或利用风机盘管进行小面积供暖，是目前学校宿舍、酒店、洗浴中心等场所的大、中、小热水集中供热系统的最佳解决方案。

（4）热水管布置与敷设的基本原则

热水供应系统管线布置的基本原则是在满足使用、便于维修与管理的情况下管线最短。

热水干管根据所选择的方式可敷设在室内地沟、地下室顶部、建筑物最高层或专用设备技术层内。一般建筑物的热水管线放置在预留槽、管道竖井内。明装管道应尽量布置在卫生间或非居住人的房间。管道穿楼板及墙壁时应有套管，楼板套管应高出地面 5～10cm，以防楼板积水时由楼板孔流到下一层。热水管网的配水立管始端、回水立管末端和支管上装设水嘴多于 5 个少于 10 个时，应装设阀门，以使局部管段检修时不致中断大部分管路配水。为防止热水管道输送过程中发生倒流，应在水加热器或贮水罐给水管线上、机械循环的第二循环管上、加热冷水所用的混合器的冷热水进水管道上装设止回阀。所有横管应有与水流相反的坡度，便于排气与泄水。

横干管的直线段应设置足够的伸缩补偿器。上行式配水横干管的最高点应设置排气装置（自动排气阀或排气管）。管网最低点还应设置泄水阀门或丝堵，以便泄空管网存水，泄水管直径一般取 $DN25\text{mm}$，系统较大时可取 $DN50\text{mm}$。对下行上给全循环式管网，为了防止配水管网中分离出来的气体被带回循环管，应当把每根立管的循环管始端都接到其相应配水立管最高点以下 0.5mm 处。为了避免管道热伸缩所产生的应力破坏管道，立管与横管连接应按图 6-10 所示敷设。

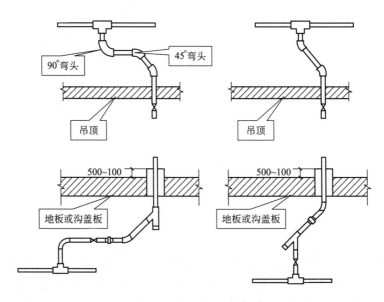

图 6-10　热水立管与水平干管的连接方式

热水贮水罐或容积式水加热器上接出的热水配水管一般从设备顶部接出，机械循环的回水管从设备下部接入。热媒为热水的进水管应在设备顶部以下 1/4 高度接入，其回水管和冷水管应分别在设备底部引出和接入。

为了满足设备调节和检修的要求，在水加热器设备、贮水器、锅炉、自动温度调节器和疏水管等设备的进出水口的管道上，还应装设必需的阀门。

热水供应系统各种设备的布置，要根据选定的热水供应方式，考虑各种设备的综合要求，满足建筑安全、防火、噪声、维修建筑面积等因素确定。若采用小型锅炉制备热水，应尽可能与建筑物的供热锅炉统一布置。若有高位供应的热媒可以利用，应专设热力进口，一般与室内供暖统一布置。热水贮水罐、容积式水加热器一般均设置在锅炉附近，便于管理。所有加热设备之间、加热设备与建筑物之间均留有足够距离，便于维修、管理。

6.2　高层建筑热水供应系统

高层建筑热水供应系统应进行竖向分区。竖向分区是指在建筑物内的给水管网和供水设备按楼层数依次划分为若干个彼此独立的供水系统，系统对各相应的供水区域进行供水。实行竖向分区供水，应确定出适宜的竖向分区压力值，使水压保持在一定的限度内。分区压力值过高，会使上层配水点水流量较小，下层配水点水流量较大，下层管网和卫生器具配件承压大，下层龙头开启水流喷溅，造成浪费，关阀时易产生水锤，产生振动和噪声，有可能破坏管网和卫生设备。分区压力值过低，会增加分区数，增加给水系统的管道、设备及土建工程投资和维修管理工作。

6.2.1 集中加热分区热水供应方式

高层建筑物内的各区热水管网自成独立的系统，水换热器集中设置在建筑物的底层或地下室中，水换热器的冷水供应来自各区的给水水箱，加热后的热水分别送往系统中的各用水点使用。集中加热分区热水供应的方式管理方便，但耗费管材多，底层水换热器承受压力大，所以多用于建筑物高度在 100m 以下的建筑物，不适宜于超高层建筑物，管网方式多采用上行下给式，如图 6-11 所示。

6.2.2 分散加热热水供应方式

高层建筑物内的各分区的水换热器和循环水泵分别设置在各区的技术层内，根据具体情况，水换热器等可置于该区的上部或下部，加热后的热水沿该区管网送往各配水点，如图 6-12 所示。

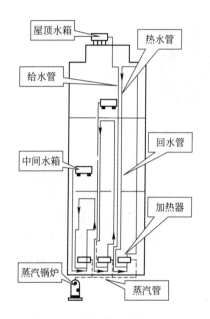

图 6-11 集中加热分区热水供应方式

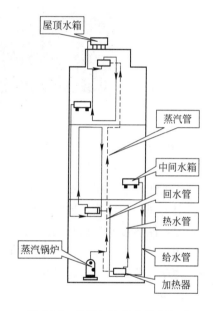

图 6-12 分散加热热水供应方式

分散加热分区热水供应的方式适用于建筑物高度在 100m 以上的超高层建筑物，系统管网造价低，加热设备承压低，但设备分散管理不便。

高层宾馆的洗衣房、厨房等用水量大的部门，可单独设局部热水供应系统。此外，根据当地的气候条件和生活习惯，对一般单元式高层住宅、公寓可采用局部热水供应系统。

6.3 热水供应系统在实际中的应用

6.3.1 太阳能热水供应系统在住宅中的应用

太阳能作为一种可再生的清洁绿色能源，世界各国都在积极推广应用。特别在建筑节能方面，通过对太阳能的推广应用，减少对一次能源的过度消耗和依赖，已成为建筑节能设计中一个非常重要的环节。住宅太阳能热水系统可分为分户集热—分户储热太阳能热水系统、集中集热—分户储热太阳能热水系统、集中集热—集中供热太阳能热水系统。

（1）分户集热—分户储热太阳能热水系统

该系统也称为户式太阳能热水系统，是一种以住户为单位安装的太阳能热水系统，每户单独配置一台太阳能集热器、储热水箱、辅热设备及相关管路，为每户独立使用的小型太阳能热水系统。在住宅安装形式一般体现为阳台壁挂式。系统原理见图6-13。

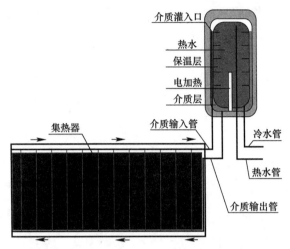

介质灌入口

热水

保温层

电加热

介质层

集热器　　　　　　介质输入管

冷水管

热水管

介质输出管

图6-13　阳台壁挂式太阳能热水系统原理

1）系统优点

集热器与储热水箱分离。集热器采用壁挂式，安装在阳台外侧等合适的建筑南立面处，解决了屋面安装面积不足的问题。储热水箱可以根据用户需求放置在合适的地方，如设备间、卫生间、阳台等，比较灵活。每户一套独立系统，减少了系统的循环管路，提高了集热效率，储热水箱与集热器之间可利用被加热液体的密度变化来实现自然循环，降低了使用费用。每户独立使用，便于后期管理维护。水电为分户计量，用户谁住谁用，无计费纠纷，便于物业管理。工程造价相对较低。

2）系统缺点

热水资源不能共享，存在"旱涝不均"的问题，低层用户热水效果较差。集热器单独安装，需考虑与建筑融合，保证建筑的美观，同时需考虑安装可靠，必须采取相应的防雷、防坠落等措施，否则存在安全隐患。

（2）集中集热—分户储热太阳能热水系统

该系统的太阳能集热器集中设置在屋面，同时屋面设置缓冲水箱、强制循环装置，每户单独设置储热水箱和辅热设备，住户的热水供应系统与太阳能集热循环系统分开，两者之间采用间接换热的方式。系统原理见图6-14。

1）系统优点

太阳能集热器集中屋面设置，有利于建筑一体化设计。实现太阳能资源共享，科学智能控制，实现热量均匀分配，上下住户热水供应基本不存在冷热不均的现象。太阳能储热水箱和辅助加热部分在用户室内设置，便于独立管理。用水、用电实现分户计量，便于后期的物业管理及维护。分户储热水箱承压供水，使用舒适。

2）系统缺点

二次换热有一定的热损失，同时集热循环管路距离过长，集热效率值降低，工程造价偏高。

（3）集中集热-集中供热太阳能热水系统

该系统为模块式太阳能热水系统，储热水箱、强制循环装置与其他辅助设备高度集成化，太阳能集热器集中布置在屋面，储热水箱根据需要设置在屋面或地下室设备间内。储热水箱通过直接或间接换热方式提供住户生活热水。供水系统主管道采用定温循环。这种太阳能系统与常规能源电、气、空气源热泵结合可实现全天候热水供应。系统原理见图6-15。

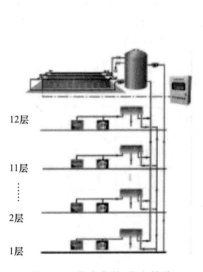

图 6-14　集中集热-分户储热
太阳能热水系统原理

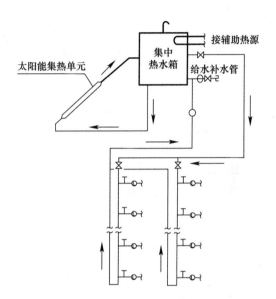

图 6-15　集中集热-集中储热
太阳能热水系统原理

1）系统优点。太阳能集热器模块化设计，有利于建筑美观。热水供应系统管路简单，供水干管采用定温循环，保证供水品质，实现各用水终端即开即热。运行可靠，太阳能热水系统集成化程度高，初期投资较少。

2）系统缺点。需分户计量收取运行、辅热、热水量等费用，易造成业主与物业矛盾，不便于物业管理。

6.3.2　双热源热泵热水系统在学生公寓中的应用

随着社会经济的发展和人民消费水平的提高，生活热水的需求量大幅提升。高校学生公寓人员密集，是热水消耗的大户。以往高校热水供应系统通常采用燃气、燃油锅炉或电锅炉集中供应，能耗水平高，同时由于某些宿舍距离浴室远，学生深感不便，而送至每幢公寓又会带来输配损失和热量损失。热泵热水机组可以利用高品位的电能，通过制冷循环吸收低品位热能（空气或者水源中的热能），制取 55℃ 左右的热水，是重要的节能设备。近年来，常用空气源热泵制取热水，但空气源热泵冬季性能系数 COP 值较低，往往需要辅助大功率的电加热器，耗能增加；水源热泵能利用水中储存的热量，有较高的性能系数，但水源中断时就无法工作。高校学生浴室通常固定时间开放，洗浴废水流量、温度相对稳定，是废水源热泵有效可靠的理想热源，于是一种空气源加污水源的双热源热泵热水系统应运而生。

（1）双热源热泵热水系统介绍

空气源热泵热水系统是以空气为低温热源，通过利用少量电能，采用蒸汽压缩热泵技术加热生活热水。该系统不但可以有效节约能源并且对环境无污染，具有广阔的发展空间和应用前景。通常洗浴后排入污水系统的废水温度仍较高（约35℃），如果洗浴用水按43℃、自来水按10℃计算，则洗浴热量利用只占加热自来水所需热量的24%，其余76%的热量随着废水排放而损失。因此，洗浴废水热量的回收潜力巨大。高校学生浴室的使用人数和使用时间相对集中，特别是固定开放时间的集中浴室，洗浴后的废水温度、流量都比较稳定，为污水源热泵提供了可靠有效的热源。双热源热泵热能梯级利用热水系统是将空气源热泵和污水源热泵结合起来，先利用废水预热器对自来水预热，再利用高效的污水源热泵对补水进行加热，增加了废水的热能梯级利用。双热源热泵工作原理如图6-16所示。

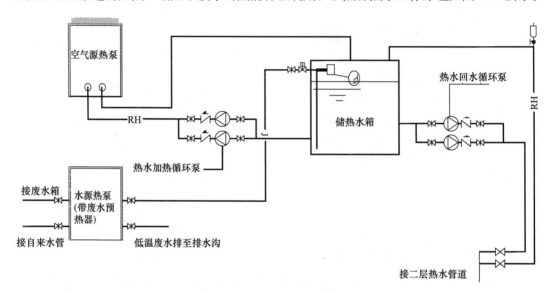

图6-16　双热源热泵热能循环工作原理图

（2）双热源热泵热水系统应用实例分析

以上海某高校1号学生公寓为例。该公寓为五层，共有宿舍206间，每间宿舍住4~6人，合计1080人。根据国家现行规范，每人每天热水用量为50L，则日用水总量为54t，冷水进水温度取值12.8℃，热水出水温度采用55℃。考虑学生放假因素，全年供水时间为270d。该公寓浴室设在二层，热泵机组及水箱等设备设置在一层，选用2台空气源热泵机组，2台水源热泵机组（带废水预热器），10t废水储水箱和15t热水储水箱各一个。双热源热泵热能梯级利用热水机组配备热能回收装置，使自来水通过预热和热泵两级加热，废热水通过热能回收和向水源热泵循环供热，实现了废热的梯级利用。

该校学生浴室热水系统采用的节能设计路线为：洗浴后产生的废热水经过过滤进入废水箱，先通过热能回收装置对自来水进行预热，再作为污水源热泵的低位热源，对生活热水的补水进行加热，同时利用空气源热泵维持热水箱的水温，以保证持续稳定供水。废水中的热量经两级利用，从35℃降到15℃，热能利用率从原来的24%提高到85%，降温后的废水排入学校的中水系统。该浴室热水系统投入使用后，学校委托民用建筑能效测评机构对该项目进行了能效测评，其评估结果如表6-3所示。

双热源热泵热能梯级利用热水系统性能测试汇总表　　　　表 6-3

检测机组	热水进口温度（℃）	热水出口温度（℃）	热水流量（m³/h）	机组输入功率（kW）	性能系数 COP
水源热泵机组 1	20.7	47.0	2.19	9.5	7.04
空气源热泵机组 1	20.8	43.2	2.03	9.3	5.68
水源热泵机组 2	20.6	45.2	2.28	9.3	6.95
空气源热泵机组 2	20.8	42.9	2.31	9.8	6.05
备注	测评期间第一天室外平均温度为 22.4℃，平均相对湿度 59.9%，第二天室外平均温度为 19.4℃，平均相对湿度 59.3%				

通过对不同热水供应系统年运行费用进行比较，双热源热泵热水系统的年均能效比可达 4.3，同时因其使用电这种清洁能源，节能的同时减少了煤炭和燃气的消耗，从而减少了 CO_2、SO_2 及粉尘的排放，可以有效改善校区的室内空气环境质量，环保效益同样十分明显。

双热源热泵热水系统是一种比较适合校园建筑特点、节能环保的热水供应方式。高校学生公寓采用双热源热泵热水系统具有可行性，可以实现系统的全年稳定高效运行，满足学生的生活热水需求。

本 章 小 结

本章介绍了热水供应系统中的热水用水量标准、热水水质及水温要求，阐述了热水供应系统的组成及基本结构，介绍了热水管布置与敷设的基本原则，重点阐述了热水供应系统的分类、热水加热方式及加热设备，介绍了高层建筑热水供应系统的热水供应方式以及热水供应系统在实际中的应用。

习 题

6-1　为什么热水供应系统中对水质有要求？

6-2　简述热水供应系统的组成。

6-3　热水供应系统中常用的附件有哪些？各自的作用是什么？

6-4　热水供应系统的分类方式有哪些？

6-5　简述高层建筑热水供应系统的供水方式类别。

第7章 建筑电气基础

【知识结构】

建筑电气系统
├─ 建筑供配电系统
│   ├─ 建筑供配电系统的组成
│   └─ 供配电系统主要设备
├─ 建筑电气照明系统
│   ├─ 建筑电气照明系统的组成与设计
│   ├─ 建筑电气照明系统的分类
│   └─ 电光源和灯具
└─ 供配电技术在建筑中的应用
    ├─ 高层建筑供配电技术中的负荷等级
    ├─ 供配电电源电压及主结线
    ├─ 有关电负荷的计算问题
    ├─ 变压器的选择
    └─ 变配电所位置的选择

7.1 建筑供配电系统

接收电源输入的电能，并进行检测、计量、变压等，然后向用户和用电设备分配电能的系统称为供配电系统。一般的建筑采用低压供电，而高层建筑通常采用 10kV 甚至 35kV 电压供电。

7.1.1 建筑供配电系统的组成

（1）供配电系统

各类建筑为了接收从电力系统送来的电能，就需要有一个内部的供配电系统。建筑供配电系统由高压及低压配电线路、变电站（包括配电站）和用电设备组成。图 7-1 为某电力系统示意图，其中，从 10kV 进线到系统末端为供配电系统。

一些大型、特大型建筑设有总降压变电站，把 35～110kV 电压降为 6～10kV 电压，向各楼宇小变电站供电，小变电站把 6～10kV 变为 380V/220V 电压，对低压用电设备供电。

中型建筑设施的供电，一般电源进线电压为 6～10kV，经过高压配电站，再由高压配电站分出几路高压配电线将电能分别送到各建筑物变电所，降为 380V/220V 低压，供给用电设备。

小型建筑设施的供电，一般只需一个 6～10kV 降为 380V/220V 的变电所。

对于 100kW 以下用电负荷的建筑，一般不设变电站，只设一个低压配电室向设备供电。

（2）电压等级

电力系统的电压等级较多，目前，我国采用的电压标准有 500kV、220kV、110kV、35kV、10kV、6kV 和 0.4kV 等几种。其中，超过 1kV 的称之为高压，1kV 以下的称之为低压。建筑物的供电电压通常为 10kV，低压配电电压为 380V/220V。我国三相交流电网和电力设备的额定电压划分如表 7-1 所示。

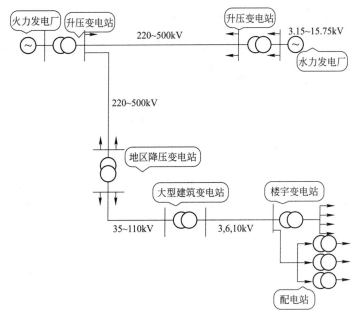

图 7-1　电力系统示意图

我国三相交流电网和电力设备的额定电压　　　　　　　　　表 7-1

分类	电网和用电设备额定电压（kV）	发电机额定电压（kV）	电力变压器额定电压（kV）	
			一次绕组	一次绕组
低压	0.22	0.23	0.22	0.23
	0.38	0.40	0.38	0.40
	0.66	0.69	0.66	0.69
高压	3	3.15	3	3.15 及 3.3
	6	6.3	6	6.3 及 6.6
	10	10.5	10	10.5 及 11
	35		35	38.5
	60		60	66
	110		110	121
	220		220	242
	330		330	363
	500		500	550
	750		750	825

（3）负荷等级

电力负荷应根据供电可靠性及其中断供电在政治、经济上所造成的损失或影响程度不同，分为一级负荷、二级负荷和三级负荷，具体负荷分级如表 7-2 所示。

电力负荷等级划分　　　　　　　　　表 7-2

一级负荷	二级负荷	三级负荷
中断供电将造成人身伤亡者； 中断供电将造成重大政治影响者； 中断供电将造成重大经济损失者； 中断供电将造成公共场所秩序严重混乱者	中断供电将造成较大政治影响者； 中断供电将造成较大经济损失者； 中断供电将造成公共场所秩序混乱者	不属于一级和二级的电力负荷

不同等级的负荷对供电的要求如表 7-3 所示。

负荷对供电要求   表 7-3

一级负荷	二级负荷	三级负荷
一级负荷应由两个独立电源供电，当一个电源发生故障时，另一个电源应不致同时受到损坏。 对于特别重要负荷，除上述两个电源外，还必须增设应急电源。为保证对特别重要负荷的供电，严禁将其他负荷接入应急供电系统	二级负荷应由两个回路供电，供电变压器亦应有两台。应做到当发生电力变压器故障或线路常见故障时不致中断供电。 在负荷较小或地区供电条件困难时，二级负荷可由 6kV 及以上专用架空线供电	三级负荷对供电电源无特殊要求

7.1.2 供配电系统主要设备

电气设备是供配电系统的主要组成部分，而电气设备的选择是供配电系统设计的主要内容之一。在选择时，应根据实际工程特点，按照相关规定，在保证供配电安全可靠的前提下，使系统技术先进、经济合理。

（1）电力变压器

电力变压器（power transformer，文字符号为 T 或 TM）是将电力系统的电能电压升高或降低，以利于电能的合理输送、分配和使用。

1）分类

电力变压器按变压功能分，有升压变压器和降压变压器。工厂变电所都采用降压变压器。终端变电所的降压变压器也称为配电变压器。

电力变压器按容量系列分，有 R8 容量系列和 R10 容量系列。R8 容量系列，是指容量等级是按 $R8 = \sqrt[8]{10} \approx 1.33$ 倍数递增的。我国老的变压器容量等级采用 R8 系列，容量等级如 100kVA、135kVA、180kVA、240kVA、320kVA、420kVA、560kVA、750kVA、1000kVA 等。R10 容量系列，是指容量等级是按 $R10 = \sqrt[10]{10} \approx 1.26$ 倍数递增的。R10 系列的容量等级较密，便于合理选用，是 IEC（国际电工委员会）推荐的，我国新的变压器容量等级采用这种 R10 系列，容量等级如 100kVA、125kVA、160kVA、200kVA、250kVA、315kVA、400kVA、500kVA、630kVA、800kVA、1000kVA 等。

电力变压器按相数分，有单相和三相两大类。大多数场合使用三相电力变压器，在一些低压单相负载较多的场合，也使用单相变压器。

电力变压器按绕组（线圈）导体材质分，有铜绕组和铝绕组两大类。由于铜绕组变压器的损耗小，目前一般均采用铜绕组变压器。

电力变压器按绕组绝缘及冷却方式分，有油浸式、干式和充气式（SF_6）等变压器。其中油浸式变压器，又有油浸自冷式、油浸风冷式、油浸水冷式和强迫油循环冷却式等。干式变压器现已在中压等级的电网中广泛应用。

2）全型号的表示和含义

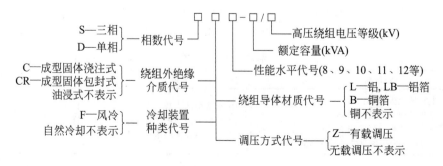

（2）高压电气设备

1）高压断路器

高压断路器（high-voltage circuit-breaker，文字符号为 QF）是变电所里最主要的设备之一，其任务是接通或断开负荷电流，在发生短路故障或严重过负荷时，借助继电保护装置迅速切断故障回路。

① 分类

按其采用的灭弧介质分，有油断路器、真空断路器、六氟化硫（SF_6）断路器以及压缩空气断路器等。现在大多采用真空断路器，也有的采用六氟化硫断路器，压缩空气断路器应用很少。

按其安装地点分，有户内式、户外式和防爆式。

按其操作性质分，有电磁机构、气动机构、液压机构、弹簧储能机构、手动机构。

② 全型号的表示和含义

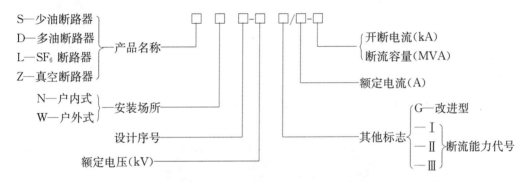

如：在 ZW32-12/T630-20 断路器中，"Z"表示真空断路器；"W"表示户外安装使用；"32"表示设计序号；"12"表示额定电压；"630"表示额定电流；"T"表示配弹簧操作机构；"20"表示额定短路开断电流。

图 7-2 是我国普遍使用的 SN10-10 型少油断路器的结构。

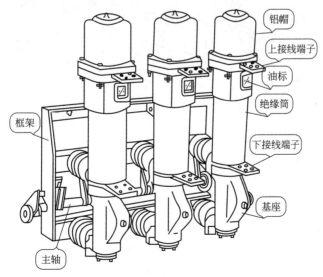

图 7-2　SN10-10 型高压少油断路器

2）高压隔离开关

高压隔离开关（high-voltage disconnector，文字符号 QS）主要用来隔离高压电源，以保证其他设备和线路的安全检修。因此，其结构特点是断开后有明显可见的断开间隙，而且断开间隙的绝缘及相间绝缘都是足够可靠的，能充分保障人身和设备的安全。隔离开关没有专门的灭弧装置，因此它不允许带负荷操作。可用来通断较小的电流。高压隔离开关按安装地点分户内和户外两大类。

全型号的表示和含义：

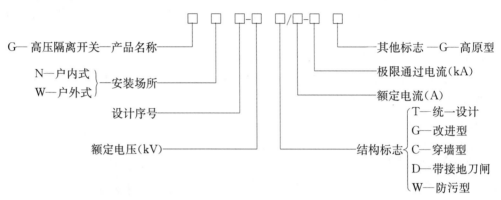

图 7-3 是 GN8-10/600 型户内高压隔离开关的外形结构图。

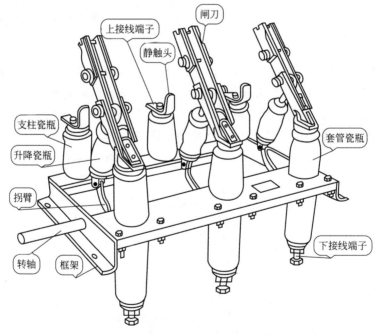

图 7-3　GN8-10/600 型户内式高压隔离开关

3）高压熔断器

熔断器（fuse，文字符号为 FU）是一种在电路电流超过规定值并经一定时间后，使其熔体（fuse-element，文字符号为 FE）熔化而分断电流、断开电路的一种保护电器，分户内和户外两种类型，其作用是切断过负荷或短路电流，防止故障扩大。

全型号的表示和含义如下：

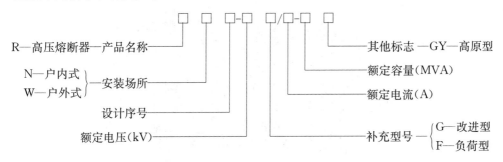

常用的 RN1、RN2 型高压熔断器的结构如图 7-4 所示。

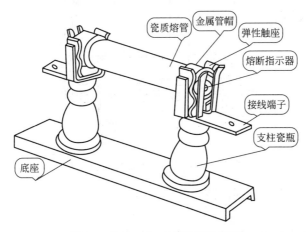

图 7-4　RN1、RN2 型高压熔断器

4）高压负荷开关

高压负荷开关（high-voltage load switch，简称为 QL），分户内和户外两种类型，具有简单的灭弧装置，专门用于接通和断开负荷电流，但不能切断短路电流，所以一般与高压熔断器串联使用，借助熔断器来进行短路保护。

全型号的表示和含义如下：

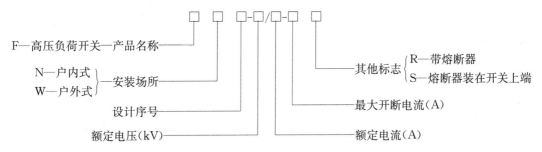

图 7-5 是 FN3-10RT 型户内压气式负荷开关的外形结构图。

5）互感器

互感器有电压互感器（potential transformer，缩写 PT，文字符号 TV）和电流互感器（current transformer，缩写 CT，文字符号 TA）两种，从基本结构和原理来说，互感器是一种特殊的变压器。可用来使仪表、继电器等二次设备与主电路绝缘，也可用来扩大

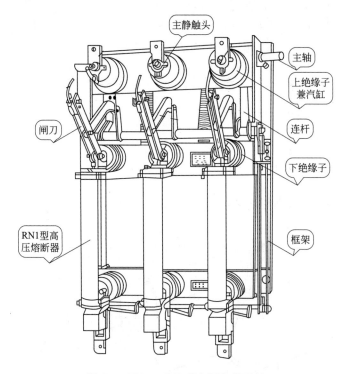

图 7-5　FN3-10RT 型高压负荷开关

仪表、继电器等二次设备的应用范围。

①电流互感器

电流互感器的类型很多。按其一次绕组的匝数分，有单匝式（包括母线式、芯柱式、套管式）和多匝式（包括线圈式、线环式、串级式）。按一次电压分，有高压和低压两大类。按用途分，有测量用和保护用两大类。按准确度级分，测量用电流互感器有 0.1、0.2、0.5、1、3、5 等级。保护用电流互感器有 5P 和 10P 两级。

全型号的表示和含义如下：

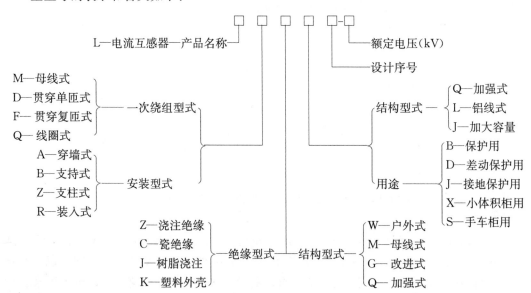

图 7-6 是户内高压 LQJ-10 型电流互感器的外形图。

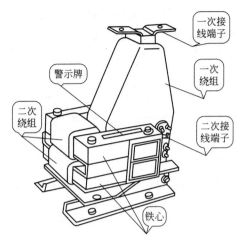

图 7-6　LQJ-10 型电流互感器

② 电压互感器

电压互感器按相数分，有单相和三相两类。按绝缘及其冷却方式分，有干式（含环氧树脂浇注式）和油浸式两类。

全型号的表示和含义如下：

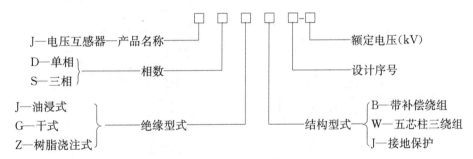

图 7-7 是应用广泛的 JDZJ-10 型单相三绕组、环氧树脂浇注绝缘的户内电压互感器外形图。

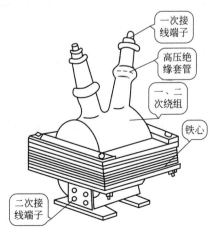

图 7-7　JDZJ-10 型电压互感器

6）高压开关柜

高压开关柜是按一定的线路方案将同一回路的高压开关电器、母线、测量仪表、保护电器和辅助设备等都装配到封闭的金属柜中，成套供应给用户。常用高压开关柜的类型如表 7-4 所示。

高压开关柜类型   表 7-4

类型	产品系列
固定式	GG-1A、GG-7A、GG-10、GG-11、GG-15、GG-20
手车式	GFC-1、GFC-3、GFC-7、GFC-10、GFC-11、GFC-15、GFC-18、GFC-20

在一般中小型工厂中普遍采用较为经济的固定式高压开关柜。我国以往大量生产和广泛应用的固定式高压开关柜主要是 GG-1A（F）型。

图 7-8 是 GG-1A（F）-07S 型固定式高压开关柜的结构图，其中断路器为 SN10-10 型。

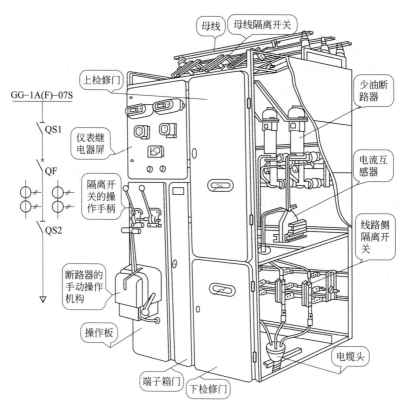

图 7-8 GG-1A(F)-07S 型固定式高压开关柜（断路器柜）

（3）低压电气设备

1）低压断路器

低压断路器（low-voltage circuit-breaker，文字符号为 QF）又称低压自动开关，它既能带负荷通断电路，又能在短路、过负荷和低电压（失压）下自动跳闸，其功能与高压断路器类似。配电用低压断路器按结构形式分，有万能式和塑料外壳式两大类。

全型号的表示和含义如下：

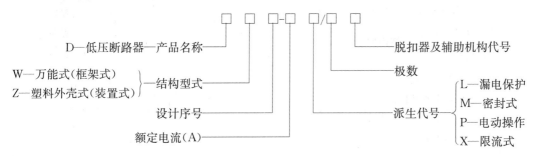

万能式低压断路器又称框架式自动开关。它是敞开地装设在金属框架上的，而其保护方案和操作方式较多，装设地点也较灵活。图 7-9 是 DW16 型万能式低压断路器的外形结构图。

塑料外壳式低压断路器又称装置式自动开关，其全部机构和导电部分都装设在一个塑料外壳内，仅在壳盖中央露出操作手柄，供手动操作之用。

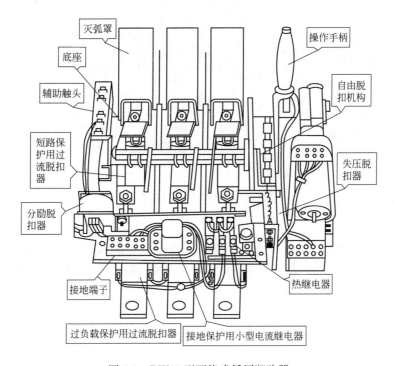

图 7-9　DW16 型万能式低压断路器

2）低压刀开关

低压刀开关（low-voltage knife-switch，文字符号为 QK）的类型很多。按其操作方式分，有单投和双投。按其极数分，有单极、双极和三极。按其灭弧结构分，有不带灭弧罩和带灭弧罩的两种。不带灭弧罩的刀开关，一般只能在无负荷或小负荷下操作，作隔离开关使用。

全型号的表示和含义如下：

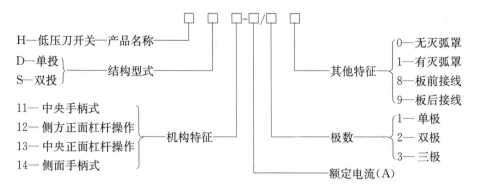

带有灭弧罩的刀开关（如图 7-10 所示），则能通断一定的负荷电流。

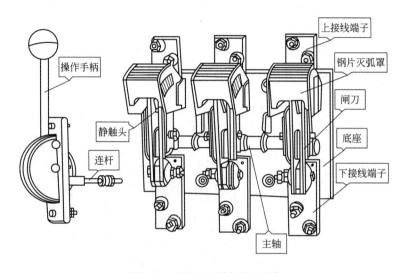

图 7-10　HD13 型低压刀开关

3）低压熔断器

低压熔断器在线路中作短路保护，其类型很多，如插入式（RC 型）、螺旋式（RL 型）、无填料密封管式（RM 型）、有填料密封管式（RT 型）、高分断能力式（NT 型）等。

全型号的表示和含义如下：

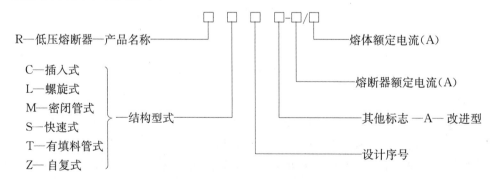

低压配电系统中应用较多的密封管式（RM10），如图 7-11 所示。

4）低压负荷开关

低压负荷开关（low-voltage load switch，简称 QL）是由低压刀开关和熔断器串联组

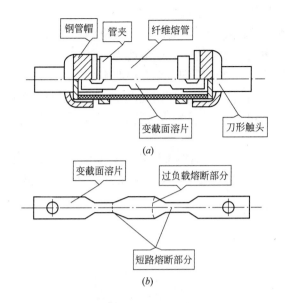

图 7-11　RM10 型低压熔断器

(a) 熔管；(b) 熔片

合而成，外装封闭式铁壳或开启式胶盖的开关电器。低压负荷开关具有带灭弧罩刀开关和熔断器的双重功能，既可带负荷操作，又能进行短路保护，但短路熔断后需更换熔体后才能恢复供电。

全型号的表示和含义如下：

5）低压配电屏和配电箱

低压配电屏（柜）是按一定的线路方案将有关一、二次设备组装而成的一种低压成套配电装置，在低压配电系统中用作动力和照明。

全型号的表示和含义如下：

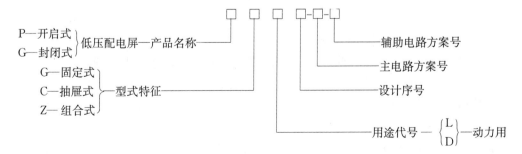

低压配电屏的结构型式，有固定式、抽屉式和组合式三大类型。抽屉式和组合式价钱

昂贵，一般中小工厂多用固定式。我国广泛应用的固定式低压配电屏主要有 PGL、GGL、GGD 等型号。PGL 型是开启式结构，采用的开关电器容量较小，而 GGL、GGD 型为封闭式结构，采用的开关电器技术更先进，断流能力更强。

低压配电箱按其用途分，有动力配电箱和照明配电箱两类。动力配电箱主要用于对动力设备配电，但也可向照明设备配电。照明配电箱主要用于照明配电，但也可对一些小容量的单相动力设备和家用电器配电。按其安装方式分，有靠墙式、挂墙（明装）式和嵌入式。

现在应用的新型配电箱，一般都采用模块化小型断路器等元件进行组合。例如 DYX（R）型多用途配电箱，可应用于工业和民用建筑动力和照明配电。图 7-12 是 DYX（R）型多用途低压配电箱箱面布置示意图。

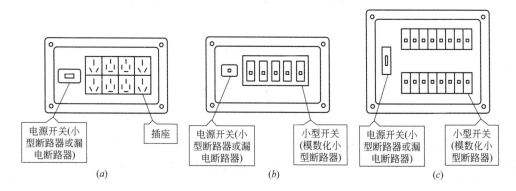

图 7-12　DYX（R）型多用途低压配电箱箱面布置示意图
(a) 插座箱；(b) 照明配电箱；(c) 动力照明配电箱

7.2　建筑电气照明系统

建筑电气照明系统就是将电能转换成光能，以保证人们在建筑物内外正常从事生产和生活活动，以及满足其他特殊需要的照明设施。电气照明不仅为人们生活、学习、工作提供良好的视觉条件，而且对环境产生重要的影响，利用灯光造型及其光色的协调，使室内环境具有某种气氛和意境，体现一定的风格，增加了建筑艺术的美感，使环境空间更加符合人们的心理和生理要求。在建筑物内，不同的环境，不同的场所，不同的使用功能，对照明的灯光、灯具以及对其控制等的要求各有不同。基本原则是"安全、舒适、经济、美观"。

7.2.1　建筑电气照明系统的组成

电气照明由照明供电和照明灯具两个部分组成。照明供电包括电能的产生、输送、分配、控制。它由电源、导线、控制和保护设备及用电设备组成。照明灯具设计包括光能的产生、传播、分配（折射、反射和投射）和消耗吸收。它由电光源、灯具、室内外空间、建筑物表面和人的工作面组成。

目前在照明装置中采用的都是电光源，为使电光源正常、安全、可靠地工作，同时便于管理维护，又利于节约电能，就必须有合理的供配电系统的控制方式给予保证。电气照明设计除符合照明光照技术设计标准中的有关规定外，必须符合电气设计规范（规程）中的有关规定。建筑电气照明供电设计包括确定电源和供电方式，选择照明配电网络形式、选择电气设备、导线和敷设方式。照明灯具设计应包括的内容有：选择照明方式、选择电光源、确定照度标准、选择照明器并进行布置、进行照度计算和确定电光源的功率。

7.2.2 建筑电气照明系统的分类

（1）按照明方式分

1）一般照明：灯具比较规则布置在整个场地的照明方式称为一般照明。一般照明可使整个场地都能获得均匀的水平照度，适用于工作位置密度很大而对光照方向无特殊要求的场所，如仓库、办公室、教室、会议室、候车室、营业大厅等。

2）分区一般照明：根据不同区域对照度要求不同的需要，采用分区一般照明的布置方式，可设置两种或以上不同照度的分区均匀分布的照明。如工作区照度要求比较高，灯具可以集中均匀布置，提高其照度值，其他区域可采用原来一般照明的布置方式。如车间的组装线、运输带、检验场所等。

3）局部照明：为满足某些局部的特殊需要而设置的照明，在较小范围内或有限空间内，采用辅助照明设施的布置。可在下列情况中采用：局部需要较高的照度；由于遮挡而使一般照明照射不到的某些范围；视觉功能较低的人需要有较高的照度；需要减少工作区的反射眩光；为加强某方向光照以增强质感时。

4）混合照明：当一般照明不能满足要求时，可在某些特定点设置局部照明，两者结合称为混合照明。混合照明适于照度要求高、对照射方向有特殊要求、工作位置密度不大、不适合单独采用一般照明的场所，常用于商场、展览馆、医院、体育馆、车间等。

选择合理的照明方式，对改善照明质量、提高经济效益和节约能源等有重要作用。

（2）按照明效果分

1）一般照明：为生活、工作、学习提供必要照度而设置的照明。

2）艺术照明：为衬托建筑物的特性、风格或显示一件艺术作品的内涵所设置的照明。在民用建筑中有很多场合往往是两者有机结合。

（3）按照明用途分

1）正常照明：应按不同建筑物类型及使用功能，按照度标准，采用不同的照明方式，为工作、学习、生活所需要而设置的照明。

2）应急照明：因正常照明电源发生故障而启用的照明，包括备用照明、安全照明和疏散指示照明三种。

① 备用照明：当正常照明电源消失后，能维持正常生产、营业、交往所需要的最小照度的照明，其照度不宜低于正常照明照度的10%，当仅作事故情况短时使用的照明可为5%。

② 安全照明：当火灾引起正常照明中断，将会引起人身伤亡的危险场所（如医院的重要手术室、急救室等）应设置安全照明。也可取正常照明中的一部分灯具作安全照明用，其照度不应低于正常照度的5%。

③ 疏散指示照明：在电梯轿厢内、消火栓处、自动扶梯的安全出口、疏散通道、公共出口处应设置疏散指示照明。疏散指示照明只需提供足够的照度，一般取0.5lx，维持时间按楼层高度及疏散距离计算，一般为20～60min。

应急照明灯宜布置在可能引起事故的设备、材料周围，以及主要通道入口，应急照明必须采用能瞬时点亮的可靠光源，一般采用白炽灯或卤钨灯。应急照明的电源除正常工作电源外，应设有备用电源，并在照明配电箱处设有备电自投装置。

3）值班照明：在非工作时间内供值班人员使用的照明，一般设置在重要车间、仓库或非营业时间的大型商场、银行等。值班照明可利用正常照明中能单独控制的一部分，或利用应急照明的一部分或全部作为值班照明。

4）警卫照明：根据警卫任务需要而设置的照明。在场地或库区内设置，宜尽量与厂区照明合用。

5）障碍照明：装设在障碍物上作为障碍标志用的照明。如装设于飞机场等附近的高层建筑上或船舶航行的河流两岸的建筑物上用以指示的照明，并应执行民航和交通部门的规定。

7.2.3 电光源和灯具

电光源按其发光原理可分为热辐射光源和气体放电光源两大类，如图 7-13 所示。

（1）热辐射光源：热辐射光源是利用物体加热时辐射发光的原理所制成的光源，包括白炽灯和卤钨灯（又分为碘钨灯、溴钨灯），它们都是以钨丝作为辐射体，通电后使之达到白热温度而产生热辐射的。

1）白炽灯

白炽灯的结构如图 7-14 所示，它是由灯丝、玻璃壳、玻璃支柱、灯头等部分组成。一般白炽灯的灯丝是用钨丝制成。通电后使钨丝加热到白炽状态从而引起热辐射发光。

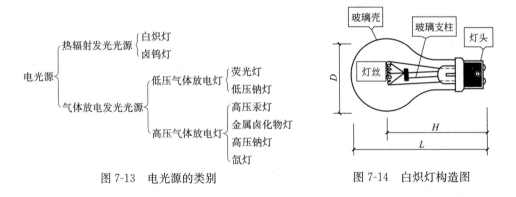

图 7-13　电光源的类别　　　　图 7-14　白炽灯构造图

普通白炽灯结构简单、价格低廉、使用方便、显色性好、使用广泛。但其发光效率较低，使用寿命较短。

2）卤钨灯

卤钨灯有碘钨灯和溴钨灯两种。碘钨灯是在白炽灯泡内充入含有少量卤素或卤化物的气体，利用卤钨灯循环原理来提高灯的光效和使用寿命，从而使白炽灯的缺点得以改进。卤钨灯主要由电极、灯丝、石英灯管组成。卤钨灯有单端引出和双端引出两种，构造如图 7-15 所示。

卤钨灯具有体积小、功率大、能够瞬时点燃、可调光、无频闪效应、显色性好和光通维持性好等特点。但抗震性很差，主要用于需要高照度的场所。

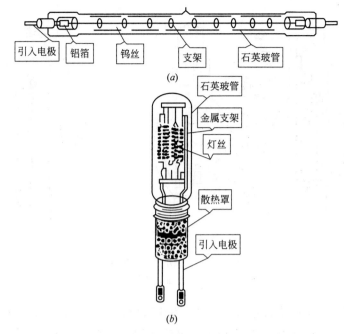

图 7-15　卤钨灯结构

(a) 两端引入的卤钨灯管；(b) 单端引入的卤钨灯管

(2) 气体放电光源：

利用气体或蒸气的放电而发光的光源，如荧光灯、高压汞灯等。

1) 荧光灯

荧光灯是第二代光源，它是一种低压汞蒸气放电灯，其结构如图 7-16 所示。

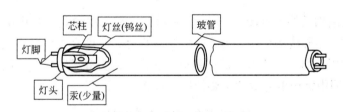

图 7-16　荧光灯结构

荧光灯一般接在交流电源上，当电流瞬时值等于零时，它几乎不发光，因此荧光灯工作时将会按电源频率的二倍闪烁。采用直流电给荧光灯供电，就可以彻底消除频闪效应。

荧光灯具有表面亮度低、表面温度低、光效高、寿命长、显色性较好、光通分布均匀等特点，被广泛应用。

2) 高压汞灯

高压汞灯又称高压水银灯，是一种较新型的电光源，其中的汞蒸气的压力达到几个至几十个大气压。其结构及外形见图 7-17 (a) 所示。

高压汞灯的核心部件是放电管。放电管由耐高温的石英玻璃制成，管内抽成真空后充氩气和汞，在其两端再装上主电极（上涂钡、锶、钙的氧化物），又在其一端装上辅助电极（它与主电极距离很近）。

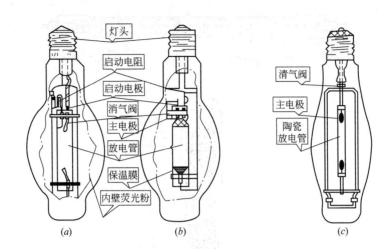

图 7-17　高强度气体放电灯

（a）荧光高压汞灯；（b）金属卤化物灯；（c）高压钠灯

接通电源时，在同一端的主辅电极之间发生放电，产生电子和离子从而引起两个主电极间的放电发光。高压汞灯主要优点是发光效率高、寿命长、省电、耐震，广泛用于街道、广场、车站、施工工地等大面积场所的照明。

3）金属卤化物灯

金属卤化物灯结构及外形见图 7-17（b）所示。主要有透明玻璃外壳和石英玻璃壳组成，壳和管之间充入氩气及其他惰性气体、汞蒸气和金属卤化物（碘化钠、碘化铊、碘化铟等），目前常用的金属卤化物灯有镝灯、钠铊铟灯、氙灯等。

4）高压钠灯

高压钠灯的结构及外形见图 7-17（c）所示。它是利用钠蒸气放电的气体放电灯，具有光效高、耐震、紫外线辐射小、寿命长、透雾性好、亮度高等优点。适合需要高亮度和高光效的场所使用，如交通要道、机场跑道、航道、码头等场所的照明用。

表 7-5 是照明中常用电光源的主要特性比较表。

常用照明电光源的主要特性比较　　　　　　表 7-5

光源名称	白炽灯	卤钨灯	荧光灯	荧光高压汞灯	管型氙灯	高压钠灯	金属卤化物灯
额定功率范围（W）	10～1000	500～2000	6～125	50～1000	1500～100000	250，400	400～1000
光效（lm/W）	6.5～19	19.5～21	25～67	30～50	20～37	90～100	60～80
平均寿命（h）	1000	1500	2000～3000	2500～5000	500～1000	3000	2000
一般显色指数（R_a）	95～99	95～99	70～80	30～40	90～94	20～25	65～85
启动固定时间	瞬时	瞬时	1～3s	4～8min	1～2s	4～8min	4～8min
再启动时间	瞬时	瞬时	瞬时	5～10min	瞬时	10～20min	10～15min
功率因数 $\cos\varphi$	1	1	0.33～0.7	0.44～0.67	0.4～0.9	0.44	0.4～0.61
频闪效应	不明显		明显				
表面亮度	大	大	小	较大	大	较大	大

光源名称	白炽灯	卤钨灯	荧光灯	荧光高压汞灯	管型氙灯	高压钠灯	金属卤化物灯
电压变化对光通的影响	大	大	较大	较大	较大	大	较大
温度对光通的影响	小	小	大	较小	小	较小	较小
耐震性能	较差	差	较好	好	好	较好	好
所需附件	无	无	镇流器、启辉器	镇流器	镇流器、触发器	镇流器	镇流器、触发器

各种光源适用场所见表 7-6。

各种光源适用场所　　　　　　　　　　　　　　　　　　表 7-6

光源名称	适用场所	举例
白炽灯	① 对照度要求不高的场所； ② 局部照明、事故照明； ③ 要求频闪效应小或开关频繁的地方； ④ 避免气体放电灯对无线电或测试设备干扰的场所； ⑤ 需要调光的场所	高度较低的房间、仓库、办公室、礼堂、宿舍、次要道路和图书馆等
荧光灯	① 悬挂高度较低，又需要较高照度的场所； ② 需要正确识别色彩的场所	设计室、阅览室、办公室、医务室、旅馆、饭店和住宅等
卤钨灯	① 照度要求高，显色性好，且无振动的场所； ② 要求频闪效应小的地方； ③ 需要调光的场所	礼堂和体育馆等
碘钨灯	照度要求高，且无振动的场所	礼堂和体育馆等
高压汞灯	照度要求高，但对光色无特殊要求的场所	道路和广场照明等
高压钠灯	① 照度要求高，但对光色无特殊要求的场所； ② 多烟尘的场所	道路照明或露天场所照明等
金属卤化物灯	房子高大、要求照度较高、光色较好的场所	体育馆和礼堂等

7.3　供配电技术在建筑中的应用

本小节主要针对高层建筑供配电技术中的负荷等级、供配电电源电压及主结线、有关电负荷的计算问题、变压器的选择、变配电所位置的选择五个方面进行介绍。

7.3.1　高层建筑供配电技术中的负荷等级

高层建筑供电负荷大，因而须对各种用电负荷进行限制分级，该保的一定要保，该停的则停，区别对待，这样既做到供电合理又不造成用电浪费、增加成本。

按照建筑电气设计技术规范对负荷划分的标准是：

（1）一级负荷：

1）中断供电将造成人身死伤者；

2）中断供电将造成重大政治影响者；

3）中断供电将造成重大经济损失者；

4）中断供电将造成公共场所秩序严重混乱者。

（2）二级负荷：

1）中断供电将造成较大政治影响者；

2）中断供电将造成较大经济损失者；

3）中断供电将造成公共场所秩序混乱者；

（3）三级负荷：凡不属于一、二级负荷者。

按高层民用建筑设计防火规范规定：高层民用建筑的消防控制室、消防水泵、消防电气、防排烟设施、火灾自动报警、自动灭火装置、火灾事故照明、疏散指示灯标志和电动防火卷帘、阀门等消防用电对一类建筑来说为一级负荷，凡属二类建筑的上述设备用电为了保护人民生命财产安全的应属一类负荷用电保护。

一般来说，高层建筑用电负荷大部分属于一级负荷。对于设计接待国家元首及政府要员的高级宾馆里的高级客房、总统套间、部分客梯、宴会厅、国际会议厅、经营管理用电脑电源、通信电源、新闻摄影电源、一级大厦的航空障碍导航灯等均属一级负荷。

7.3.2 供配电电源电压及主结线

高层建筑由于用电负荷较大，一般采用高压来供电，供电电压国内多为 10kV（中国香港地区 11kV，日本 22kV，美国 13.8kV）。

高压供电系统主结线一般多采用单母线制：单母线制主要特点是结构简单、需用的设备少、投资省、经济性好，因而一般高层建筑及工矿企业采用较多。

具体结线有以下几种：

单母线不分段结线灵活性低，母线一旦发生故障，母线功率就会 100％ 丧失，使供电系统全遭破坏，向用户供电全部中断。实际上母线故障较少，设计上还是经常被采用。将母线分段后，可靠性大大改善。当母线故障或检修时，可保证部分用户供电。而当引出线断路器故障和检修时，则改引出线必须停电。若采用带旁路母线的结线后，这一缺点也可克服，做到变电所检修时不影响用户的供电。现在，由于高压手动式开关柜的广泛使用，大大提高了供电的可靠性，所以带旁路母线的结线法已用得较少了。

供电电源及回路数要根据负荷等级大小及地方电网的具体情况结合考虑。

电力系统不发生故障是不可能的，为了保证在电力系统中断供电时，能保证对特别重要的负荷供电，按高层建筑用负荷重要性，需设计双回路供电以满足要求，除此以外还可设置自备柴油发电机组，发电机的容量一般可按下述因素考虑：1）按变电器容量的 10％～30％ 选择；2）按一类负荷选择；3）保证消防水泵等的正常启动和运转。为此发电机容量应不小于最大，是消防泵电动机容量的 4 倍。

为了在火灾及地震等特殊情况下，电力供电系统被破坏，自备柴油发电机电源都不能供电时，保证高层楼内人员能够及时安全的疏散，各楼层还应设置带电池的应急灯照明，以保证安全疏散。

7.3.3 有关电负荷的计算问题

对于高层的电负荷计算目前尚无一个权威而准确的计算方法。国内外大都是采用需用系数法或变形的需用系数法及单位容量法等。当前比较实际的作法是，根据已投入运行的高层建筑变压器安装的容量及负荷率的大小来估算进行设计的同类建筑电负荷大小，这样就可避免因由经验或调查研究不够而与实际相差太远。同时还应该对其他工种如空调、给水排水、动力及工艺等专业提出的用电指标加以综合平衡,以选择合理的计算方法及需用系数。并从本专业的合理性出发与各工种协商,以促进其他专业提供的用电指标更趋合理。

实践证明,各种高层建筑材料在完成投入一段时间后,由于建筑物使用情况及功能的改变,对变压器进行改造增容是常有的,过分的追求精确计算变压器容量实无必要,倒是在配电设备的选择时应考虑增容的可能。在选择变压器时,对于经常处于备用状态的消防泵、喷淋泵、排烟风机等不作计算负荷的一部分,这样,对于减少整个基建的初投资、减少变电压器的损耗、节约电能及提高经济效益都有着积极的意义。

7.3.4　变压器的选择

目前,高层建筑中的变压器一般广泛采用环氧树脂浇筑型干式变压器,其防火、防爆、耐热以及体积小、噪声低、损耗少等优点特别适合在高层建筑中采用。

现在高层建筑中使用大容量变压器(单机容量超过 1600kV)已非少见,相对而言,大容量变压器效率较高,但投入时设计的负荷面也宽。因此,科学地综合各种因素,再根据各相关专业的用电要求,适当地确定变压器单机容量及其台数是很有必要的。一般来说,根据空调设备的分组来设置专用的变压器是比较合适的,这样就可按照空调机组的投切来投切相应的变压器,从而取得良好的经济效益。

7.3.5　变配电所位置的选择

城市土地紧张,高层建筑辅助设施用房如冷冻站、空调机房、水泵房等都进楼设置,而这些机电设备的用电量很大,变电所进楼后靠近这些机电设备,以缩短供电线路,减少电能损失,同时为保证对高层部分供电干线的最大压降不超过允许值,变电所的设置地点应有所选择。一般来说,变电所的选址有以下几种:1)将变电所设在地下室或相邻的辅助建筑内;2)在地下室和最高层设变电站;3)分别在地下室、最高层和中间层设变电站;4)仅在中间层设变电站。

高层建筑的机电设备大致分成以下两大类(图 7-18、图 7-19),其中大部分需供给电源:

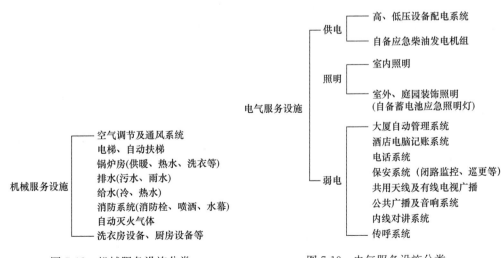

图 7-18　机械服务设施分类　　　　　　图 7-19　电气服务设施分类

归纳后可分为动力电力、一般照明电力、其他用电等三部分。其中动力电力属于大宗用电，负荷大部分集中在高层下部的冷水机组，除空调冷却塔在高层上部外、一般电力供电的各种水泵房也大都设在底层，且设在底层的其他设备也不少，所以变电所设在底层是有利的。当建筑高度不超过100m，层数30层左右，低压380/220的供电半径一般不会超过250m。在40层以上的超高层建筑中，各种电梯较多，此部分负荷大都集中在大厦的顶部，竖向中段层数较多，常设有分区电梯和中间泵站，在这种情况下宜将变电所上下布置。

本 章 小 结

本章介绍了建筑供配电系统的组成及主要设备，建筑电气照明系统的组成、分类及常见电光源和灯具的种类特点以及供配电在建筑中的应用。重点阐述了建筑供配电系统主要设备的作用、符号、结构。

习 题

7-1 建筑供配电系统由哪几部分组成？

7-2 高压电气设备和低压电气设备有哪些？各自什么作用？

7-3 建筑电气照明系统如何分类？

参 考 文 献

[1] 郑庆红，高湘，王慧琴. 现代建筑设备工程 [M]. 北京：冶金工业出版社，2004.

[2] 周孝清. 建筑设备工程 [M]. 北京：中国建筑工业出版社，2003.

[3] 朴芬淑，吴昊. 建筑给水排水 [M]. 北京：机械工业出版社，2006.

[4] 曲云霞，张林华. 建筑环境与设备工程专业概论 [M]. 北京：中国建筑工业出版社，2010.

[5] 王继明，王敬威. 建筑设备工程 [M]. 北京：地震出版社，1995.

[6] 尹士君. 现代建筑给水排水工程 [M]. 沈阳：东北大学出版社，1997.

[7] 白莉. 建筑环境与设备工程概论 [M]. 北京：化学工业出版社，2010.

[8] 高明远，岳秀萍. 建筑给水排水工程学 [M]. 北京：中国建筑工业出版社，2002.

[9] 李亚峰. 建筑设备工程 [M]. 北京：机械工业出版社，2009.

[10] 陈长冰. 建筑设备 [M]. 北京：中国电力出版社，2010.

[11] 任绳风. 建筑设备工程 [M]. 天津：天津大学出版社，2008.

[12] 张宝军. 建筑给水排水工程 [M]. 武汉：武汉理工大学出版社，2008.

[13] 王春燕. 高层建筑给排水工程 [M]. 重庆：重庆大学出版社，2009.

[14] 高明远. 建筑给水排水工程学 [M]. 北京：中国建筑工业出版社，2002.

[15] 贺平等. 供热工程（第四版）[M]. 北京：中国建筑工业出版社，2009.

[16] 陆耀庆. 实用供热空调设计手册（第二版）[M]. 北京：中国建筑工业出版社，2007.

[17] 刘梦真等. 高层建筑采暖设计技术 [M]. 北京：机械工业出版社，2004.

[18] 冯苏平. 高层建筑采暖供热方式的工程应用 [J]. 科技情报开发与经济，2005，6.

[19] 孙景志等. 常用高层供暖系统型式的对比分析 [J]. 低温建筑技术，2004（1）.

[20] 于宗保. 建筑设备工程 [M]. 北京：化学工业出版社，2005.

[21] 刘昌明. 建筑设备工程 [M]. 湖北：武汉理工大学出版社，2007.

[22] 王东萍. 建筑设备工程 [M]. 黑龙江：哈尔滨工业大学出版社，2009.

[23] 吴萱. 供暖通风与空气调节 [M]. 北京：清华大学出版社，2006.

[24] 李祥平，闫增峰. 建筑设备 [M]. 北京：中国建筑工业出版社，2008.

[25] 万建武. 建筑设备工程 [M]. 北京：中国建筑工业出版社，2007.

[26] 赵志曼. 建设安装工程入门与提高 [M]. 北京：机械工业出版社，2005.

[27] 姜湘山，周佳新，李巍. 实用建筑给水排水工程设计与 CAD [M]. 北京：机械工业出版社，2004.

[28] 乐嘉龙. 学看给水排水施工图 [M]. 北京：中国电力出版社，2001.

[29] 董惠. 智能建筑 [M]. 武汉：华中科技大学出版社，2008.

[30] 高明远，岳秀萍，杜震宇. 建筑设备工程（第四版）[M]. 北京：中国建筑工业出版社，2016.

[31] 夏正兵. 建筑设备工程（第2版）[M]. 南京：东南大学出版社，2016.

[32] 刘妍，黄向阳. 建筑设备工程 [M]. 北京：水利水电出版社，2012.

[33] 岳娜，冉昭祥. 建筑设备工程 [M]. 北京：北京交通大学出版社，2012.

[34] 丁云飞. 建筑设备工程施工技术与管理（第二版）[M]，北京：中国建筑工业出版社. 2013.

[35] 吴根树. 建筑设备工程 [M]. 北京：机械工业出版社，2014.

[36] 中国林业出版社. 建筑设备安装工程施工技术 [M]. 中国林业出版社，2019.

[37] 王松. 建筑设备工程 BIM 技术应用 [M]. 北京：中国电力出版社，2017.

[38] 岳秀萍. 建筑给水排水工程 [M]. 北京：中国建筑工业出版社，2019.

[39] 万建武. 建筑设备工程（第3版）[M]. 北京：中国建筑工业出版社，2019.